数据科学与工程技术丛书

APPLIED DATA ANALYTICS

PRINCIPLES AND APPLICATIONS

应用数据分析

原理与应用

[澳] 约翰逊·I. 阿比尼亚（Johnson I. Agbinya）著

聂长海 译

机械工业出版社
China Machine Press

图书在版编目（CIP）数据

应用数据分析：原理与应用 /（澳）约翰逊·I. 阿比尼亚（Johnson I. Agbinya）著；聂长海译. -- 北京：机械工业出版社，2021.9
（数据科学与工程技术丛书）
书名原文：Applied Data Analytics-Principles and Applications
ISBN 978-7-111-69044-3

I. ①应… II. ①约… ②聂… III. ①统计数据 - 统计分析 - 高等学校 - 教材 IV. ① O212.1

中国版本图书馆 CIP 数据核字（2021）第 180220 号

本书版权登记号：图字 01-2020-6451

本书结合开源和商业化计算平台，从实用的角度全面系统地阐述数据分析技术及其应用，内容涵盖卡尔曼滤波器、马尔可夫链、隐马尔可夫模型（HMM）、神经网络、循环神经网络、卷积神经网络、概率神经网络、支持向量机、遗传算法、有限状态机和计算图，并解释了基本的数学概念。另外，在本科阶段的统计学知识基础上，对统计学中更难理解的概念进行了充分的解释，其中包括主成分分析，以及使用概率生成函数、矩母函数、特征函数的统计分布。

出版发行：机械工业出版社（北京市西城区百万庄大街 22 号 邮政编码：100037）
责任编辑：王春华　　责任校对：马荣敏
印　　刷：三河市宏图印务有限公司　　版　　次：2021 年 9 月第 1 版第 1 次印刷
开　　本：185mm×260mm 1/16　　印　　张：14.5
书　　号：ISBN 978-7-111-69044-3　　定　　价：79.00 元

客服电话：（010）88361066 88379833 68326294　　投稿热线：（010）88379604
华章网站：www.hzbook.com　　读者信箱：hzjsj@hzbook.com

译 者 序

我们正处在一个从数字化时代向智能化时代快速发展的时期，数字化时代积累的数据资产期待更好的分析方法，以便从中获得更高的价值。物联网、大数据、区块链、边缘计算、云计算、人工智能、5G 等新基建的迅猛发展，对应用数据分析技术提出了更高的要求。可以说，数据分析技术是未来科技发展的核心技术之一，直接决定着新基建的重要作用能否得到正确发挥，基础性潜能能否得到充分释放。

本书由 Johnson I. Agbinya 教授编写，包括了卡尔曼滤波器、马尔可夫链、隐马尔可夫模型（HMM）、神经网络、循环神经网络、卷积神经网络、概率神经网络、支持向量机、遗传算法、有限状态机、计算图、主成分分析、概率生成函数、矩母函数、特征函数等内容，基本上覆盖了所有主要的数据分析技术，既有深入浅出的应用数据分析技术的场景带入，又有较全的知识结构，能够让读者迅速了解数据分析领域。

感谢国家自然科学基金委员会资助的自然科学基金项目“智能软件测试的若干关键问题研究”（项目编号：62072226）。应用数据分析技术一般是智能化软件的核心算法的基础，未来要做好上述研究项目，深入研究数据分析技术必不可少，这也是我翻译这本著作的一个重要动力。

同时，感谢机械工业出版社的信任和邀请，给我这样一个绝好的机会，既可以系统深入地学习和研究数据分析技术，又可以把这个作品翻译成中文供大家参考。翻译既是一个快乐学习的过程，也是一个辛苦创作的过程，需要理解每句话、每个章节的内容。英文的表达和中文的表达经常存在很大的差异，翻译过程让我越来越觉得自己才疏学浅，能力有限。这次我也许无法将翻译工作做到完美，译文中可能有错误与疏漏，只能抛砖引玉，期待更多的专家和学者将来进一步完善。

改革开放 40 多年来，我国学者的国际化水平和能力已经有了翻天覆地的变化，特别是青年学者，通过对不同语言及不同文化的科研成果的学习、交流和碰撞，产生了很多优秀的创新成果。世界就是一个大家庭，大家互相学习，相互启发，共同进步，共同创造更加美好的未来。

译者
2021 年 4 月 29 日于南京

前　言

二十多年前，世界上许多电子工程和计算实验室都致力于信号处理研究。信号处理专家通常大量应用线性代数和微积分从信号中获得洞察。近年来，信号处理概念与统计数据分析相结合，开创了大数据分析的新领域。信号处理的再生打开了许多组织作为高性能工业数据应用金矿的数据存储库。数据分析应用概念源自应用统计学、数据挖掘、人工智能和深度学习。

本书中的许多概念都是对深度学习和人工智能基础知识的简化。在本书中，我们解释了基本的数学概念，并对研究生和准研究生经常感到困难的课题给予了极大的关注。本书涵盖卡尔曼滤波器、马尔可夫链、隐马尔可夫模型（HMM）、神经网络、循环神经网络、卷积神经网络、概率神经网络、支持向量机、遗传算法、有限状态机和计算图。关于统计学的章节假定读者具备本科阶段的统计学基础知识，对更难理解的概念进行了深入的解释，包括主成分分析，以及使用概率生成函数、矩母函数、特征函数的统计分布。

本书中介绍的大多数算法基础都是稳定的，信号处理和应用统计专家已经使用了数十年。它们同样适用于生物信息学、数据聚类和分类、数据可视化、传感器应用和跟踪。

本书主要针对研究生课程，提供了捕获、理解、分析、设计和开发数据分析框架所需的相关数学工具与概念，还简化了数据分析软件程序的开发以及数据分析在各个行业中的应用。通过简化算法并使用相关的工作示例，本书能帮助你理解将来继续学习数据分析时使用的其他概念。

本书有两章来自我以前的研究生，还有一章来自其他人。这些章节是长期应用基本概念的结果。我们向教师、研究生和导师、课程和算法设计师、数据和大数据分析以及深度学习领域的开发人员推荐本书。有效掌握这些基础内容，你将有能力获得关于数据分析和深度学习的更深入的实践见解。

致　　谢

感谢 YouTube 上的丰富资源。这些无私的优秀作品有助于简化深奥的概念。感谢我的导师，他们鼓励我通过简单易懂的语句来表达对深奥概念的理解。

关于作者

约翰逊·I. 阿比尼亚（Johnson I. Agbinya）在尼日利亚伊费的奥巴费米·阿沃洛沃大学获得电子/电气工程学士学位，在苏格兰格拉斯哥思克莱德大学获得电子控制硕士学位（研究），在澳大利亚墨尔本拉筹伯大学获得微波雷达系统博士学位。在加入沃达丰澳大利亚公司担任研究经理之前，他在澳大利亚联邦科学与工业研究组织（CSIRO）担任了近10年的高级研究科学家，在那里为3G网络的设计做出了贡献。随后，他加入了澳大利亚墨尔本理工大学，担任工程和IT系的高级讲师。后来他回到拉筹伯大学担任副教授。他目前是澳大利亚墨尔本理工大学的工程学教授以及信息技术与工程学院院长。

阿比尼亚教授的工作重点是为包括苏丹在内的一些非洲国家培训新兴的非洲科学家、讲师和技术专家。他是喀土穆苏丹科技大学的研究教授，在Nelson Mandela非洲科学技术研究所担任坦桑尼亚阿鲁沙科技学院的兼职教授（一直到2018年），并在南非比勒陀利亚茨瓦尼理工大学担任ICT兼职教授，拥有博士学位。他是开普敦西开普大学计算机科学专业的杰出教授，也是威特沃特斯兰德大学约翰内斯堡分校的杰出教授。阿比尼亚教授是泛非澳大拉西亚侨民网络（PAADN）成员、尼日利亚工程学会成员和非洲科学研究所（ASI）研究员。

他出版了10本移动通信、传感器和数据分析教材，在350多种期刊和会议上发表过论文。他的技术专长涉及移动通信、电子遥感、信号处理、无线电力传输、物联网、生物识别、电能以及机器对机器通信和人工智能等领域。他是IB2COM年会和泛非科学、计算和电信（PACT）会议的创始人，还创办了*African Journal of Information and Communication Technology*（AJICT）。他还是ICT和传感器领域的几家国际期刊的编辑委员会成员和丹麦River Publishers的编辑顾问。

贡献者名单

D. L. Dowe	澳大利亚莫纳什大学克雷顿校区
Johnson I. Agbinya	澳大利亚墨尔本理工大学
Rumana Islam	澳大利亚悉尼科技大学
Sid Ray	澳大利亚莫纳什大学克雷顿校区
Tony Jan	澳大利亚墨尔本理工大学悉尼校区
Vidya Saikrishna	澳大利亚墨尔本理工大学主校区

缩 略 语

1D	一维
2D	二维
3D	三维
AFIS	自动指纹识别系统
ANN	人工神经网络
CNN	卷积神经网络
DIMS	数字身份管理系统
ELU	指数线性单元
FSM	有限状态机
GA	遗传算法
GRBF	高斯径向基函数
GRNN	广义回归神经网络
HMM	隐马尔可夫模型
HPFSM	分层概率有限状态机
IoT	物联网
KKT	Karush、Kuhn 和 Tucker
MGF	矩母函数
MML	最小消息长度
MPNN	改进的概率神经网络
NN	神经网络
OM	有序合并
PCA	主成分分析
PDF	概率密度函数
PFSM	概率有限状态机
PGF	概率生成函数
PNN	概率神经网络
PSVM	并行支持向量机
PTA	前缀树接受器

ReLU	整流线性单元
RNN	循环神经网络
RSSI	接收信号强度指示器
SA	模拟退火
SDK	软件开发工具包
SVD	奇异值分解
SVM	支持向量机
VQ-GRNN	向量量化-广义回归神经网络

目　录

第 1 章　马尔可夫链及其应用

1.1　简介

本章讨论的主题是基于过去观察到的概率结果来预测日常过程的结果的重要应用，即离散马尔可夫链。马尔可夫链表示一类随机过程，其中未来不依赖于过去，只依赖于现在。马尔可夫链最早由俄罗斯数学家安德烈·马尔可夫提出，他在圣彼得堡大学跟随另一位伟大的数学家帕夫努季·切比雪夫教授学习数学。在师从切比雪夫教授之前，马尔可夫一直只是一名普通的学生，而那时切比雪夫因其在概率论方面的专长已经非常有名(马尔可夫链就是概率论的一部分)。1906 年，马尔可夫首次发表了关于马尔可夫链的论文，自此马尔可夫链的理论和应用迅速发展。像许多其他数学理论(包括麦克斯韦方程、小波和各种预测数学算法)一样，马尔可夫链已经在各种实际应用中找到了它的位置，包括股票市场、天气预报、流感病毒的传播、女性对乳腺癌的易感性以及我们将在本章看到的各种数据分析。马尔可夫链模型中的处理过程包括一些随时间、试验或序列不断演化的步骤。因此，例如在每个步骤中，过程可能以各种可数状态存在。当过程演化时，系统可以保持相同的状态，或者在某时间段内转移到不同的状态。这些状态之间的运动通常用转移概率来描述。这些转移概率使我们能够预测未来系统处于某种状态的可能性，稍后我们将在本章看到一些这样的例子。

本章还介绍马尔可夫链的概念，定义状态、状态转移的概念以及状态转移图如何形成，最后给出状态转移图的概念，并介绍如何在需要马尔可夫链的应用场景中使用它们。

1.2　定义

如果随机过程具有马尔可夫性质，则它是一个马尔可夫链。马尔可夫性质很简单，对于过程来说，如果过程的当前状态已知，则过程的未来状态和过去状态是独立的。因此，要运用这一概念，就必须了解过程的当前状态。

在我们深入研究马尔可夫过程的数学之前，只需说一句话——不再像讨论马尔可夫链时那样将算法埋没在大量的变量和符号中，而是简化许多变量和符号的使用——就足够了。在讨论这个问题时，我们将给出一种解释性的方法，并举出许多例子。

状态 X_n 在时间实例 n 是离散的。过程在时间 $n+1$ 的状态 X_{n+1} 只取决于在时间 n 的状态。例如，考虑埃博拉病毒的扩散过程，X_n 是在时间 n 感染埃博拉病毒的人数，在时间 $n+1$ 感染埃博拉病毒的人数是 X_{n+1}。根据马尔可夫链的定义，可以得出时间 $n+1$ 的感染者人数取决于时间 n 的感染者人数(或 $X_{n+1} \Rightarrow X_n$)，其中$\Rightarrow$表示“仅依赖于”。马尔可夫过程不依赖于$\{X_{n-1}, X_{n-2}, \cdots, X_0\}$。

1.2.1　状态空间

马尔可夫链的状态空间用字母S表示，$S=\{1, 2, 3, \cdots, n\}$。换句话说，这个过程可以有n个状态。过程的状态由X_n的值给出。例如，如果$X_n=4$，则过程处于状态4。马尔可夫链在时间n的状态就是X_n的值。因此，过程不能同时处于两个或多个状态。

例1　在大多数国家，有些女性更容易患乳腺癌。出生于有乳腺癌病史家庭的女性比出生于无乳腺癌病史家庭的女性更容易患乳腺癌。那么，在这种社会环境中出生的女性患乳腺癌的可能情况是什么？

答案　历史上，并非所有出生于有乳腺癌病史家庭中的女性最终都会患乳腺癌。因此，对于任何一个女性，要么患乳腺癌的风险高，要么患乳腺癌的风险低。这个系统有两种状态，即高风险和低风险。

1.2.2　轨迹

马尔可夫链的轨迹或路径是该过程迄今为止经历过的状态序列。轨迹值表示为s_0，s_1，s_2，…，s_n。换句话说，这些状态的值为$X_0=s_0$，$X_1=s_1$，$X_2=s_2$，…，$X_n=s_n$。

1. 转移概率

根据上面的公式，一个马尔可夫链在同一时间不能有两个以上的状态，但是，它可以从一个状态转移到另一个状态。当发生这种情况时，称为从状态s_n到状态s_{n+1}的转移。这个转移可以用概率值表示。马尔可夫链从时间n到时间$n+1$可以转移到不同状态或保持相同状态。图1.1是一个两状态马尔可夫链的状态转移图。系统最初处于状态1，是高风险状态。假设系统今天处于高风险状态且一年后仍处于这个状态的概率是0.7，那么一年后转移到低风险状态的概率是0.3。这就产生了图1.1中的状态图。箭头表示一年后从最初的状态到下一个状态的转移。

假设系统的状态1为低风险，可绘制类似的转移图，如图1.2所示。图1.3显示了乳腺癌发展变化的整个过程。

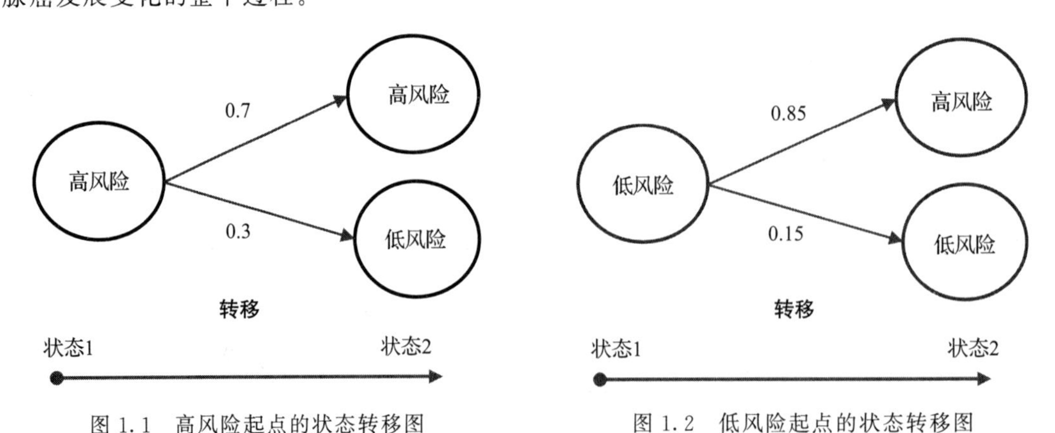

图1.1　高风险起点的状态转移图　　　图1.2　低风险起点的状态转移图

马尔可夫链过程具有若干特性。从图1.1和图1.2的状态转移图中，我们可以看出几个显著的特性，首先，从一个状态到任何其他状态的转移总概率为 1，转移图中的箭头指向表示从时间 t 的初始状态到时间 $t+1$ 的状态。图 1.1 和图 1.2 没有显示转移到初始状态，这项功能将在后面讨论。从状态 1 到状态 2 的组合状态转移如图 1.3 所示。

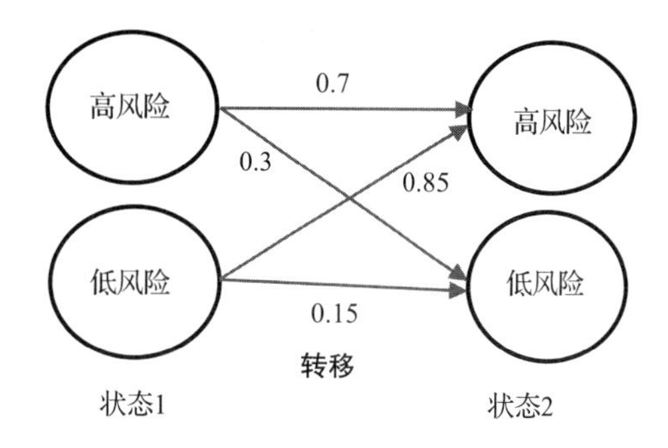

图 1.3 从状态 1 到状态 2 的组合状态转移图

到目前为止，我们已经展示了从状态 1 到状态 2 的转移，过程还可以从状态 2 返回状态 1，这发生在时间 $t+2$。

组合状态转移图仅从状态 1 到状态 2，过程可以将状态返回到上一个时间实例中的状态。例如从雨天开始，过渡到晴天，第三天又变成了雨天，这在自然界中是很普遍、自然的现象。在图 1.4 中，我们展示了一个具有两个状态并且在状态 1 和状态 2 之间转移的过程。这一过程的一个例子是，一个易患乳腺癌的女性从无患乳腺癌风险的状态转移到易患该病的高风险的状态，再到乳腺癌治愈后的低风险的状态。

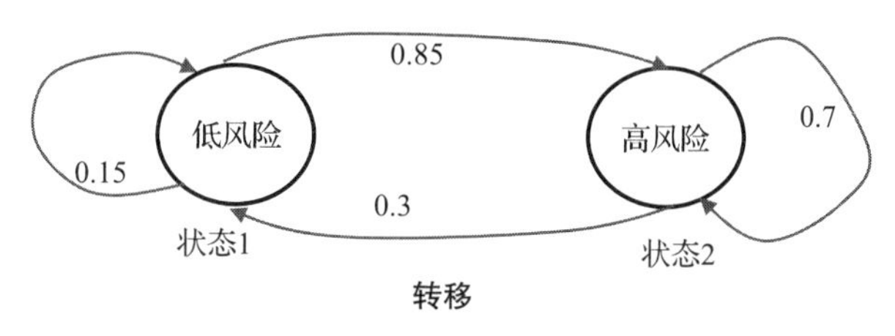

图 1.4 两状态转移图

在图 1.4 中，每个状态的转移概率之和为 1。从状态转移图中，我们观察到可以返回到相同状态。

2. 状态转移矩阵

状态转移矩阵是包含所有转移的矩阵。行是起点，列是终点。对于图 1.4 中的乳腺癌示例，状态转移矩阵为：

$$\begin{array}{c} \\ 低 \\ 高 \end{array} \begin{array}{c} \overbrace{\begin{array}{cc} 低 & 高 \end{array}} \\ \begin{bmatrix} 0.15 & 0.85 \\ 0.3 & 0.7 \end{bmatrix} \end{array}$$

行表示从相同状态开始的转换，列表示结束状态。例如，从低风险状态到低风险状态的转移概率为 0.15。从低风险状态到高风险状态的转移概率为 0.85。

到目前为止，我们已经将转移概率定义为实分数。如果所有已知的都是关系，则也可以计算转移概率。例 2 提供了一个说明。

例 2 一位大学教授从学生成绩表中观察到，如果一个一年级工程专业的学生数学科目不及格，则其本专业核心工程科目不及格的可能性是通过的三倍；如果数学科目通过，则本专业核心工程科目通过的可能性是不及格的四倍。

(a) 画出这个问题的概率树和转移图。

(b) 写出转移矩阵。

解 此问题的状态为“不及格”和“通过”。对于该学生不及格的情况，概率树由下图给出：

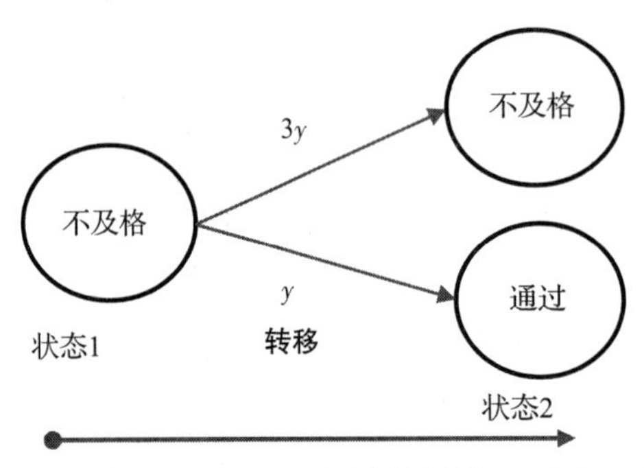

由于状态转移的概率之和为1，因此，从概率树中，我们可以得到表达式 $3y+y=1$ 或 $y=0.25$。这就产生了如下的状态转移图：

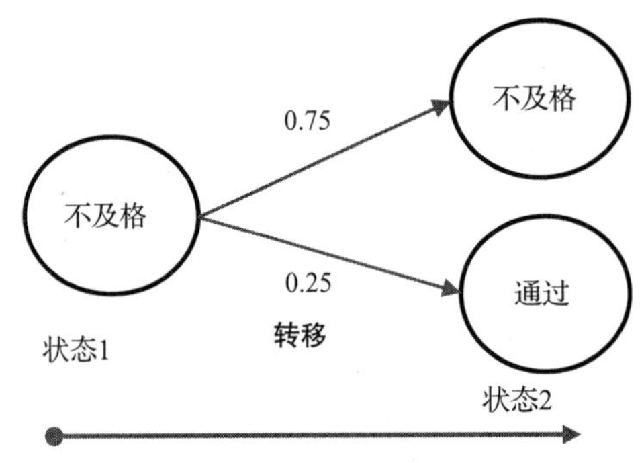

对于通过的情况，概率树的图为

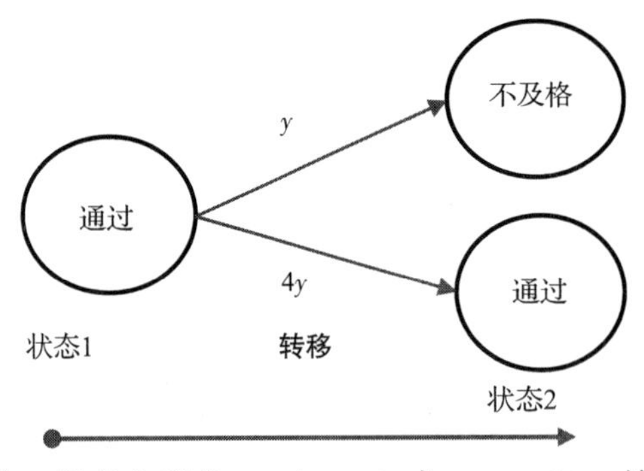

与不及格的情况一样，概率方程为 $4y+y=1$ 或 $y=0.20$，并生成如下的转移图：

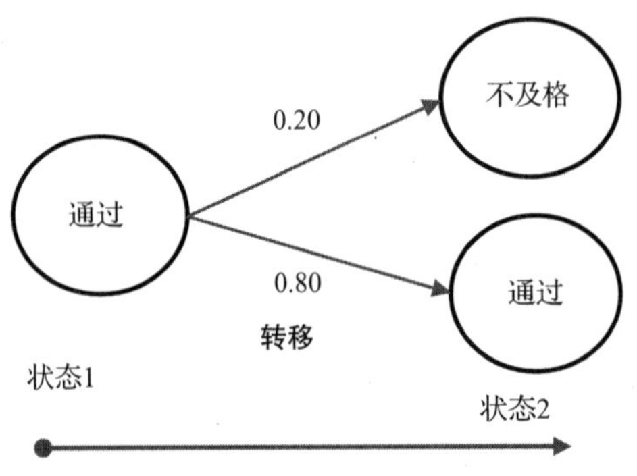

(a) 状态转移矩阵 $\boldsymbol{T}$ 是通过收集计算的转移概率，并将其输入矩阵中得到的，结果是：

$$\boldsymbol{T}=\begin{array}{c} \\ \text{不及格} \\ \text{通过} \end{array}\overset{\begin{array}{cc}\text{不及格} & \text{通过}\end{array}}{\begin{bmatrix} 0.75 & 0.25 \\ 0.2 & 0.8 \end{bmatrix}} \tag{1.1}$$

我们可以在一个简单的矩阵框架中将计算重写为

$$\boldsymbol{T}=\begin{bmatrix} 3y & y \\ y & 4y \end{bmatrix} \tag{1.2}$$

在这个矩阵中逐行求解这些方程，可以得到与以前相同的结果。由此得出相同的转移矩阵：

$$\boldsymbol{P}=\begin{bmatrix} 0.75 & 0.25 \\ 0.2 & 0.8 \end{bmatrix} \tag{1.3}$$

问题 1　为例 2 绘制全状态转移图。

1.3　使用马尔可夫链的预测

在营销和推广服务领域，预测一个过程如何演变是一个极其强大的武器，它也是研究病毒感染如何传播以及在未来传播可能达到的程度的一个基本方法。本节说明如何使用马尔可夫链进行预测或预报，无论是天气预报、降雨量预报还是选举结果预测，马尔可夫链都可提供有用的见解。用马尔可夫链进行预测需要知道过程初始状态的概率和状态转移矩阵。为了说明这一点，我们将使用前面的例子：工程专业学生的数学成绩，以及他在核心工程科目的表现。

1.3.1　初始状态

考虑通过一年级数学考试的学生的初始状态，学生的初始状态为{不及格，通过}={0.2，0.8}。最初，学生核心科目不及格的概率为 0.2，通过核心科目的概率为 0.8。这个概率树如图 1.5 所示。

通过初始状态概率与状态转移矩阵的乘积，可以得出对未来的预测，这里可以对学生将通过其核心科目的概率进行计算：

对学生通过核心科目的预测=初始状态×状态转移矩阵

使用上例，对于通过条件，预测结果为

$$[0.2,\ 0.8]\begin{bmatrix} 0.75 & 0.25 \\ 0.2 & 0.8 \end{bmatrix}=[0.31,\ 0.69]$$

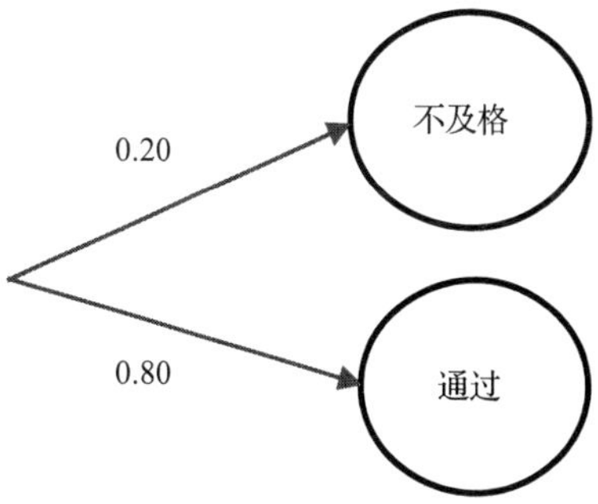

图 1.5　初始状态概率树

问题练习：

(1) 假设麦当劳(M)和肯德基(K)是 Y 国的主要快餐店。当地快餐店 Jollof(J)希望与麦当劳或肯德基合作，因此雇用一家市场调查公司判断两家快餐巨头中的哪一家将在一年后拥有更高的市场份额。目前麦当劳拥有60%的市场份额，肯德基拥有40%的市场份额。市场研究公司发现了以下可能性：

Pr(M⇔M)=0.75是顾客在麦当劳消费超过一年的概率

Pr(M⇒K)=0.25是顾客在一年内从麦当劳换到肯德基的概率

Pr(K⇔K)=0.9是顾客在肯德基消费超过一年的概率

Pr(K⇒M)=0.1是顾客在一年内从肯德基换到麦当劳的概率

市场调查公司在未对将来公司之间的转移进行计算的情况下，尚不能告知Jollof准确的结果。

(a) 绘制概率转移图：

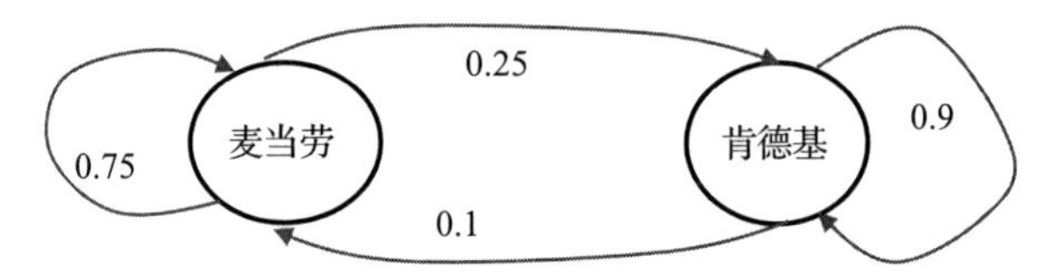

这是麦当劳和肯德基的当前市场份额(状态转移图)。

(b) 初始状态概率向量($\boldsymbol{v}$)是多少？

$$\boldsymbol{v}=[0.6\quad 0.4]$$

(c) 两家快餐公司在一年后的市场份额是多少？

通过使用前面给出的时间步长预测模型可以解决此问题，使用的表达式是：

$$\boldsymbol{Q}_m=\boldsymbol{Q}_{m-1}\cdot\boldsymbol{P}=\boldsymbol{v}\cdot\boldsymbol{P}^m \tag{1.4}$$

其中$m=1$，$\boldsymbol{Q}_0=\boldsymbol{v}$。因此，一年后的市场份额是以下表达式给出的矩阵乘积：

$$\boldsymbol{P}=\begin{array}{c} \\ \text{麦当劳} \\ \text{肯德基}\end{array}\overset{\text{麦当劳}\quad\text{肯德基}}{\overbrace{\begin{bmatrix}0.75 & 0.25\\ 0.1 & 0.9\end{bmatrix}}} \tag{1.5}$$

一年后的市场份额为：

$$\boldsymbol{Q}=\boldsymbol{v}\times\boldsymbol{P}^1=[0.6\quad 0.4]\times\begin{bmatrix}0.75 & 0.25\\ 0.1 & 0.9\end{bmatrix}=[0.49\quad 0.51] \tag{1.6}$$

(d) 市场调查公司应向Jollof提供哪些专业建议？

根据先前的计算，尽管麦当劳一开始的市场份额高达60%，但一年后，其市场份额就降至49%，这意味着肯德基接管了51%的市场份额。

(2) 预测麦当劳和肯德基未来的市场份额(提示：这要求在将来的某个时间$t+m$，即使m增加，状态向量概率的值也保持不变)。

根据我们的计算，在选择麦当劳的客户数量和离开麦当劳的客户数量相等之前，麦当劳的市场份额似乎将继续下降。在稳定状态下，以下公式成立：

初始状态×转移矩阵=初始状态

1.3.2　长期概率

长期概率也称为稳态概率，它描述了初始状态概率何时停止变化并保持恒定。设$\boldsymbol{v}$为初始状态概率向量，$\boldsymbol{P}$ 为状态转移矩阵，则一次步长预测 $\boldsymbol{Q}$ 由下式给出：

$$\boldsymbol{v}_0 \cdot \boldsymbol{P}=\boldsymbol{v}_1 \tag{1.7a}$$

$\boldsymbol{v}$ 的下标 1 表示这是一个时间步长预测。随后的时间步长预测将重用先前计算的结果乘以状态转移矩阵。也就是说，两个时间步长预测是

$$\boldsymbol{v}_2=\boldsymbol{v}_1 \cdot \boldsymbol{P}=(\boldsymbol{v} \cdot \boldsymbol{P})\boldsymbol{P}=\boldsymbol{v} \cdot \boldsymbol{P}^2 \tag{1.7b}$$

同样，三个时间步长预测是

$$\boldsymbol{v}_3=\boldsymbol{v}_2 \cdot \boldsymbol{P}=\boldsymbol{v} \cdot \boldsymbol{P}^3 \tag{1.7c}$$

因此，m 个时间步长预测由下式给出：

$$\boldsymbol{v}_m=\boldsymbol{v}_{m-1} \cdot \boldsymbol{P}=\boldsymbol{v} \cdot \boldsymbol{P}^m \tag{1.7d}$$

此迭代过程用于预测过程的未来状态概率。在某个 m 值或随时间变化的情况下，$\boldsymbol{v}_m=\boldsymbol{v}_{m-1}$，即 $\boldsymbol{v}_m$ 的值之后再乘以 $\boldsymbol{P}$ 不会导致预测的进一步改善。长期概率通常写为

$$\boldsymbol{v}_\infty \cdot \boldsymbol{P}=\boldsymbol{v}_\infty \tag{1.8}$$

换句话说，与转移矩阵相乘的次数不会导致长期概率向量的变化。

1. 代数解

在上面的讨论中，我们通过将初始状态向量与状态转移矩阵重复相乘获得了稳态概率，并发现初始状态在某个 m 值后稳定下来。我们也许能够求解稳态向量而无须使用大量的迭代乘法来找到 m。查看长期或稳态解的格式，我们可以得出一些推断。

令

$$[x\ \ y]\times\begin{bmatrix}p_{11} & p_{12}\\ p_{21} & p_{22}\end{bmatrix}=[x\ \ y] \tag{1.9}$$

假定状态转移概率的值是已知的，但是状态向量 $\boldsymbol{v}=[x\ \ y]$是未知的。因此，如果向量和矩阵的阶数不太大，我们可以通过联立方程来找到值 x 和 y。有时，初始状态向量有时不像上面的向量那么简单，可能包含许多变量。在这种情况下，可以使用矩阵方法。

2. 矩阵方法

在矩阵方法中，稳态向量的解如下。

令

$$\boldsymbol{vP}=\boldsymbol{v} \tag{1.10}$$

两侧同时减去 $\boldsymbol{v}$ 可获得方程

$$\begin{aligned}\boldsymbol{vP}-\boldsymbol{v}&=0\\ \boldsymbol{v}(\boldsymbol{P}-1)&=0\end{aligned} \tag{1.11}$$

对于一般的矩阵公式，该表达式可重写为

$$\boldsymbol{v}(\boldsymbol{P}-\boldsymbol{I})=0 \tag{1.12}$$

其中，$\boldsymbol{I}$ 是适当阶数的单位矩阵。例如 2×2 单位矩阵为 $\boldsymbol{I}=\begin{bmatrix}1 & 0\\ 0 & 1\end{bmatrix}$。这使得上面的方程组可以求解。求解状态向量 $\boldsymbol{v}$ 有多种方法，包括特征值分析方法。

问题 2　给定状态转移矩阵 $\begin{bmatrix}0.75 & 0.25\\ 0.1 & 0.9\end{bmatrix}$，求稳态向量 $\boldsymbol{v}$。

解　设

$$[x\ y]\times\begin{bmatrix}0.75 & 0.25\\0.1 & 0.9\end{bmatrix}=[x\ y]$$

则

$$[x\ y]\times\left(\begin{bmatrix}0.75 & 0.25\\0.1 & 0.9\end{bmatrix}-\begin{bmatrix}1 & 0\\0 & 1\end{bmatrix}\right)=0$$

解得

$$[x\ y]\times\left(\begin{bmatrix}-0.25 & 0.25\\0.1 & -0.1\end{bmatrix}\right)=0$$

由此产生含有未知变量 x 和 y 的两个方程，可以确定 x 和 y 的值。这两个方程是：

$$-0.25x+0.1y=0$$

$$0.25x-0.1y=0$$

同时有 $x+y=1$，因此，$y=1-x$，替换上述方程中的变量：

$$-0.25x+0.1(1-x)=0$$

$$-0.35x=-0.1$$

得到 $x=0.2857$，$y=0.7143$。因此，稳态向量为 $\boldsymbol{v}=[0.2857\quad 0.7143]$。

1.4　马尔可夫链的应用

马尔可夫链没有记忆，因此作为无记忆过程，过程的下一个状态只取决于当前状态。换言之，当前状态只取决于以前的状态。

利用马尔可夫链进行的最有用的数据分析之一是贷款情况分析。考虑一家“不公平银行”。这家银行提供了许多住房贷款，有些是发放给定期还贷客户的，有些是发放给贷款违约者的。我们将根据银行向客户提供的贷款类型，将该银行的贷款客户分为四类。银行想了解为什么有些贷款类型能被及时偿还，而哪些是不良贷款。不良贷款侵蚀了银行的收入基础，因此需要尽可能避免。

实收贷款(PUL)是已由客户全额偿还的贷款。

不良贷款(BL)是客户拖欠还款的贷款。

风险贷款(RL)是将客户分类为中风险至高风险的贷款。对于此类客户，预计还款会被拖欠。

优质贷款(GL)是低风险贷款或客户。这样的贷款仍然有效，客户有望偿还给不公平银行。

因此，不公平银行模型是一种四状态模型。状态转移概率如图 1.6 所示。

马尔可夫链中的吸收节点

状态转移图 1.6 中包含两个节点，这些节点到其自身的转移概率为 1.0。它们显示了以下情况：如果该进程位于那些节点中，那么它们将永不中断。这样的节点被定义为吸收节点，即“不良贷款”节点和“实收贷款”节点。可以理解，一旦贷款被全部还清，贷款

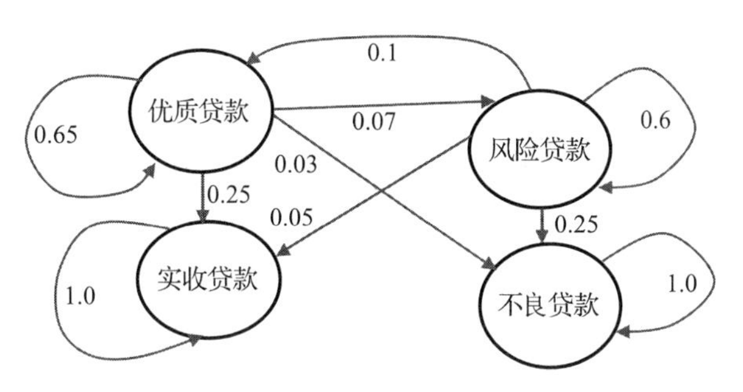

图 1.6　不公平银行状态转移图

的状态就无法进一步改变。

仍然需要定义过程的初始状态。这比我们想象得简单。从决定提供贷款开始之初的已知统计来看，不可能有不良贷款和实收贷款。因此，它们的概率分别为零。根据贷款组合的历史数据，可以得出优质贷款与风险贷款的比例。令其分别为 0.65 和 0.35。因此，不公平银行贷款马尔可夫过程的初始状态向量为：

$$\boldsymbol{v}=\begin{matrix} \text{优质} & \text{风险} & \text{不良} & \text{实收} \\ [0.650 & 0.350 & 0.00 & 0.00] \end{matrix} \tag{1.13}$$

状态转移矩阵为：

$$\boldsymbol{P}=\begin{matrix} & \begin{matrix} \text{优质} & \text{风险} & \text{不良} & \text{实收} \end{matrix} \\ \begin{matrix} \text{优质} \\ \text{风险} \\ \text{不良} \\ \text{实收} \end{matrix} & \begin{bmatrix} 0.65 & 0.07 & 0.03 & 0.25 \\ 0.1 & 0.6 & 0.25 & 0.05 \\ 0 & 0 & 1.0 & 0 \\ 0 & 0 & 0 & 1.0 \end{bmatrix} \end{matrix} \tag{1.14}$$

问题 3　计算一年时间步长后银行贷款的状态。

解　这由以下表达式给出：

$$\begin{aligned} \boldsymbol{v}_1 &= \boldsymbol{v}_0\boldsymbol{P} \\ &= [0.650 \quad 0.350 \quad 0.00 \quad 0.00] \times \begin{bmatrix} 0.65 & 0.07 & 0.03 & 0.25 \\ 0.1 & 0.6 & 0.25 & 0.05 \\ 0 & 0 & 1.0 & 0 \\ 0 & 0 & 0 & 1.0 \end{bmatrix} \\ &= [0.4575 \quad 0.2555 \quad 0.107 \quad 0.18] \end{aligned}$$

在贷款的第一年末，优质贷款＝0.4575，风险贷款＝0.2555，不良贷款＝0.107，实收贷款＝0.18。尽管风险贷款的值很高，但在第一年末实收贷款的值仍然很小。

练习　(a) 计算不公平银行贷款过程的稳态概率向量。

(b) 根据稳态概率向量可以得出关于该贷款的什么结论？

第 2 章　隐马尔可夫建模

2.1　隐马尔可夫建模表示法

马尔可夫链过程将所有过程限制在一个可以观察到所有状态的存在区域内。隐马尔可夫建模(HMM)与马尔可夫链的不同之处在于，过程表示自身的空间分为两个不相交的空间。第一个空间与马尔可夫链中的空间相似，并且包含所有隐藏状态(也称隐状态)。在此空间之外，存在 HMM 过程的所有表达式。这些空间如图 2.1 所示。用转移矩阵和释放矩阵描述每个空间中的过程表达式。随着对 HMM 的研究，我们将在本章中讨论这两种矩阵。

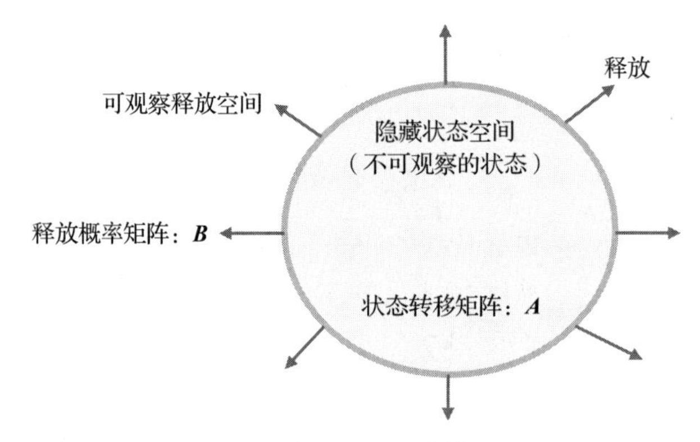

图 2.1　隐马尔可夫建模空间

在图 2.1 中，箭头指示隐藏状态空间中隐藏状态的释放。隐藏状态导致将很快描述状态转移矩阵 **A**。在可观察空间内能够观察到释放，并由释放或混淆矩阵 **B** 进行描述(这也将很快描述)。

HMM 要求指定要在分析中使用的变量。考虑给定 N 个状态的集合 $S=\{S_1, S_2, \cdots, S_N\}$。该集合表示可观察的状态，对于观察者可见的是存在由如下序列描述的一系列隐藏状态：

$$Q=\{q_1, q_2, \cdots, q_T\} \tag{2.1}$$

HMM 过程由下面模型描述：

$$\lambda=(\boldsymbol{A}, \boldsymbol{B}, \pi) \tag{2.2}$$

其中 **A** 是状态转移概率矩阵(对于隐藏状态)。它与一阶马尔可夫链中的状态转移矩阵相似。它由以下表达式给出的状态转移概率形成：

$$a_{ij}=P(q_{t+1}=j \mid q_t=i) \tag{2.3}$$

注意到在所有情况下，转移概率均为正数，且总和为 1：

$$a_{ij} \geqslant 0,\ \forall i, j$$

$$\sum_{j=1}^{N} a_{ij} = 1,\ \forall i \tag{2.4}$$

此变量是在时间 $t+1$ 时从状态 i 到状态 j 的状态转移概率。另一组变量包括观察值概率分布 B。HMM 的典型示例是股票市场。股票市场的状态是 $S=$｛积极，中立，消极｝。这就是所谓的市场情绪。股票市场的可观察性是 $O=$｛上涨，下跌｝。

2.2　释放概率

本节介绍在隐藏状态空间(HSS)之外或在可观察释放空间(OES)中发生的情况。对于离散 HMM，可观察值的概率称为“释放概率”。该名称源于隐藏状态本身不可观察的事实。仅可以观察到隐状态释放出的信息(例如，人们穿着冬衣表示天气寒冷，而穿冬衣则是释放或天气情况的结果)，该过程产生的值称为测量，由下式指定：

$$b_j(k) = P(o_t = k \mid q_t = j),\ 1 \leqslant k \leqslant M \tag{2.5}$$

这就是说，假设系统处于状态 j，则 $b_j(k)$是观察值 k 的释放概率。

这些观察值(或称测量值或数据)是隐状态的体现，它们是可以测量的数据。虽然我们看不到隐状态，但是我们可以观察它们的影响。例如，假设你是一个隐士，居住在封闭的房屋中，而且已经好几天没有出门了。每天你都往窗外看。在第一天，你看到一个带雨伞的人，第二天，该人穿着短裤和背心，而在第三天，该人穿着冬装，裹得严严实实。从这三个观察值中，你可能会猜测第一天是雨天，第二天是晴天，而第三天是冬日或寒冷天。隐士所看到的只是雨天、晴天和冬日的影响。

式(2.5)表示过程处于状态 j 时，时间 t 的观察值为 k 的概率。元素 $b_j(k)$取自所谓的混淆矩阵或释放矩阵。释放概率的值构成所谓的混淆矩阵或释放矩阵的元素，并表示一种表现或观察值的概率，它们是隐状态释放出的观察结果。

对于相似情况，释放概率 $b_j(x)$是

$$b_j(x) = P(o_t = x \mid q_t = j),\ 1 \leqslant x \leqslant M \tag{2.6}$$

考虑到系统处于状态 j(晴天、雨天或冬日)，这是你看到符号 x(晴天的女人，冬日的女人或雨天的女人)的概率(如图 2.2 所示)。对于本书的其余部分，我们仅对离散情况进行讨论。初始状态分布类似地给出，如式(2.7)：

$$\pi(j) = P(q_1 = j) \tag{2.7}$$

图 2.2　天气 HMM 的释放或观察值

为了举例说明，请考虑该人在三天中所穿的衣服。第一张是戴太阳镜的露肩衣服，第二张是一件裹着头巾的冬装，第三张照片是正在用雨伞。这三张照片是隐状态的释放。在所考虑的日子，即晴天、冬日和雨天，它们都是可观测的。

2.3　隐马尔可夫模型

本节介绍如何对隐状态空间中的内容进行建模。我们将用天气来说明马尔可夫模型。假设天气模式为一阶马尔可夫过程，状态转移概率如图 2.3 所示。转移到下一个状态的概率只取决于当前状态。

图 2.3　隐状态的一阶马尔可夫模型

为了便于对概念的理解，本节将以更为明确的形式写出转移概率。从晴天状态开始，转移概率表达式如下：

晴天的状态：

$$a_{sw}=(q_w=S_w|q_s=S_s)=0.1$$

$$a_{sr}=(q_r=S_r|q_s=S_s)=0.25$$

$$a_{ss}=(q_s=S_s|q_s=S_s)=0.65$$

冬日的状态：

$$a_{wr}=(q_r=S_r|q_w=S_w)=0.25$$

$$a_{ws}=(q_s=S_s|q_w=S_w)=0.10$$

$$a_{ww}=(q_w=S_w|q_w=S_w)=0.65$$

雨天的状态：

$$a_{rs}=(q_s=S_s|q_r=S_r)=0.40$$

$$a_{rw}=(q_w=S_w|q_r=S_r)=0.30$$

$$a_{rr}=(q_r=S_r|q_r=S_r)=0.30$$

2.3.1　建立 HMM

要建立 HMM，我们需要一组状态。在此过程中，我们还需要一组转移概率和一个初

始状态分布概率。如图 2.3 所示，该过程具有一组状态、一组状态转移概率和初始状态，我们将其描述为

$$S=\{S_1, S_2, \cdots, S_N\}=\{S_{晴天}, S_{雨天}, S_{冬日}\} \tag{2.8a}$$

$$a_{ij}=P(q_{t+1}=S_j \mid q_t=S_i) \tag{2.8b}$$

$$\pi(i)=P(q_1=S_i) \tag{2.8c}$$

这是初始状态分布。在当前的示例中，我们具有三个状态，因此 $N=3$。请注意，通常 $\sum_{j=1}^{N}\pi_j=1$。从提供状态转移图的图 2.2 中，可以获得状态转换矩阵：

$$\mathbf{A}=\begin{bmatrix} 0.65 & 0.25 & 0.10 \\ 0.40 & 0.30 & 0.30 \\ 0.10 & 0.25 & 0.65 \end{bmatrix}$$

由于该过程是马尔可夫的，因此每个状态的状态转移概率总和为 1。它们由状态转移矩阵 $\mathbf{A}$ 的行显示。三态过程的初始状态分布也为 $\pi=[0.65 \quad 0.25 \quad 0.10]$。请注意，初始状态分布具有三个概率：0.65(晴天)，0.25(雨天)，0.10(冬日)。其总和为 1。

例 1　获得以下序列图像的概率是多少？

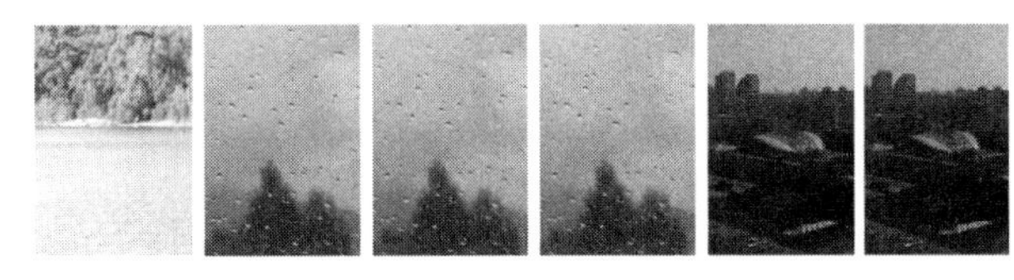

该序列代表晴天、雨天、雨天、雨天、冬日、冬日：

$$\mathbf{A}=\begin{bmatrix} 0.8 & 0.15 & 0.05 \\ 0.38 & 0.6 & 0.02 \\ 0.75 & 0.05 & 0.2 \end{bmatrix}, \quad \prod=[0.7 \quad 0.25 \quad 0.05]$$

解　可以从上图给出的数据中找到序列概率的解。这由从初始状态的概率(0.7)开始，然后得出其他转移概率的乘积(晴天，雨天，雨天，雨天，冬日，冬日)得到。概率为：

$$\begin{aligned} p &= p(S_{晴天}) \cdot p(S_{晴天} \mid S_{雨天}) \cdot p(S_{雨天} \mid S_{雨天}) \\ &\quad \cdot p(S_{雨天} \mid S_{雨天}) \cdot p(S_{冬日} \mid S_{雨天}) \cdot p(S_{冬日} \mid S_{冬日}) \\ &= 0.7 \times 0.15 \times 0.6 \times 0.6 \times 0.02 \times 0.2 \\ &= 0.000\,151\,2 \end{aligned}$$

我们为什么不从 0.8 开始呢？这是因为该概率表示我们今天处于晴天，而第二天仍处于晴天。

2.3.2　图形形式的 HMM

可观察的是女人穿的衣服类型，我们不知道相应的天气类型。我们想知道哪种天气导致她每次都穿这种衣服。所穿衣服的类型是可观察的，导致可观察的“天气”状态为 S，称为隐状态，它们释放出可观察的东西。她穿某种衣服的释放概率为

$$b_j(k)=P(o_i=k \mid q_t=S_i) \tag{2.9}$$

b_j 是在过程处于隐状态 S_i 的情况下观察值 k 的概率。

S_i 是释放出观察值的当前状态。运行时的四状态隐过程的图示类似于图 2.4。

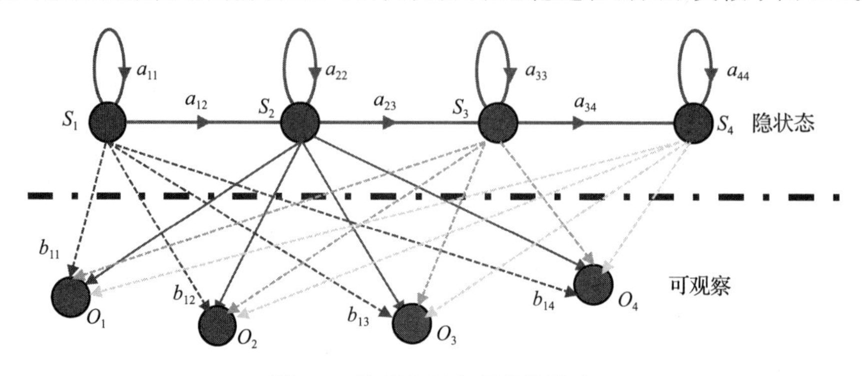

图 2.4　隐马尔可夫模型的图示

通常，从隐状态 i，该状态的释放概率之和等于 1。也就是说，对于 $i=1$，…，N，其中 N 是隐状态的数量：

$$\sum_{k=1}^{K} b_{ik}=1 \tag{2.10}$$

K 是观察值。也就是说，对于该过程，

$$b_{i1}+b_{i2}+b_{i3}+\cdots+b_{iK}=1 \tag{2.11}$$

对于三状态天气模型的例子，在本节中，我们将 HSS 和 OES 模型组合成一个单独的隐马尔可夫模型。图 2.4 是以天气模型为例得到的 HMM：

$$\mathbf{A}=\begin{matrix} & \text{晴天} & \text{冬日} & \text{雨天} \\ \text{晴天} & 0.65 & 0.25 & 0.10 \\ \text{冬日} & 0.40 & 0.30 & 0.30 \\ \text{雨天} & 0.10 & 0.25 & 0.65 \end{matrix}$$

请注意，从每个隐状态到可观察对象的释放概率之和等于 1。为清楚起见，我们在图 2.5 中扩展了围绕隐状态的圆，显示了隐状态的状态转移矩阵。

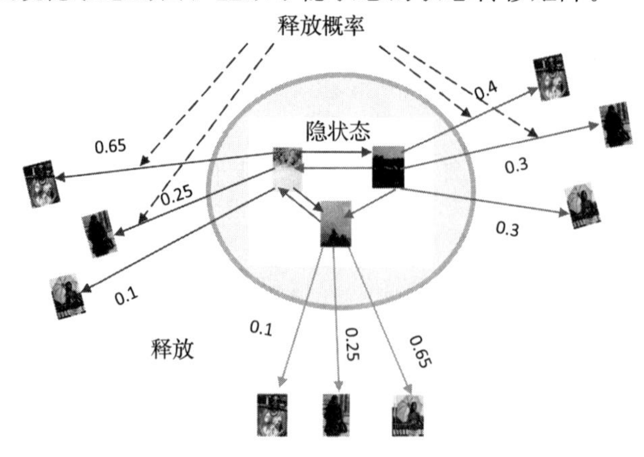

图 2.5　隐状态和可观察状态

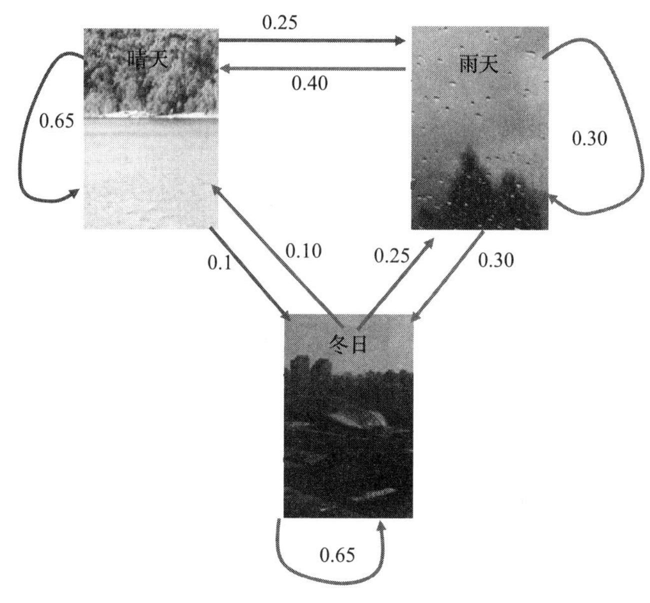

图 2.5a　图 2.5 圆圈内的隐状态

对于隐状态，从一个隐状态到其他隐状态的转移概率之和也为 1。在隐状态下，我们经常得到转移矩阵。在可观察状态下，我们还创建了释放矩阵(也称为混淆矩阵)。

现在我们将在图片中使用上述信息，并在下图中提出以下问题。

例如，假设我们有以下观察值序列：

这个时间序列的概率是多少？假设你已获得如下所示的转移概率、初始状态和释放概率：

$$\boldsymbol{A}=\begin{bmatrix}0.8 & 0.15 & 0.05\\ 0.38 & 0.6 & 0.02\\ 0.75 & 0.05 & 0.2\end{bmatrix}$$

$$\prod=[0.65 \quad 0.25 \quad 0.1]$$

$$\boldsymbol{B}=\begin{bmatrix}0.6 & 0.3 & 0.1\\ 0.25 & 0.6 & 0.15\\ 0.0 & 0.5 & 0.5\end{bmatrix}$$

根据上述观察值，以上观察值序列出现的概率是多少？

用数学方法描述这个问题，方程如下所示：

$$\begin{aligned}P(O)&=P(O_{冬装} \quad O_{冬装} \quad O_{太阳镜}, O_{雨伞}, \cdots \quad O_{雨伞})\\ &=\sum_{所有Q}P(O|Q)P(Q)\\ &=\sum_{(q_1,\cdots,q_7)}P(O|q_1,\cdots,q_7)P(q_1,\cdots,q_7)\end{aligned}$$

在这七天中，天气模式的各种组合都是可能的，在解决问题时需要考虑这些组合。该序列的概率由以下表达式给出：

$$P(O)=P(O_{冬装}\quad O_{冬装}\quad O_{太阳镜}, O_{雨伞}, \cdots \quad O_{雨伞})$$
$$=(0.65\times0.8^6)\times(0.3^2\times0.1^4\times0.6)+\cdots$$

如果都是晴天，我们从初始概率 0.65(晴天)乘以 0.8(6 倍或 6 个晴天)开始。晴天时看到雨伞的概率是 0.1，晴天时看到冬装的概率是 0.2，晴天时看到太阳镜的概率是 0.3。以上情况仅适用于一种情况可能。我们在晴天时需要担心所有的可能性，而不仅仅是一种。

2.4　HMM 中的三大问题

2.4.1　表示法

λ 是由一个三元组形成的 HMM 模型

$\boldsymbol{A}$ 是转移概率矩阵

$\boldsymbol{B}$ 是释放矩阵

π 是初始状态分布

问题 1：分类或可能性问题(寻找 $p(\boldsymbol{O}|\boldsymbol{\lambda})$)

给定一个观察值序列 $O=\{o_1, o_2, \cdots, o_T\}$和模型 $\lambda=(\boldsymbol{A}, \boldsymbol{B}, \pi)$，则给定的观察值序列 O 发生的概率是多少？这也称为**识别或分类**问题。假定存在 HMM 模型，哪一个可能会产生观察值序列？

问题 2：轨迹估计问题

给定一个观察值序列和模型 $\lambda=(\boldsymbol{A}, \boldsymbol{B}, \pi)$，在某种意义上，哪种状态序列是最优的，能最好地解释观察值？这也称为**解码**问题。它寻找产生观察值序列 $O=\{o_1, o_2, \cdots, o_T\}$的最佳状态序列。

问题 3：系统识别问题

应该如何调整模型参数 $\lambda=(\boldsymbol{A}, \boldsymbol{B}, \pi)$，以使可能性最大化？这是一个系统**识别或学习**问题，需要对 HMM 进行训练才能获得描述数据的最佳模型。这里的问题是找到使可能性 $p(O|\lambda)$最大化的 λ。有时也称为期望最大化算法或 EM HMM。

2.4.2　问题 1 的解决方案：似然估计

可以用来发现可能性的最简单方法是使用蛮力，目的是找到概率 $p(O|\lambda)$。蛮力方法要求对所有可能的状态轨迹进行询问或尝试。对于每个轨迹，估计观察到的序列的概率或似然值，这称为穷举搜索过程，计算量大。最后，将似然值最高的结果作为结果。不幸的是，在状态数为 S 的情况下，此计算问题的阶数为 $O(S^N)$。这种方法特别不实用，尤其是在过程具有多个状态时。我们可以使用问题的时间不变性来减少问题的计算成本。因此，有一种更好、更快的方法来解决该问题，称为前进-后退过程，人们发现用它求解更

快、更容易。

1. 朴素的解决方案

本节介绍一种朴素的解决方案，使用蛮力方法而不是明智的算法。

通常，这些观察值是独立的。我们假设观察值是由序列 $Q=(q_1, q_2, \cdots, q_T)$ 给出的。

给定过程的概率是 T 个独立观察值的概率的乘积，用等式(2.12)表示：

$$P(O|q, \lambda)=\prod_{t=1}^{T} P(o_t|q, \lambda)=b_{q_1}(o_1)b_{q_2}(o_2)\cdots b_{q_T}(o_T) \tag{2.12}$$

众所周知，任何状态序列的概率为

$$P(q|\lambda)=\pi_{q_1} a_{q_1 q_2} a_{q_2 q_3} \cdots a_{q_{(T-1)} q_T} \tag{2.13}$$

最后，我们要寻找的解决方案由以下表达式给出：

$$P(O|\lambda)=\sum_{q} P(O|q, \lambda)\cdot P(q|\lambda) \tag{2.14}$$

该解决方案需要很长时间才能得到，并且效率不高。有 N^T 个状态路径，每个路径都需要 $O(T)$次计算。因此，朴素解决方案的总成本为 $O(N^T T)$。下一节给出了一种获得相同解决方案的快速方法，称为前向递归。

2. 前向递归

在前向递归中，计算效率取决于马尔可夫概念的使用。在马尔可夫过程中，转移的概率取决于过程现在的状态而不是过去的状态，也不取决于人们如何到达当前状态。在这一节中，我们推导该算法。

定义前向递归变量 α。给定模型，前向递归变量为

$$\alpha_t(i)=P(o_1, o_2, \cdots, o_t, q_t=i|\lambda) \tag{2.15}$$

其中 $\alpha_t(i)$是在给定模型的情况下，系统在时间 t 处状态为 i 时观察到部分序列(o_1, o_2, …, o_t)的概率。递归从以下表达式开始：

(ⅰ) 初始化

令

$$\alpha_1(i)=\pi_1 b_i(o_1) \tag{2.16}$$

(ⅱ) 归纳

这取决于 i 从所有可能的 N 个状态降落到状态 j 并观察到释放 j 的概率。这由表达式(2.17)给出：

$$\alpha_{t+1}(j)=\sum_{i=1}^{N}(\alpha_t(i)a_{ij})b_j(o_{t+1}) \tag{2.17}$$

(ⅲ) 终止

递归的结尾是所有时间的递归变量的总和。这由表达式(2.18)给出：

$$P(O|\lambda)=\sum_{i=1}^{N}\alpha_T(i) \tag{2.18}$$

这是整个序列作为所有 i 的状态 i 结束的观察值序列之和的概率。递归的计算成本比穷举

搜索的小得多，为 $O(N^2T)$。

可以将前向递归视为 N 个状态的多通道马尔可夫链。对于每个通道，将初始状态分布替换为通道转移概率和观察值概率的乘积。归纳步骤与计算乘积 $\boldsymbol{v}_{t+1}=\boldsymbol{v}_t\boldsymbol{P}$ 相似，随后是终止步骤。两次步骤之间的前向递归如图 2.6 所示。

3. 后向递归

图 2.7 中所示的后向递归从时间步 $t+1$ 开始，并在时间 t 处后向递归。

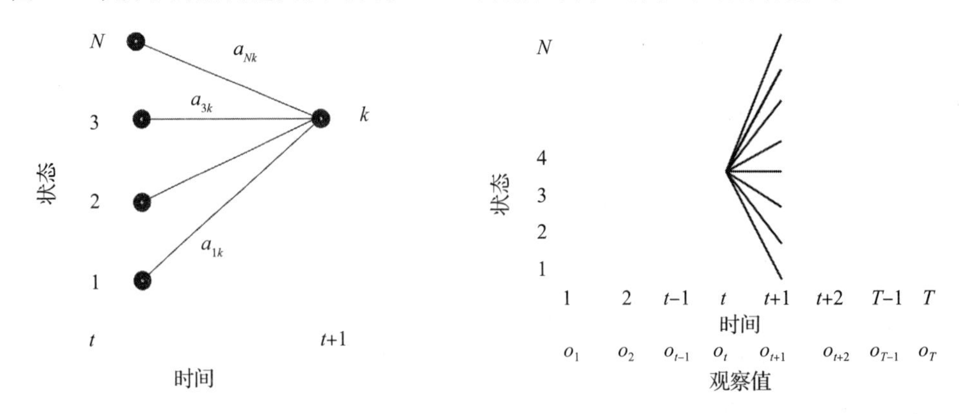

图 2.6 HMM 中的前向递归

图 2.7 HMM 中的后向递归

对于后向递归，我们定义后向变量 $\beta_t(i)$，其中

$$\beta_t(i)=P(o_{t+1},\ o_{t+2},\ \cdots,\ o_T\,|\,q_t=i,\ \lambda) \tag{2.19}$$

$\beta_t(i)$是在给定马尔可夫模型的情况下，在状态 $q_t=i$ 处观察部分序列$(o_{t+1},\ o_{t+2},\ \cdots,\ o_T)$的概率。后向递归的步骤如下：

（i）初始化

令

$$\beta_T(i)=1$$

（ii）归纳

$$\beta_t(i)=\sum_{j=1}^{N}a_{ij}b_j(o_{t+1})\beta_{t+1}(j),\ 1\leqslant i\leqslant N,\ t=T-1,\ \cdots,\ 1 \tag{2.20}$$

4. 问题 2 的解决方案：轨迹估计问题

这个问题的目的是找到路径或状态序列$\{q_1,\ q_2,\ \cdots,\ q_T\}$，它使似然函数 $P(q_1,\ q_2,\ \cdots,\ q_T\,|\,O,\ \lambda)$最大化。解决方案以维特比(Viterbi)算法给出，该算法不仅用于语音识别等 HMM 应用中，而且用于电信中的卷积编码器，以检测噪声信道中的符号。本节介绍该算法的简化形式，以便可以更广泛地使用，读者可以根据需要进一步了解该主题。

遵循 Rabiner[1]给出的形式，Viterbi 算法在下面的步骤中给出，算法类似于前向过程。不同的是，它不是求和，而是在以前的状态下使用最大化。

(1) 初始化

$$\delta_1(i)=\pi_i b_i(o_1),\ 1\leqslant i\leqslant N \tag{2.21}$$

$$\psi_1(i)=0$$

零表示没有以前的状态。

（2）递归

$$\delta_t(j)=\max_{1\leqslant i\leqslant N}[\delta_{t-1}(i)a_{ij}]b_j(o_t) \tag{2.22a}$$

$$\psi_t(j)=\arg\max_{1\leqslant i\leqslant N}[\delta_{t-1}(i)a_{ij}] \tag{2.22b}$$

$2\leqslant t\leqslant T$，$1\leqslant j\leqslant N$

（3）终止

$$P_T^*=\arg\max_{1\leqslant i\leqslant N}[\delta_T(i)]$$

$$q_T^*=\arg\max_{1\leqslant i\leqslant N}[\delta_T(i)] \tag{2.23}$$

（4）路径回溯（检索最佳路径序列，图2.8）

$$q_t^*=\psi_{t+1}(q_{t+1}^*)，t=T-1，T-2，\cdots，1 \tag{2.24}$$

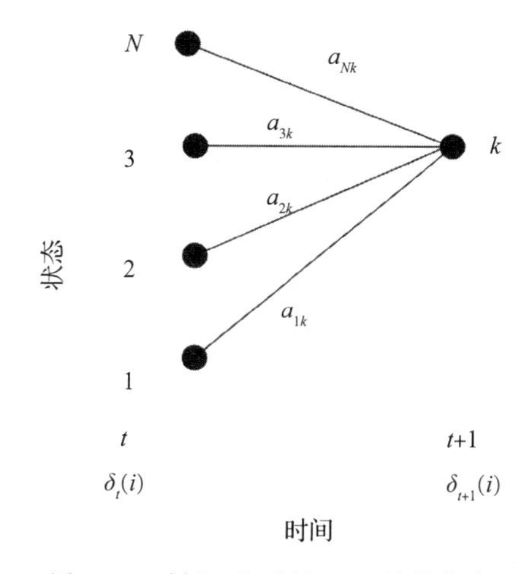

图2.8　时间 t 和时间 $t+1$ 处的状态

例　符号检测

本节给出并描述了两个维特比表。第一个表描述了状态转移，第二个表给出了状态转移发生时过程的输出位应该是什么。例如，这些表完全描述了速率为1/2，$K=3$ 的卷积编码器的行为。下面介绍这两个表。

2.5　状态转移表

考虑下表，该表提供了描述状态转移步骤的信息。它给出当前状态以及输入时，将给出下一个状态和输出位。

	下一个状态，若	
当前状态	输入＝0：	输入＝1：
00	00	10
01	00	10
10	01	11
11	01	11

2.5.1　输入符号表

在第一行中，如果当前状态为00并且输入位为‘0’，则下一个状态为00；如果输入位为‘1’，则下一个状态为10。对于第二行，如果当前状态为01并且输入位为‘0’，则过程将状态更改为00；如果输入位为‘1’，则过程将状态更改为10。在第三行中，如果当前状态为10，并且输入位为‘0’，则将状态更改为状态01；如果输入位为‘1’，则将状态更改为状态11。在第四行中，如果当前状态为11并且输入为‘0’，则过程将状态更改为01；当输入位为‘1’时，下一个状态变为11。

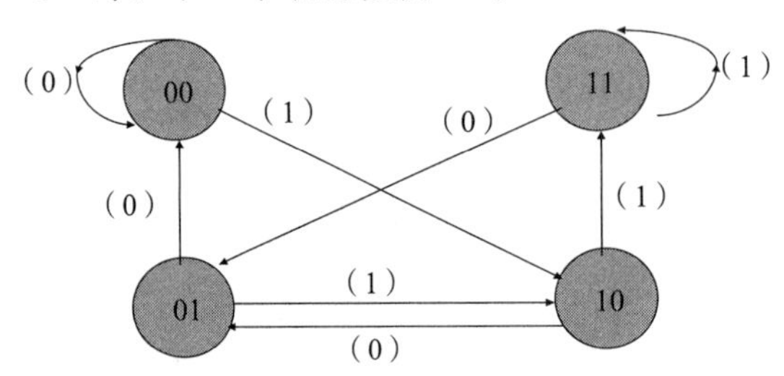

以下状态转换图还提供了有关上表中给出的转换的进一步说明。输入位显示在括号内，状态以圆圈显示。

2.5.2　输出符号表

该表提供了有关在每种状态下输出符号应作为过程或系统输入位的函数的指南。在输出符号表的第一行中，如果当前状态为00并且输入位为‘0’，则该过程的输出符号为00；如果输入位为‘1’，则输出符号变为11。

	输出符号表，若	
当前状态	输入＝0：	输入＝1：
00	00	11
01	11	00
10	10	01
11	01	10

从第二行开始，如果当前状态为01并且输入位为‘0’，则该过程的输出符号为11；如果输入位为‘1’，则输出符号为00。从第三行开始，如果当前状态为10，并且输入位为‘0’，则该过程的输出符号为10；如果输入位为‘1’，则输出符号为01。在第四行，如果当前状态为11，输入位为‘0’，则该过程的输出符号为01；如果输入位为‘1’，则输出符号为10。

2.6　问题3的解决方案：找到最佳HMM

该问题的目的是计算最佳HMM$\lambda=(\boldsymbol{A}, \boldsymbol{B}, \pi)$，以使似然性$P(O|\lambda)$最大化。使用称为Baum-Welch算法的迭代过程可以解决此问题，我们现在对其进行详细讨论。该算法也称为期望最大化(EM)，需要四个处理步骤。

算法

1）设初始模型为 λ_0。

2）根据 λ_0 和观察值 O 计算新的 HMM 模型 λ。

3）如果差值 $\log P(O|\lambda)-\log P(O|\lambda_0)<\Delta$，则停止。

4）否则令 $\lambda_0 \leftarrow \lambda$，然后转到步骤 2)并重复。

为了执行算法，将定义如下两个变量：

定义 $\xi(i, j)$为在时间 t 处于状态 i 和在时间 $t+1$ 处于状态 j 的概率，计算如下：

$$\xi(i, j)=\frac{\alpha_t(i)a_{ij}b_j(o_{t+1})\beta_{t+1}(j)}{P(O|\lambda)}=\frac{\alpha_t(i)a_{ij}b_j(o_{t+1})\beta_{t+1}(j)}{\sum_{i=1}^{N}\sum_{j=1}^{N}\alpha_t(i)a_{ij}b_j(o_{t+1})\beta_{t+1}(j)} \tag{2.25}$$

图 2.9 描述了该概率过程。

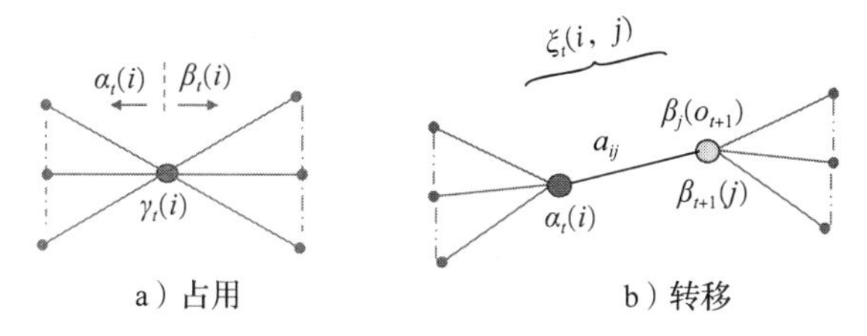

图 2.9　计算似然性时的网格片段

本节的目的是将模型重新估计为 $\lambda_i=(\boldsymbol{A}_i, \boldsymbol{B}_i, \pi_i)$。为此，将初始状态概率估计为

$$\hat{\pi}_i=\gamma_i(1), 1\leqslant i\leqslant N \tag{2.26}$$

使用以下表达式计算模型参数的新估计：

$$\hat{a}_{ij}=\frac{\sum_{t=1}^{T}\xi_t(i, j)}{\sum_{t=1}^{T}\gamma_i(t)}, 1\leqslant i, j\leqslant N \tag{2.27}$$

$$\hat{b}_j(k)=\frac{\sum_{t=1}^{T}|o_t=k\gamma t(j)}{\sum_{t=1}^{T}\gamma_j(t)}, 1\leqslant j\leqslant N, 1\leqslant k\leqslant K \tag{2.28}$$

2.7　练习

(1) 以下是关于天气是晴天还是雨天的一系列观察值。

(a) 如果前一天是晴天，则今天晴天的概率是多少？

(b) 如果前一天是晴天，则今天下雨的概率是多少？

(c) 如果前一天是雨天，则今天下雨的概率是多少？

(d) 如果前一天是雨天，则今天晴天的概率是多少？

(2) 绘制并标记问题 1 中给出的隐马尔可夫模型。

(3) 写出转移概率矩阵。

(4) 假设 Ireh 的情绪取决于天气，在十一天的时间内她的情绪如下图所示。根据她的情绪计算释放概率。

(5) 画出 HMM 表示的转移概率和释放概率，用概率标记图。

(6) 写出释放概率矩阵。

(7) 随机选取一天。它是晴天或雨天的概率是多少？

第3章　卡尔曼滤波器入门

3.1　简介

卡尔曼滤波器(KF)仍然是一种独特的算法，已被反复用于跟踪系统动力学中的问题，但仍是数据处理技术中鲜为人知的主题之一。它的强大之处在于其迭代计算，该计算允许用户输入新的读数，并使用它来提供对基础过程参数的估计。例如，在对象跟踪中，要估算的基本变量包括运动对象(如飞机、子弹或航天器)的速度、位置和加速度。当测量值存在不确定性且需要真实值时，它最为有用。

一个有趣的例子是使用温度传感器测量温度。传感器提供周期性的温度读数，这在测量中存在不确定性或误差。目的是找到正确或真实的温度。

3.2　标量形式

本章介绍两种类型的卡尔曼滤波器：标量形式和矩阵形式。首先用一个简单的标量例子介绍卡尔曼滤波器，在这个例子中只估计一个变量。以传感器测量温度为例。实际测量的信号并不重要，因为它可能是湿度、压力或风速等任何东西。

许多过程都会产生噪声数据，真实的数据隐藏在噪声中，我们的目标是使用迭代方法估计实际数据。每一个新的测量都被用来估计在没有噪声的情况下数据的真实值，因此，它可以被证明是非常有用的跟踪对象的运动和动态行为的过程。测量值包含一些误差或不确定性，可用于快速计算实际值，因此，我们把它看作是一种“过滤”测量中的不确定性或误差的方法，它因此得名“卡尔曼滤波器”。虽然它不是数字信号处理中滤波器意义上的真正滤波器，但它具有滤波器的特性，即给出信号或数据的真实值。

图3.1显示了卡尔曼滤波的三个处理步骤。在步骤(1)中，计算卡尔曼滤波器增益。它在估计中有输入误差，在数据测量中有误差(不确定度)。卡尔曼增益提供了先前误差和测量不确定度的相对重要性的度量。在第一次迭代中，我们使用“原始误差”估计值，而不是所谓的“先前误差”。一旦完成，我们就不会再回到原来的错误。重要的是要认识到，这个“原始错误”可能是启动该过程的任何合理的值。

计算出的卡尔曼增益用作步骤(2)的输入，该步骤计算数据的当前估计值。此步骤还有两个其他输入，即先前的估计值和测量值。在此步骤中，计算当前估计值。对于第一次迭代，我们使用“原始估计”。这个值的选择是相当随意的，并不重要，因为系统在经过几次迭代后会迅速收敛到当前估计值。一旦我们计算出当前的估计值，它就成为下一次迭代的前一个估计值。请注意，从图中可以看出，在接下来的所有迭代中，数据一直在进来。

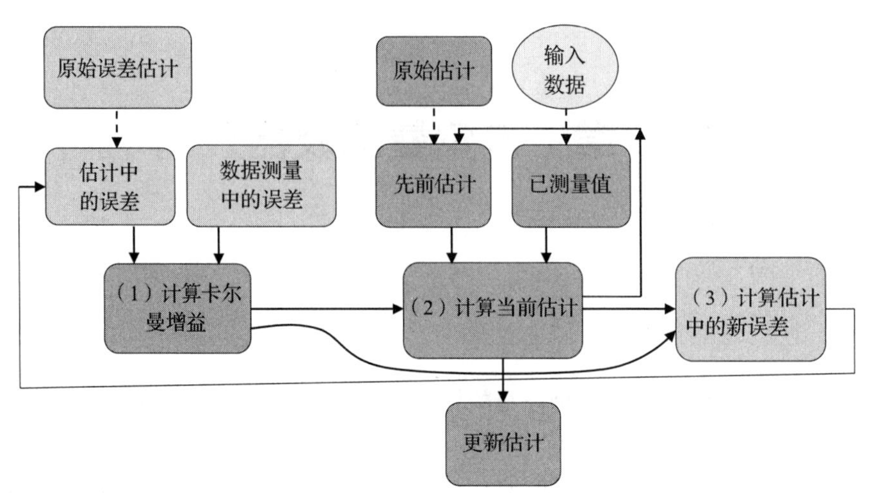

图 3.1　卡尔曼滤波器的处理步骤

在步骤(3)中，我们利用当前卡尔曼滤波增益和步骤(2)的输出计算新的估计误差，即当前估计。一旦计算出新的误差，它就反馈给输入，并成为下一次迭代的估计误差。

每次我们进行迭代时，都会发出输出结果，并成为我们“更新”“估计”(图中的更新估计)的结果。它用于更新此迭代步骤的过程值。卡尔曼滤波的目的实际上是迭代获得新的更新估计。例如，如果所涉及的过程正在测量温度，则“更新估算值”是温度值，我们认为该值越来越接近温度的真实值。如果我们的过程是跟踪飞机的雷达跟踪系统，则更新的估算值将越来越接近飞机的真实位置。这可能还包括其速度和高度或加速度。

步骤(1)：计算卡尔曼增益

图 3.2 中的三个框图对于估算卡尔曼增益至关重要。

卡尔曼增益：图 3.2 是影响卡尔曼增益值的因素的图示。它显示两个输入。卡尔曼增益是利用估计误差 ε_{est} 和测量误差或不确定度 ε_{mes} 来计算的。使用方程(3.1)计算这些误差的比率：

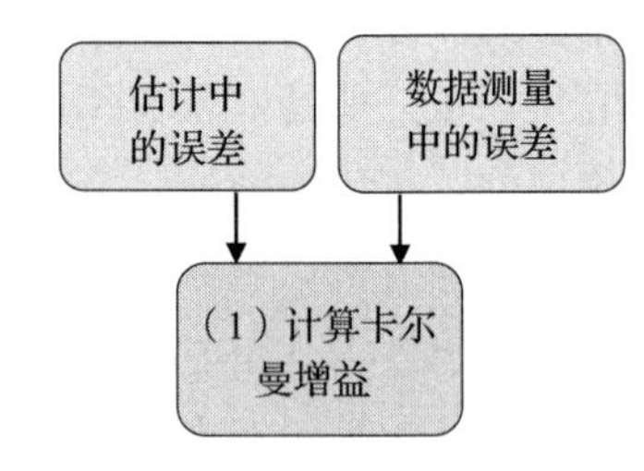

图 3.2　卡尔曼增益

$$K=\frac{\varepsilon_{est}}{\varepsilon_{est}+\varepsilon_{mes}} \tag{3.1}$$

从方程(3.1)可以看出，卡尔曼增益满足不等式 $0\leqslant K\leqslant 1$。它是一个小于 1 的正数。当卡尔曼增益趋于 1($K\to 1$)时，测量变得越来越精确。这也意味着对于较大的卡尔曼滤波增益，估计误差占增益的主导地位，测量误差较小。另一方面，估计变得不稳定。

当卡尔曼增益也趋于零时，$K\to 0$，测量变得越来越不精确。这种情况下的估计变得越来越稳定，误差越来越小，因此测量误差非常大，这可以从方程(3.1)中看出。

状态估计：设 E_k 为当前估计，E_{k-1} 为先前估计，χ 为测量。因此，可以使用以下公式获得当前估算值：

$$E_k = E_{k-1} + K(\chi - E_{k-1}) \tag{3.2}$$

从方程(3.1)和方程(3.2)中，我们注意到较大的卡尔曼滤波器增益意味着对先前估计的更新较大。

估计误差： 用变量 $\varepsilon_{est}(k)$ 表示在时间 k 的估计误差，而在时间 $k-1$ 的估计误差则为 $\varepsilon_{est}(k-1)$。因此，在时间 k 的估计误差可以用卡尔曼增益表示为：

$$\varepsilon_{est}(k) = \left(\frac{\varepsilon_{mes}\varepsilon_{est}(k-1)}{\varepsilon_{est}(k-1)+\varepsilon_{mes}}\right) \tag{3.3}$$

方程(3.3)可以简化为

$$\varepsilon_{est}(k) = (1-K)\varepsilon_{est}(k-1) \tag{3.4}$$

根据方程(3.4)，如果卡尔曼增益较大，则测量误差很小，并且估计中的当前误差也很小。但是，如果卡尔曼增益很小，则意味着测量误差很大。这也意味着迭代需要更长的时间才能收敛。

例　在尼罗河上部署了传感器，以测量水深，目的是确定何时可能发生洪水。这条河的真实深度为 72m。深度的初始估计为 68m。估计中的误差为 2m。如果深度的初始测量值为 75m 并且传感器的误差为 4m，则估计

（ⅰ）卡尔曼增益

（ⅱ）当前估计误差

（ⅲ）估计中的错误

解　卡尔曼增益由方程(3.1)给出。

（ⅰ）卡尔曼增益为

$$\varepsilon_{est}=2;\ \varepsilon_{mes}=4$$

$$K=\frac{\varepsilon_{est}}{\varepsilon_{est}+\varepsilon_{mes}}=\frac{2}{2+4}=\frac{1}{3}$$

（ⅱ）当前水位估计值可由方程(3.2)获得，公式为

$$E_k = E_{k-1} + K(\chi - E_{k-1}) = 68+\frac{1}{3}(75-68)=70.33\text{m}$$

（ⅲ）估计误差由方程(3.3)或方程(3.4)给出。我们将使用方程(3.4)。注意初始估计误差为 2m。因此，新的估算误差为

$$\varepsilon_{est}(k)=(1-K)\varepsilon_{est}(k-1)=\left(1-\frac{1}{3}\right)\times 2=\frac{4}{3}$$

练习　使用水位传感器测量尼罗河水位，得出下表中的值。在上例中，我们计算了第一组结果。完成其余的卡尔曼增益计算、水位估计及其估计误差。灰色数值在问题陈述中给出。只要传感器的误差保持不变，就可以继续使用传感器。

	χ (测量)(m)	ε_{mes} (测量误差)	E_k(m) 估计	$\varepsilon_{est}(k-1)$ (先前估计误差)	K 卡尔曼增益	$\varepsilon_{est}(k)$ 当前估计误差
$k-1$			68	2		
k	75	4	70.33		1/3	4/3

（续）

	χ （测量）(m)	ε_{mes} （测量误差）	E_k(m) 估计	$\varepsilon_{\text{est}}(k-1)$ （先前估计误差）	K 卡尔曼增益	$\varepsilon_{\text{est}}(k)$ 当前估计误差
$k+1$	74	4				
$k+2$	71.5	4				
$k+3$	73	4				

3.3 矩阵形式

在这一节中，我们考虑一个更严格的例子，矩阵在其中起作用。卡尔曼滤波的大多数应用都需要这种形式，输入是一个向量，系统模型是一个矩阵，估计误差是协方差矩阵。本章的分析遵循 Michel van Biezen[1] 给出的形式。

卡尔曼滤波器的原理源于以下内容：假设存在一个动力学方程已知的过程，过程中有噪声，这个过程的表现是用一个传感器来测量的，还有测量噪声。卡尔曼滤波器的作用是利用噪声测量来确定过程输出的真实性质。考虑一个典型的例子，一架无人机被雷达系统跟踪，雷达可以观测无人机的位置、速度和加速度，这些变量决定了无人机的测量位置。无人机模型(过程)还提供无人机位置的估计。我们的目标是尽量减少过程输出和测量之间的误差(图 3.3)，并提供对系统的良好了解。

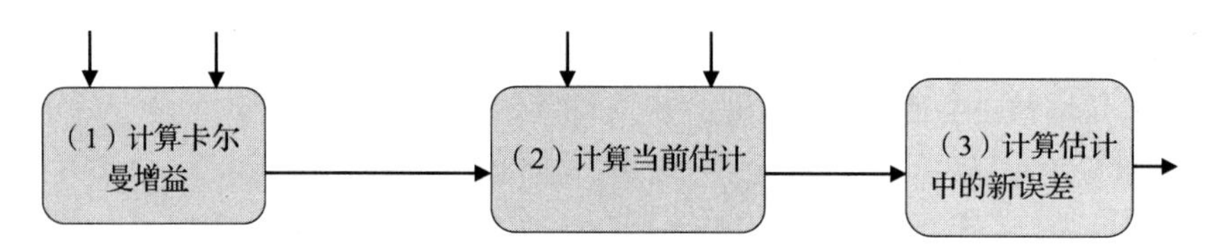

图 3.3　卡尔曼滤波计算的三个阶段

考虑图 3.4 中称为模型的过程，该过程(模型)具有动态方程

$$\boldsymbol{x}_t = \boldsymbol{A}_t \boldsymbol{x}_{t-1} + \boldsymbol{B}_t \boldsymbol{u}_t + \boldsymbol{w}_t \tag{3.5}$$

- $\boldsymbol{x}_t$ 是时间 t 的状态向量，它包含系统变量(例如坐标、速度、加速度等)。

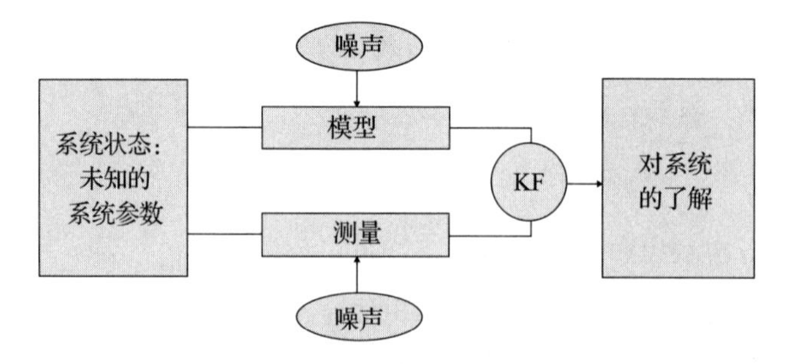

图 3.4　nutshell 中的卡尔曼滤波器

- $\boldsymbol{A}_t$ 是 $n\times n$ 状态转移矩阵，其中包含有关其在时间 $t-1$ 处的速度、加速度和坐标如何影响其在时间 t 处的位置的描述。
- $\boldsymbol{B}_t$ 是描述控制输入变化(例如加速度、速度等)如何影响系统状态的矩阵。

- $\boldsymbol{u}_t$ 是一个包含控制变量(转弯、油门和刹车)的向量。
- $\boldsymbol{w}_t$ 是过程噪声向量。
- $\boldsymbol{Q}$ 是过程的协方差矩阵。过程噪声是多变量的，并且具有零均值的正态分布。

测量方程(3.6)提供了传感器如何获取过程状态：

$$\boldsymbol{y}_t = \boldsymbol{H}_t \boldsymbol{x}_t + \boldsymbol{v}_t \tag{3.6}$$

- $\boldsymbol{y}_t$ 是测量向量
- $\boldsymbol{H}_t$ 是测量转换矩阵，将状态转换为测量向量
- $\boldsymbol{v}_t$ 是测量噪声向量
- $\boldsymbol{R}$ 是测量噪声协方差矩阵。测量噪声来自高斯白噪声过程，均值为零

方程(3.5)和方程(3.6)提供了使用传感器进行的基本过程和测量的完整描述。图 3.5 说明了如何将这些过程和测量模型结合起来，以提供更能代表系统真实特性的卡尔曼滤波器输出。

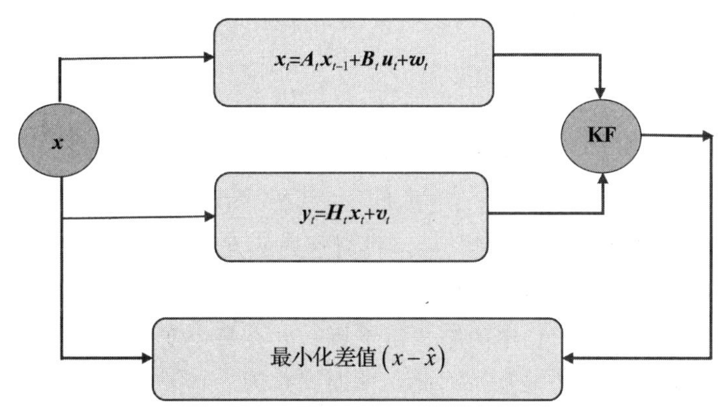

图 3.5　卡尔曼滤波系统模型

3.3.1　状态变量的模型

在本节中，我们使用实例解释上一节中描述的状态、过程、测量和噪声变量。

为了说明本节中提供的公式，我们对无人机进行跟踪。我们假设无人机以恒定速度直线飞行。既没有垂直速度也没有加速度。在驾驶过程中，无人机驾驶员在前进方向施加一个力，或利用刹车使其减速。在前进方向上，力与无人机的质量 m 成正比，得到控制表达式

$$\boldsymbol{u}_t = \frac{f_t}{m} \tag{3.7}$$

我们用以下表达式描述无人机的线性运动：

$$\begin{aligned} x_t &= x_{t-1} + \dot{x}_{t-1} \times \Delta t + \frac{(\Delta t)^2 f_t}{2m} \\ \dot{x}_t &= \dot{x}_{t-1} + \frac{\Delta t \cdot f_t}{m} \end{aligned} \tag{3.8}$$

因此，无人机的状态向量由两个变量定义，即无人机的位置和速度。这是

$$\boldsymbol{x}_t = [x_t,\ \dot{x}_t]^{\mathrm{T}} \tag{3.9}$$

转移矩阵由以下表达式给出：

$$\boldsymbol{A}=\begin{bmatrix}1 & \Delta t\\ 0 & 1\end{bmatrix},\ \boldsymbol{B}=\begin{bmatrix}\dfrac{(\Delta t)^2}{2}\\ \Delta t\end{bmatrix}$$

因此，系统模型方程变为：

$$\begin{bmatrix}x_t\\ \dot{x}_t\end{bmatrix}=\begin{bmatrix}1 & \Delta t\\ 0 & 1\end{bmatrix}\cdot\begin{bmatrix}x_{t-1}\\ \dot{x}_{t-1}\end{bmatrix}+\begin{bmatrix}\dfrac{(\Delta t)^2}{2}\\ \Delta t\end{bmatrix}\cdot\frac{f_t}{m} \tag{3.10}$$

在卡尔曼滤波器中使用预测和测量

我们在 3.2 节看到卡尔曼滤波器算法包括三个步骤：计算卡尔曼增益、预测过程状态和更新测量值。这三个步骤是针对矩阵情况推导的。当同时存在测量值和预测值时，目标是尽可能减小测量值和预测值之间的误差。这就要求通过协方差分析使误差最小化。过程方程通常以一种形式书写，表明预测是基于先前的事件或预测。这显示在如下方程中：

$$\hat{\boldsymbol{x}}_{t\mid t-1}=\boldsymbol{A}_t\hat{\boldsymbol{x}}_{t-1\mid t-1}+\boldsymbol{B}_t\boldsymbol{u}_t \tag{3.11}$$

误差协方差矩阵 $\boldsymbol{P}$ 也由以下表达式给出：

$$\boldsymbol{P}_{t\mid t-1}=\boldsymbol{A}_t\boldsymbol{P}_{t-1\mid t-1}\boldsymbol{A}_t^{\mathrm{T}}+\boldsymbol{Q}_t \tag{3.12}$$

其中 $\boldsymbol{Q}$ 是过程噪声。为了推导方程(3.1)，我们首先从方程(3.5)中减去方程(3.10)，也就是说我们从实际值中减去预测值，形成误差。然后，我们评估误差的期望值。此后，我们将删除方程(3.10)和方程(3.11)中的第二组下标，并在每个变量上只保留一个下标。这纯粹是为了减少下标和理解上的混乱。因此，预期误差为

$$\boldsymbol{P}_{t\mid t-1}=E[(\boldsymbol{x}_t-\hat{\boldsymbol{x}}_{t\mid t-1})(\boldsymbol{x}_t-\hat{\boldsymbol{x}}_{t\mid t-1})^{\mathrm{T}}] \tag{3.13}$$

$$e_{t\mid t-1}=\boldsymbol{A}(\boldsymbol{x}_{t-1}-\hat{\boldsymbol{x}}_{t\mid t-1})+\boldsymbol{w}_t \tag{3.14}$$

该错误的预期

$$\begin{aligned}\boldsymbol{P}_{t\mid t-1}&=E[\boldsymbol{A}(\boldsymbol{x}_{t-1}-\hat{\boldsymbol{x}}_{t\mid t-1})+\boldsymbol{w}_t]\cdot[\boldsymbol{A}(\boldsymbol{x}_{t-1}-\hat{\boldsymbol{x}}_{t\mid t-1})+\boldsymbol{w}_t]^{\mathrm{T}}\\ &=\boldsymbol{A}E[(\boldsymbol{x}_{t-1}-\hat{\boldsymbol{x}}_{t\mid t-1})^{\mathrm{T}}\cdot(\boldsymbol{x}_{t-1}-\hat{\boldsymbol{x}}_{t\mid t-1})\boldsymbol{A}^{\mathrm{T}}+\boldsymbol{A}(\boldsymbol{x}_{t-1}-\hat{\boldsymbol{x}}_{t\mid t-1})^{\mathrm{T}}\cdot\boldsymbol{w}_t\\ &\quad+\boldsymbol{w}_t\cdot(\boldsymbol{x}_{t-1}-\hat{\boldsymbol{x}}_{t\mid t-1})\boldsymbol{A}^{\mathrm{T}}]+E[\boldsymbol{w}_t^{\mathrm{T}}\cdot\boldsymbol{w}_t]\end{aligned} \tag{3.15}$$

过程噪声和状态估计误差不相关。因此，涉及它们的项可以设置为零。

$$E[(\boldsymbol{x}_{t-1}-\hat{\boldsymbol{x}}_{t\mid t-1})^{\mathrm{T}}\cdot\boldsymbol{w}_t]=E[\boldsymbol{w}_t^{\mathrm{T}}\cdot(\boldsymbol{x}_{t-1}-\hat{\boldsymbol{x}}_{t\mid t-1})]=0 \tag{3.16}$$

因此，对错误的期望简化为

$$\boldsymbol{P}_{t\mid t-1}=\boldsymbol{A}E[(\boldsymbol{x}_{t-1}-\hat{\boldsymbol{x}}_{t\mid t-1})^{\mathrm{T}}\cdot(\boldsymbol{x}_{t-1}-\hat{\boldsymbol{x}}_{t\mid t-1})]\cdot\boldsymbol{A}^{\mathrm{T}}+E[\boldsymbol{w}_t^{\mathrm{T}}\cdot\boldsymbol{w}_t] \tag{3.17}$$

由于

$$\boldsymbol{P}_{t-1\mid t-1}=E[(\boldsymbol{x}_{t-1}-\hat{\boldsymbol{x}}_{t\mid t-1})^{\mathrm{T}}\cdot(\boldsymbol{x}_{t-1}-\hat{\boldsymbol{x}}_{t\mid t-1})],\ E[\boldsymbol{w}_t^{\mathrm{T}}\cdot\boldsymbol{w}_t]=\boldsymbol{Q}_t$$

故

$$\boldsymbol{P}_{t\mid t-1}=\boldsymbol{A}\boldsymbol{P}_{t\mid -1t-1}\boldsymbol{A}^{\mathrm{T}}+\boldsymbol{Q}_t \tag{3.18}$$

测量更新步骤涉及使用我们在上一步中导出的错误概率。为了更新测量，以下表达式用于解决我们对过程值的预测不精确的事实。它有错误，此误差可与卡尔曼增益结合再次使

用，以改善我们在前一时间步的预测。这是使用测量更新公式完成的：

$$\hat{\boldsymbol{x}}_{t|t}=\hat{\boldsymbol{x}}_{t|t-1}+\boldsymbol{K}_t(\boldsymbol{z}_t-\boldsymbol{H}_t\hat{\boldsymbol{x}}_{t|t-1}) \tag{3.19}$$

$$\boldsymbol{P}_{t|t}=\boldsymbol{P}_{t|t-1}-\boldsymbol{K}_t\boldsymbol{H}_t\boldsymbol{P}_{t|t-1}=\boldsymbol{P}_{t|t-1}(\boldsymbol{I}-\boldsymbol{K}_t\boldsymbol{H}_t) \tag{3.20}$$

根据方程(3.19)，可以获得卡尔曼滤波器增益。这些表达式在下一部分中得出。方程(3.19)括号中的项是时间 t 处测量值与过程的预测值之间的误差。该误差用于更新时间 $t-1$ 处的估计值，以给出时间 t 处的估计值。随着该误差变得越来越小，过程的价值变得越来越现实或精确。

在我们的示例中，就跟踪无人机而言，将基于无人机上的设备对位置和速度的估计以及用于跟踪系统的信标的测量结合，以提供有关无人机实际位置的最佳信息。

3.3.2　状态的高斯表示

假设无人机的初始位置在时间 $t=0$ 具有高斯概率密度函数。当无人机在时间 $t=1$ 移动到新位置时，也假设无人机的位置和速度在分布上是高斯分布[2]。

在第一个位置，位置的最佳估计值为 $\hat{x}_1=z_1$(图3.6，灰色)，标准差(不确定度)为 σ_1，方差为 σ_1^2。因此，这个位置的分布用以下高斯函数来描述：

$$z_1(r;\mu_1,\sigma_1)=\frac{1}{\sqrt{2\pi\sigma_1^2}}\mathrm{e}^{\frac{-(r-\mu_1)^2}{2\sigma_1^2}} \tag{3.21}$$

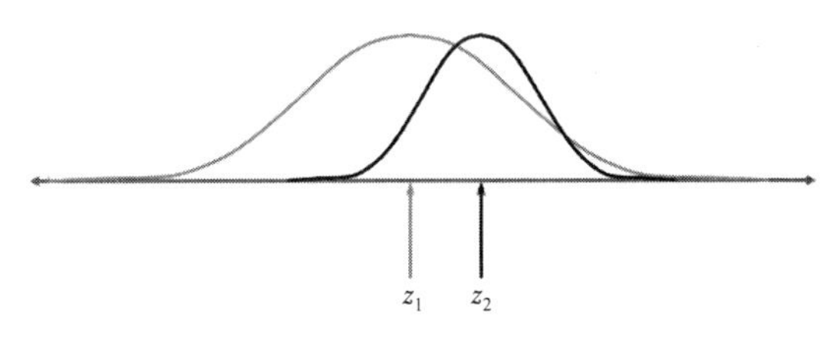

图3.6　高斯分布

第二个度量 $\hat{x}_2=z_2$(黑色)具有方差 σ_2^2 和不确定度 σ_2，并且分布与第一个相似：

$$z_2(r;\mu_2,\sigma_2)=\frac{1}{\sqrt{2\pi\sigma_2^2}}\mathrm{e}^{\frac{-(r-\mu_2)^2}{2\sigma_2^2}} \tag{3.22}$$

融合由两个概率分布函数提供的信息可以获得图3.7上面的分布。两个高斯函数的和仍是高斯函数，因此融合系统具有如下分布[2]：

$$\begin{aligned}z(r;\mu_1,\sigma_1,\mu_2,\sigma_2)&=\frac{1}{\sqrt{2\pi\sigma_1^2}}\mathrm{e}^{\frac{-(r-\mu_1)^2}{2\sigma_1^2}}+\frac{1}{\sqrt{2\pi\sigma_2^2}}\mathrm{e}^{\frac{-(r-\mu_2)^2}{2\sigma_2^2}}\\&=\frac{1}{2\pi\sqrt{\sigma_1^2\sigma_2^2}}\mathrm{e}^{-\left(\frac{(r-\mu_1)^2}{2\sigma_1^2}+\frac{(r-\mu_2)^2}{2\sigma_2^2}\right)}\end{aligned} \tag{3.23}$$

位置的最佳估计值是

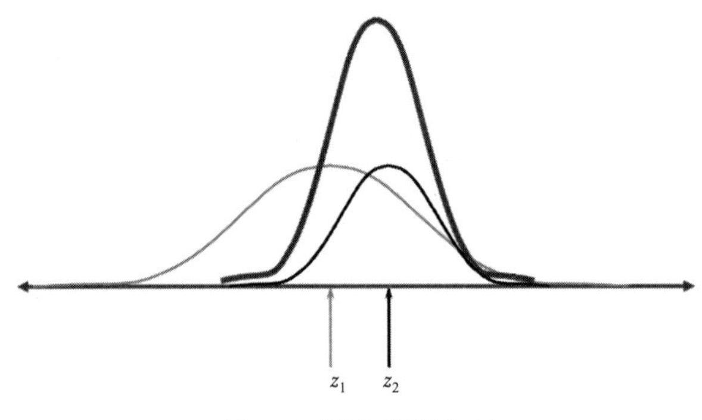

图 3.7 融合高斯分布

$$\hat{x}_2=\frac{\frac{1}{\sigma_1^2}z_1+\frac{1}{\sigma_2^2}z_2}{\frac{1}{\sigma_1^2}+\frac{1}{\sigma_2^2}}=\hat{x}_1+\frac{\sigma_1^2}{\sigma_1^2+\sigma_2^2}(z_2-\hat{x}_1) \tag{3.24}$$

因此，我们可以将融合概率密度函数的指数重写为：

$$\mu_z=\frac{\sigma_2^2\mu_1+\sigma_1^2\mu_2}{\sigma_1^2+\sigma_2^2}=\mu_1+\frac{\sigma_1^2}{\sigma_1^2+\sigma_2^2}(\mu_2-\mu_1) \tag{3.25}$$

且

$$\sigma_z^2=\frac{\sigma_1^2\sigma_2^2}{\sigma_1^2+\sigma_2^2}=\sigma_1^2-\frac{\sigma_1^4}{\sigma_1^2+\sigma_2^2} \tag{3.26}$$

这两个方程代表测量更新。因此，最佳估计的不确定度是

$$\hat{\sigma}_2^2=\frac{\sigma_1^2\sigma_2^2}{\sigma_1^2+\sigma_2^2} \tag{3.27}$$

因此，融合位置的概率密度函数为

$$z(r;\ \mu_z,\ \sigma_z)=\frac{1}{\sqrt{2\pi\sigma_z^2}}e^{-\left(\frac{(r-\mu_z)^2}{2\sigma_z^2}\right)} \tag{3.28}$$

这些方程适用于在相同域中进行预测和测量的情况。例如，如果以不同单位（如米和秒）测量移动目标的距离和速度，则必须使用将它们映射到同一域的转换。因此，由于预测和测量的概率密度函数在同一域中，故它们可以相乘。例如，在无人机跟踪系统中，通过将飞行时间转换为距离（通过将距离除以速度）可以将预测转换为与测量域相同的值。本节说明卡尔曼滤波中的方法形式。

因此，通过让 t 代表时间轴，我们可以将前面的等式重写为：

$$z_1(t;\ \mu_1,\ \sigma_1,\ c)=\frac{1}{\sqrt{2\pi\left(\frac{\sigma_1}{c}\right)^2}}e^{\frac{-\left(t-\frac{\mu_1}{c}\right)^2}{2\left(\frac{\sigma_1}{c}\right)^2}} \tag{3.29}$$

$$z_2(t;\ \mu_2,\ \sigma_2)=\frac{1}{\sqrt{2\pi\sigma_2^2}}e^{\frac{-(t-\mu_2)^2}{2\sigma_2^2}} \tag{3.30}$$

设 $H=\frac{1}{c}$，卡尔曼增益 $K=\frac{H\sigma_1^2}{H^2\sigma_1^2+\sigma_2^2}$，那么

$$\mu_z=\mu_1+K(\mu_2-H\mu_1) \tag{3.31}$$

以类似的方式，融合的方差变为

$$\sigma_{融}^2=\sigma_1^2-\left(\frac{\left(\frac{\sigma_1}{c}\right)^2}{\left(\frac{\sigma_1}{c}\right)^2+\sigma_2^2}\right)\cdot\left(\frac{\sigma_1}{c}\right)^2=\sigma_1^2-KH\sigma_1^2 \tag{3.32}$$

使用此模型，可以得出以下与线性模型的比较。

因此，卡尔曼增益等效地写为

$$\boldsymbol{K}_t=\boldsymbol{P}_{t|t-1}\boldsymbol{H}_t^{\mathrm{T}}(\boldsymbol{H}_t\boldsymbol{P}_{t|t-1}\boldsymbol{H}_t^{\mathrm{T}}+\boldsymbol{R}_t)^{-1} \tag{3.33}$$

现在我们已经显示了卡尔曼增益参数如何在不同的坐标系中映射到相同的坐标系。接下来，我们展示协方差矩阵如何在相同的坐标系中进行映射。

融合变量与状态更新过程和协方差矩阵如何更新有关。首先根据表 3.1 中的映射给出状态更新表达式。我们已经证明了

$$\mu_z=\mu_1+K(\mu_2-H\mu_1)=\mu_1+\frac{H\sigma_1^2}{H^2\sigma_1^2+\sigma_2^2}(\mu_2-H\mu_1) \tag{3.34}$$

由表 3.1，该方程可以写成

$$\hat{\boldsymbol{x}}_{t|t}=\hat{\boldsymbol{x}}_{t|t-1}+\boldsymbol{K}_t(\boldsymbol{z}_t-\boldsymbol{H}_t\hat{\boldsymbol{x}}_{t|t-1}) \tag{3.35}$$

同样，为了更新协方差矩阵，从相同坐标系到不同坐标系的表达式为

$$\sigma_z^2=\sigma_1^2-\frac{H\sigma_1^2}{H^2\sigma_1^2+\sigma_2^2}H\sigma_1^2 \tag{3.36}$$

使用表 3.1 中的映射，我们有

$$\boldsymbol{P}_{t|t}=\boldsymbol{P}_{t|t-1}-\boldsymbol{K}_t\boldsymbol{H}_t\boldsymbol{P}_{t|t-1} \tag{3.37}$$

表 3.1　在相同和不同坐标系中的卡尔曼滤波参数比较[2]

变量说明	比较
数据融合前的状态向量(预测)	$\hat{\boldsymbol{x}}_{t\mid t-1}\Rightarrow\mu_1$
数据融合后的状态向量	$\hat{\boldsymbol{x}}_{t\mid t}\Rightarrow\mu_z$
测量向量	$\boldsymbol{z}_t\Rightarrow\mu_2$
数据融合前的状态协方差矩阵	$\boldsymbol{P}_{t\mid t-1}\Rightarrow\sigma_1^2$
数据融合后的状态协方差矩阵	$\boldsymbol{P}_{t\mid t}\Rightarrow\sigma_z^2$
测量误差矩阵	$\boldsymbol{R}_t\Rightarrow\sigma_2^2$
将状态向量变量映射到测量域的转换矩阵	$\boldsymbol{H}_t\Rightarrow H$
卡尔曼增益	$\boldsymbol{K}_t\Rightarrow K=\frac{H\sigma_1^2}{H^2\sigma_1^2+\sigma_2^2}$

因此，在相同坐标系和不同坐标系中的卡尔曼滤波器之间的区别是将卡尔曼增益、状态更新和协方差矩阵映射到不同坐标系的要求。$\boldsymbol{H}_t$ 矩阵用于转换映射。

3.4 状态矩阵

我们为了解卡尔曼滤波器奠定了重要的基础。在本节中，我们将通过提供如何为实例性系统构造状态矩阵的示例来补充基础。我们将举几个例子，一般状态方程与前面给出的相同，为

$$\boldsymbol{X}_k=\boldsymbol{A}\boldsymbol{X}_{k-1}+\boldsymbol{B}\boldsymbol{u}_k+\boldsymbol{w}_k \tag{3.38}$$

注意，使用 k 表示当前时间，这在卡尔曼滤波器操作中很常见。其余变量保留其含义，如方程(3.5)所示。

3.4.1 对象在单个方向上移动的状态矩阵

对于仅沿 x 方向移动的对象，我们对对象的位置和速度感兴趣。我们假设物体的加速度为零。因此，状态矩阵具有两个变量：

$$\boldsymbol{X}=\begin{bmatrix}x\\ \dot{x}\end{bmatrix}=\begin{bmatrix}x\\ v\end{bmatrix} \tag{3.39}$$

$$v=\frac{\mathrm{d}x}{\mathrm{d}t}$$

对于这种情况，状态矩阵是一个向量(只有一列的简并矩阵)。因此，运动方程为

$$x=x_0+\dot{x}\cdot t \tag{3.40}$$

另一个一维情况是当物体像下落的物体一样沿 y 方向移动时。这个例子是下落的物体，例如石头或从树上掉下的水果，我们假设没有侧风，并且可以自由下落。对象没有任何加速度。状态矩阵也由以下等式给出：

$$\boldsymbol{X}=\begin{bmatrix}y\\ \dot{y}\end{bmatrix}=\begin{bmatrix}y\\ v\end{bmatrix} \tag{3.41}$$

$$v=\frac{\mathrm{d}y}{\mathrm{d}t}$$

因此，沿 y 方向的运动方程为 $y=y_0+\dot{y}\cdot t$。状态在离散时间 Δt 更新，这导致如下形式的矩阵 $\boldsymbol{A}$：

$$\boldsymbol{A}=\begin{bmatrix}1 & \Delta t\\ 0 & 1\end{bmatrix} \tag{3.42}$$

当物体在 x 方向运动时，相应的方程是

$$\boldsymbol{A}\boldsymbol{X}=\begin{bmatrix}1 & \Delta t\\ 0 & 1\end{bmatrix}\begin{bmatrix}x\\ \dot{x}\end{bmatrix} \tag{3.43a}$$

当物体沿 y 方向移动时(例如，掉落的石头或水果，或水箱中升起的水)。

$$\boldsymbol{A}\boldsymbol{X}=\begin{bmatrix}1 & \Delta t\\ 0 & 1\end{bmatrix}\begin{bmatrix}y\\ \dot{y}\end{bmatrix} \tag{3.43b}$$

让我们进一步考虑下落物体的情况。下落物体会因重力而加速。因此，我们在状态方程中也会用到矩阵 $\boldsymbol{B}$。这使得矩阵 $\boldsymbol{B}$ 为

$$\boldsymbol{B}=\begin{bmatrix}\frac{(\Delta t)^2}{2}\\ \Delta t\end{bmatrix} \tag{3.44}$$

下落物体所经历的加速度是由重力引起的，即 $u=[g]$。因此，到目前为止的状态方程可以写成

$$\boldsymbol{X}_k=\boldsymbol{A}\boldsymbol{X}_{k-1}+\boldsymbol{B}\boldsymbol{u}_k=\begin{bmatrix}1 & \Delta t\\ 0 & 1\end{bmatrix}\begin{bmatrix}y\\ \dot{y}\end{bmatrix}+\begin{bmatrix}\frac{(\Delta t)^2}{2}\\ \Delta t\end{bmatrix}[g] \tag{3.45}$$

这意味着

$$\boldsymbol{X}_k=\begin{bmatrix}y+\Delta t\cdot\dot{y}\\ \dot{y}\end{bmatrix}+\begin{bmatrix}g\frac{(\Delta t)^2}{2}\\ g\Delta t\end{bmatrix}=\begin{bmatrix}y+\Delta t\cdot\dot{y}+g\frac{(\Delta t)^2}{2}\\ \dot{y}+g\Delta t\end{bmatrix} \tag{3.46}$$

请记住，下一步必须重新使用表达式 $\boldsymbol{X}_k=\boldsymbol{A}\boldsymbol{X}_{k-1}+\boldsymbol{B}\boldsymbol{u}_k$，上面的 $\boldsymbol{X}_k$ 现在变为 $\boldsymbol{X}_{k-1}$，以进行下一次迭代或更新。请注意，如果没有加速，例如在水箱中水上升的情况下，则 $a=0$ 且 $\boldsymbol{B}\boldsymbol{u}=0$。

练习　一个对象在 x 方向上以 $u=[a]$的加速度运动时的等效状态方程是什么？

对于上述方程的一般迭代情况，将状态方程重写为

$$\boldsymbol{X}_k=\boldsymbol{A}\boldsymbol{X}_{k-1}+\boldsymbol{B}\boldsymbol{u}_k=\begin{bmatrix}1 & \Delta t\\ 0 & 1\end{bmatrix}\begin{bmatrix}y_{k-1}\\ \dot{y}_{k-1}\end{bmatrix}+\begin{bmatrix}\frac{(\Delta t)^2}{2}\\ \Delta t\end{bmatrix}[g]$$

当矩阵相乘时，我们具有相同形式的解，但是这次带有正确的下标 k：

$$\boldsymbol{X}_k=\begin{bmatrix}y_{k-1}+\Delta t\cdot\dot{y}_{k-1}\\ \dot{y}_{k-1}\end{bmatrix}+\begin{bmatrix}g\frac{(\Delta t)^2}{2}\\ g\Delta t\end{bmatrix}=\begin{bmatrix}y_{k-1}+\Delta t\cdot\dot{y}_{k-1}+g\frac{(\Delta t)^2}{2}\\ \dot{y}_{k-1}+g\Delta t\end{bmatrix}$$

物体的当前位置是初始位置加上两项的总和，第一项修正是由于速度，第二项是由于物体的加速度。由于加速度的修正，物体的速度同样更新。因此，下落物体的动力学是 $y=y_0+\dot{x}\cdot t+\dot{y}\cdot t$。

使物体的初始位置为 $y_{k-1}=50\text{m}$；$\Delta t=1\text{s}$，初始速度 $\dot{y}_{k-1}=0\text{m/s}$，$g=-9.8\text{m/s}^2$。因此，下落物体的新位置现在可以计算为

$$\boldsymbol{X}_k=\begin{bmatrix}50+0-\frac{9.8}{2}\\ 0-9.8\end{bmatrix}=\begin{bmatrix}45.1\\ -9.8\end{bmatrix}$$

因此，新状态显示目标的新位置为 45.1m，速度为 -9.8m/s^2。

例　地面雷达系统跟踪正在移动的军用坦克。如果坦克速度为 10m/s，加速度为 5m/s^2，初始位置为 60m，连续 3s 跟踪该车辆。

解

$$\boldsymbol{X}_k=\begin{bmatrix}x_{k-1}+\Delta t\cdot\dot{x}_{k-1}+a_x\frac{(\Delta t)^2}{2}\\ \dot{x}_{k-1}+a_x\Delta t\end{bmatrix}$$

在 $k=0$ 时，坦克的状态为 $\boldsymbol{X}_0=\begin{bmatrix}60\\10\end{bmatrix}$

$$k=1,\ \boldsymbol{X}_1=\begin{bmatrix}x_0+\Delta t\cdot\dot{x}_0+a_x\dfrac{(\Delta t)^2}{2}\\ \dot{x}_0+a_x\Delta t\end{bmatrix}=\begin{bmatrix}60+(1)(10)+5\dfrac{1^2}{2}\\ 10+(5)(1)\end{bmatrix}$$

$$=\begin{bmatrix}72.5\\15\end{bmatrix}=\begin{bmatrix}x_1\\ \dot{x}_1\end{bmatrix};$$

$$k=2,\ \boldsymbol{X}_2=\begin{bmatrix}x_1+\Delta t\cdot\dot{x}_1+a_x\dfrac{(\Delta t)^2}{2}\\ \dot{x}_1+a_x\Delta t\end{bmatrix}=\begin{bmatrix}72.5+(1)(15)+5\dfrac{1^2}{2}\\ 15+(5)(1)\end{bmatrix}.$$

$$=\begin{bmatrix}90\\20\end{bmatrix}=\begin{bmatrix}x_2\\ \dot{x}_2\end{bmatrix}$$

$$k=3,\ \boldsymbol{X}_3=\begin{bmatrix}x_2+\Delta t\cdot\dot{x}_2+a_x\dfrac{(\Delta t)^2}{2}\\ \dot{x}_2+a_x\Delta t\end{bmatrix}=\begin{bmatrix}90+(1)(20)+5\dfrac{1^2}{2}\\ 20+(5)(1)\end{bmatrix}$$

$$=\begin{bmatrix}112.5\\25\end{bmatrix}=\begin{bmatrix}x_3\\ \dot{x}_3\end{bmatrix}$$

练习 1　假设运动中的坦克的动力学为 $x=x_0+\dot{x}\cdot t+\dfrac{\ddot{x}}{2}\cdot t^2$。

（ⅰ）证明 3s 后坦克的位置等于用卡尔曼滤波器方法获得的位置。

（ⅱ）3s 后坦克的速度是多少？

解　给定 $t=3$，$x_0=60\text{m}$；$\dot{x}=10\text{m/s}$；$\ddot{x}=5\text{m/s}^2$。

（ⅰ）3s 后坦克的位置：

$$x=x_0+\dot{x}\cdot t+\frac{\ddot{x}}{2}\cdot t^2=60+(10)(3)+\frac{5}{2}(3)^2$$

$$=60+30+22.5=112.5\text{m}$$

（ⅱ）坦克的速度为 $\dot{x}=\dot{x}_0+\ddot{x}\cdot t=10+(5)(3)=25\text{m/s}$

跟踪测量

假设除了状态方程，我们还有一个测量模型，它描述传感器如何测量下落物体的位置和速度。这种测量的加入改变了系统方程：

$$\left.\begin{aligned}\boldsymbol{X}_k&=\boldsymbol{A}\boldsymbol{X}_{k-1}+\boldsymbol{B}\boldsymbol{u}_k+\boldsymbol{w}_k\\ \boldsymbol{Y}_k&=\boldsymbol{C}\cdot\boldsymbol{X}_k+\boldsymbol{z}_k\end{aligned}\right\}\tag{3.47}$$

第二个方程称为测量方程，$\boldsymbol{z}_k$ 为测量噪声。以下落的物体为例，假设传感器也能够测量位置和速度。因此，合适的矩阵 $\boldsymbol{C}$ 应为 2×2 矩阵，测量噪声为零，从而得到表达式

$$\boldsymbol{Y}_k=\boldsymbol{C}\cdot\boldsymbol{X}_k+\boldsymbol{z}_k=\begin{bmatrix}1&0\\0&1\end{bmatrix}\begin{bmatrix}y_k'\\ \dot{y}_k'\end{bmatrix}+0\tag{3.48}$$

如果传感器仅测量位置，则 $\boldsymbol{C}=[1\quad 0]$。但是，如果传感器仅测量速度而不测量位置，则 $\boldsymbol{C}=[0\quad 1]$。

3.4.2　二维运动对象的状态矩阵

考虑一架在平面上移动的无人机(二维情况)，其状态矩阵将包含这两个坐标轴的坐标 x，y 和速度变化。因此，状态矩阵为

$$\boldsymbol{X}=\begin{bmatrix} x \\ \dot{x} \\ y \\ \dot{y} \end{bmatrix} \quad 或 \quad \boldsymbol{X}=\begin{bmatrix} x \\ y \\ \dot{x} \\ \dot{y} \end{bmatrix} \tag{3.49}$$

状态矩阵中变量的写入顺序并不重要，只要从特定的顺序开始，我们就保持一致。这种无人机有两个坐标系的位置和速度。运动方程也是这些变量的组合：

$$h=x_0+y_0+\dot{x}\cdot t+\dot{y}\cdot t \tag{3.50}$$

在二维情况下起作用的矩阵与一维矩阵有些不同。矩阵还基于状态向量变量的排列方式。在本书中，我们选择一种形式，首先显示对象位置的坐标，然后显示二维的速度。因此，对于状态向量

$$\boldsymbol{X}=\begin{bmatrix} x \\ y \\ \dot{x} \\ \dot{y} \end{bmatrix},\ \boldsymbol{A}=\begin{bmatrix} 1 & 0 & \Delta t & 0 \\ 0 & 1 & 0 & \Delta t \\ 0 & 0 & 1 & 0 \\ 0 & 0 & 0 & 1 \end{bmatrix},\ \boldsymbol{AX}=\begin{bmatrix} 1 & 0 & \Delta t & 0 \\ 0 & 1 & 0 & \Delta t \\ 0 & 0 & 1 & 0 \\ 0 & 0 & 0 & 1 \end{bmatrix}\cdot\begin{bmatrix} x \\ y \\ \dot{x} \\ \dot{y} \end{bmatrix} \tag{3.51}$$

练习 2　当状态向量 $\boldsymbol{A}=[x\quad \dot{x}\quad y\quad \dot{y}]^{\mathrm{T}}$ 时，写出 $\boldsymbol{A}$ 和 $\boldsymbol{AX}$ 表达式。

解

$$\boldsymbol{AX}=\begin{bmatrix} 1 & \Delta t & 0 & 0 \\ 0 & 1 & 0 & 0 \\ 0 & 0 & 1 & \Delta t \\ 0 & 0 & 0 & 1 \end{bmatrix}\cdot\begin{bmatrix} x \\ \dot{x} \\ y \\ \dot{y} \end{bmatrix}$$

现在有必要看看状态方程的控制部分。对于一个物体从高处下落的二维情况，它在 x 和 y 方向有加速度，我们可以用它来更新物体的位置和速度。必须匹配状态向量的格式(在我们的例子中是 4×1)，因为我们最终会更新状态向量。因此需要写出控制方程：

$$\boldsymbol{Bu}_k=\begin{bmatrix} \dfrac{(\Delta t)^2}{2} & 0 \\ 0 & \dfrac{(\Delta t)^2}{2} \\ \Delta t & 0 \\ 0 & \Delta t \end{bmatrix}\cdot\begin{bmatrix} a_x \\ a_y \end{bmatrix}=\begin{bmatrix} \dfrac{(\Delta t)^2 a_x}{2} \\ \dfrac{(\Delta t)^2 a_y}{2} \\ \Delta t\cdot a_x \\ \Delta t\cdot a_y \end{bmatrix}$$

因此，结果是 4×1 矩阵(或称向量)。前两个元素具有距离单位，后两个元素具有速度单

位。因此，它们适用于更新最初编写的状态向量。因此，状态为

$$\boldsymbol{X}_k=\boldsymbol{A}\boldsymbol{X}_{k-1}+\boldsymbol{B}\boldsymbol{u}_k=\begin{bmatrix}1&0&\Delta t&0\\0&1&0&\Delta t\\0&0&1&0\\0&0&0&1\end{bmatrix}\cdot\begin{bmatrix}x_{k-1}\\y_{k-1}\\\dot{x}_{k-1}\\\dot{y}_{k-1}\end{bmatrix}+\begin{bmatrix}\frac{(\Delta t)^2a_x}{2}\\\frac{(\Delta t)^2a_y}{2}\\\Delta ta_x\\\Delta ta_y\end{bmatrix}$$

练习 3　将上述方程相乘，并将状态向量 X_k 显示为 4×1 矩阵。

解

$$\boldsymbol{X}_k=\begin{bmatrix}x_{k-1}+\Delta t\dot{x}_{k-1}+\frac{(\Delta t)^2a_x}{2}\\y_{k-1}+\Delta t\dot{y}_{k-1}+\frac{(\Delta t)^2a_y}{2}\\\dot{x}_{k-1}+\Delta ta_x\\\dot{y}_{k-1}+\Delta ta_y\end{bmatrix}$$

3.4.3　在三维空间中移动的对象

三维情况描述了卫星、飞机和无人机等物体的状态。无人机在三维空间中正常移动。这需要包括第三维（z 维度）。因此，状态矩阵包含六个元素，这些元素由三个维度上的位置和速度组成，如下式：

$$\boldsymbol{X}=\begin{bmatrix}x\\y\\z\\\dot{x}\\\dot{y}\\\dot{z}\end{bmatrix}\tag{3.52}$$

状态 $\boldsymbol{X}$ 的表达方式还决定了状态矩阵 $\boldsymbol{A}$ 中变量的排列方式。通常，其运动方程由以下表达式给出：

$$\boldsymbol{X}=\boldsymbol{X}_0+\dot{X}\cdot t+\frac{1}{2}\ddot{X}\cdot t^2\tag{3.53}$$

$\boldsymbol{X}$ 是具有初始位置 $\boldsymbol{X}_0$ 的三维向量，并且以相应的速度 $\dot{X}$ 和加速度 $\ddot{X}$ 校正位置。运动方程的第一项在状态方程中用作项 $\boldsymbol{A}\boldsymbol{X}_{k-1}$ 的一部分。运动的加速度部分变为项 $\boldsymbol{B}\boldsymbol{u}_k$，过程噪声为 $\boldsymbol{w}_k$。

三维情况下的状态矩阵应提供速度的状态变量更新，而控制矩阵允许由于对象加速而更新状态变量。这意味着 6×6 状态矩阵可以按照如下方式书写状态向量：

$$AX_{k-1}=\begin{bmatrix}1&0&0&\Delta t&0&0\\0&1&0&0&\Delta t&0\\0&0&1&0&0&\Delta t\\0&0&0&1&0&0\\0&0&0&0&1&0\\0&0&0&0&0&1\end{bmatrix}\begin{bmatrix}x_{k-1}\\y_{k-1}\\z_{k-1}\\\dot{x}_{k-1}\\\dot{y}_{k-1}\\\dot{z}_{k-1}\end{bmatrix} \tag{3.54}$$

状态方程的控制矩阵分量 $\boldsymbol{B}$ 是一个 6×3 的矩阵，导致乘积

$$\boldsymbol{Bu}_k=\begin{bmatrix}\frac{(\Delta t)^2}{2}&0&0\\0&\frac{(\Delta t)^2}{2}&0\\0&0&\frac{(\Delta t)^2}{2}\\\Delta t&0&0\\0&\Delta t&0\\0&0&\Delta t\end{bmatrix}\begin{bmatrix}a_x\\a_y\\a_z\end{bmatrix} \tag{3.55}$$

考虑零过程噪声，状态方程为

$$\boldsymbol{X}_k=\boldsymbol{AX}_{k-1}+\boldsymbol{Bu}_k=\begin{bmatrix}1&0&0&\Delta t&0&0\\0&1&0&0&\Delta t&0\\0&0&1&0&0&\Delta t\\0&0&0&1&0&0\\0&0&0&0&1&0\\0&0&0&0&0&1\end{bmatrix}\begin{bmatrix}x_{k-1}\\y_{k-1}\\z_{k-1}\\\dot{x}_{k-1}\\\dot{y}_{k-1}\\\dot{z}_{k-1}\end{bmatrix}+\begin{bmatrix}\frac{(\Delta t)^2}{2}&0&0\\0&\frac{(\Delta t)^2}{2}&0\\0&0&\frac{(\Delta t)^2}{2}\\\Delta t&0&0\\0&\Delta t&0\\0&0&\Delta t\end{bmatrix}\begin{bmatrix}a_x\\a_y\\a_z\end{bmatrix} \tag{3.56}$$

练习 4　在 $\Delta t=1$ 秒的情况下使用上述方程式。

（ⅰ）什么是状态向量 $\boldsymbol{X}_k$？

（ⅱ）当 $a_x=a_z=0$ 时重复（ⅰ）；$a_y=-9.8\text{m/s}$。

请注意，矩阵 $\boldsymbol{B}$ 是两个 3×3 恒等式矩阵的堆叠，其中每个恒等矩阵乘以一个常数为

$$\boldsymbol{B}=\begin{bmatrix}\frac{(\Delta t)^2}{2}\boldsymbol{I}_3\\\Delta t\boldsymbol{I}_3\end{bmatrix}=\begin{bmatrix}\frac{(\Delta t)^2}{2}\\\Delta t\end{bmatrix}[\boldsymbol{I}_3]$$

$\boldsymbol{I}_3$ 是一个 3×3 单位矩阵。

3.5　带有噪声的卡尔曼滤波器模型

通常，卡尔曼滤波器中的预测值和测量值都具有误差或噪声。预测误差有时也称为过程噪声。由于传感器或测量设备的缺陷，也会发生测量错误。在使用协方差矩阵的一般卡尔曼滤波器模型中考虑了这两个噪声源。在本节中，噪声和错误两个词表示同一事物。因此，本节定义了以下矩阵。

- $\boldsymbol{P}$ 是状态协方差矩阵。这是预测或估计中的错误
- $\boldsymbol{Q}$ 是过程噪声协方差矩阵
- $\boldsymbol{R}$ 是测量误差协方差矩阵
- $\boldsymbol{K}$ 是卡尔曼增益

这些矩阵在每个时间段都会发生变化，因此将在随后的分析中加入下标。通常，以下关系成立：

$$\left.\begin{aligned}\boldsymbol{P}_k &= \boldsymbol{A}\boldsymbol{P}_{k-1}\boldsymbol{A}^{\mathrm{T}}+\boldsymbol{Q}\\ \boldsymbol{K}_k &= \frac{\boldsymbol{P}_k\boldsymbol{H}^{\mathrm{T}}}{\boldsymbol{H}\boldsymbol{P}_k\boldsymbol{H}^{\mathrm{T}}+\boldsymbol{R}}\end{aligned}\right\}\tag{3.57}$$

$\boldsymbol{P}_k$ 是预测中更新的误差，$\boldsymbol{K}_k$ 是更新的卡尔曼增益。由这些方程可以看出，卡尔曼增益 $\boldsymbol{K}$ 是预测误差与预测误差和测量噪声 $\boldsymbol{R}$ 之和的比。$\boldsymbol{H}$ 是变换矩阵。当测量误差接近 0 时，卡尔曼增益接近 1。

在第 4 章中，我们将通过展示如何计算矩阵 $\boldsymbol{P}$、$\boldsymbol{Q}$ 和 $\boldsymbol{R}$，然后计算卡尔曼增益来进一步推广这一概念。

参考文献

[1] Michel van Biezen, The Kalman Filter – The Multidimensional Model.
[2] Ramsey Faragher, “Understanding the Basis of the Kalman Filter Via a Simple and Intuitive Derivation”, IEEE Signal Processing Magazine, 2012, pp. 128–132.

第 4 章　卡尔曼滤波器 II

4.1　简介

在第 3 章对卡尔曼滤波器的处理中，我们假设过程噪声为零。跟踪并不总是如此。第 3 章例子中的雨滴可能在环境中经历风，这可能改变它们在各维度上的速度。飞行中的飞机会遇到湍流，从而将噪声引入系统，使得报告的高度值是错误的。卡尔曼滤波器是针对理论系统方程由于系统中的噪声而不再正确的情况而开发的。为了避免混淆下标和卡尔曼滤波的学习困难，避免了先前状态和当前状态变量的双重下标。变量的下标仅限于单下标。希望通过这样做，让学生更容易获得学习动力。

4.2　卡尔曼滤波器中的处理步骤

第 3 章介绍了 KF 算法的处理步骤。本章的图 4.1 保留了相同的图。

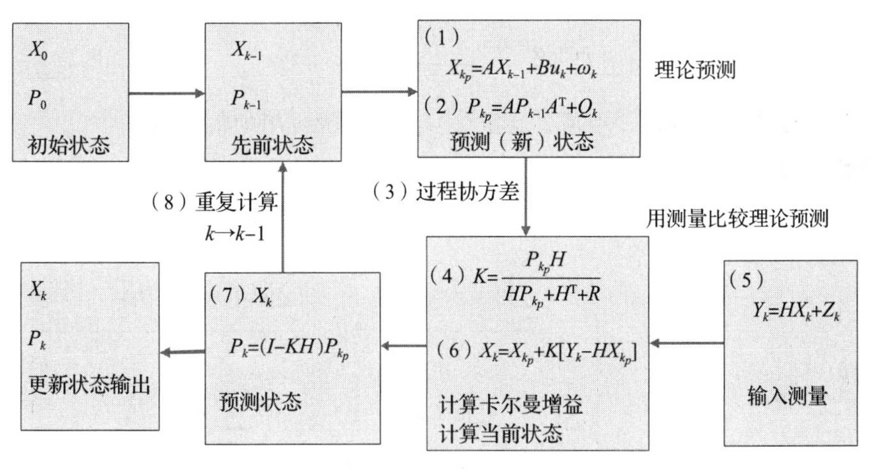

图 4.1　卡尔曼滤波器处理过程

4.2.1　协方差矩阵

协方差矩阵在统计数据分析应用程序中很流行。它们用于比较统计数据，以建立它们之间的相似度。在本节中，首先介绍如何计算协方差和协方差矩阵，然后在卡尔曼滤波中使用它们。以下定义适用于本章的其余讨论：

- x_i 是一个测量。
- $\overline{X}$ 是该测量的平均值或均值。

- $(x_i-\overline{X})$是与均值的偏差，使其取正值或负值，具体取决于差值。
- $(x_i-\overline{X})^2$ 是偏差的平方，是一个正数。

N 个样本的数据序列$\{X\}$的方差为

$$\sigma_x^2=\frac{\sum_{i=1}^{N}(x_i-\overline{X})^2}{N} \tag{4.1}$$

标准差是方差的平方根，由以下等式给出：

$$\sigma_x=\sqrt{\frac{\sum_{i-1}^{N}(x_i-\overline{X})^2}{N}} \tag{4.2}$$

方差是衡量数据序列如何位于均值附近的度量，方差是正数。假设第二个数据序列$\{Y\}$（均值为 $\overline{Y}$）与序列$\{X\}$具有相同的长度。两个数据序列的协方差为

$$\sigma_x\sigma_y=\frac{\sum_{i=1}^{N}(x_i-\overline{X})(y_i-\overline{Y})}{N} \tag{4.3}$$

协方差是 X 和 Y 数据序列的两个标准差的乘积。使用上述标准定义，一维、二维和三维卡尔曼滤波器的协方差矩阵由以下表达式定义：

一维协方差

$$\rho=\sigma_x^2=\left[\frac{\sum_{i=1}^{N}(x_i-\overline{X})^2}{N}\right] \tag{4.4}$$

协方差是信号中能量的度量，在需要确定信号信噪比的应用中很有用。

二维协方差

对于二维，协方差矩阵是由以下表达式给出的 2×2 矩阵：

$$\boldsymbol{\rho}=\begin{bmatrix}\sigma_x^2 & \sigma_x\sigma_y \\ \sigma_x\sigma_y & \sigma_y^2\end{bmatrix}=\begin{bmatrix}\dfrac{\sum_{i=1}^{N}(x_i-\overline{X})^2}{N} & \dfrac{\sum_{i=1}^{N}(x_i-\overline{X})(y_i-\overline{Y})}{N} \\ \dfrac{\sum_{i=1}^{N}(y_i-\overline{Y})(x_i-\overline{X})}{N} & \dfrac{\sum_{i=1}^{N}(y_i-\overline{Y})^2}{N}\end{bmatrix} \tag{4.5}$$

练习

以下数据表示温度和湿度传感器在若干时间段内的读数。计算它们的均值和方差：

温度	湿度	温度	湿度
26.1349	58.9679	26.1330	58.9678
26.1344	58.9679	26.1327	58.9678
26.1340	58.9679	26.1326	58.9678
26.1336	58.9678	26.1333	58.9677
26.1333	58.9678	26.1339	58.9677

三维协方差

$$\boldsymbol{\rho}=\begin{bmatrix}\sigma_x^2 & \sigma_x\sigma_y & \sigma_x\sigma_z\\ \sigma_y\sigma_x & \sigma_y^2 & \sigma_y\sigma_z\\ \sigma_z\sigma_x & \sigma_z\sigma_y & \sigma_z^2\end{bmatrix}$$

$$=\begin{bmatrix}\dfrac{\sum_{i=1}^{N}(x_i-\overline{X})^2}{N} & \dfrac{\sum_{i=1}^{N}(x_i-\overline{X})(y_i-\overline{Y})}{N} & \dfrac{\sum_{i=1}^{N}(x_i-\overline{X})(z_i-\overline{Z})}{N}\\ \dfrac{\sum_{i=1}^{N}(y_i-\overline{Y})(x_i-\overline{X})}{N} & \dfrac{\sum_{i=1}^{N}(y_i-\overline{Y})^2}{N} & \dfrac{\sum_{i=1}^{N}(y_i-\overline{Y})(z_i-\overline{Z})}{N}\\ \dfrac{\sum_{i=1}^{N}(z_i-\overline{Z})(x_i-\overline{X})}{N} & \dfrac{\sum_{i=1}^{N}(z_i-\overline{Z})(y_i-\overline{Y})}{N} & \dfrac{\sum_{i=1}^{N}(z_i-\overline{Z})^2}{N}\end{bmatrix} \tag{4.6}$$

数据的标准差提供了一种评估数据序列分布性质的方法。在正常情况下，所有测量值中约68%在均值的一个标准差($\pm\sigma$)范围内。所有测量样本也在均值的$\pm\sigma^2$范围内。

4.2.2 协方差矩阵的计算方法

1. 手动方法

存在几种用于计算协方差矩阵的方法，包括手动和偏差矩阵方法。手动方法烦琐且容易出错。偏差矩阵方法对于软件或编程方法而言更易于处理和适应。为了说明手动方法，给出以下练习。

练习

在一个环境中部署三个传感器来测量环境中乙醇的浓度，结果如下：

S1_max	S2_max	S3_max
0.093 53	0.099 85	0.086 44
0.080 80	0.087 81	0.144 46
0.108 97	0.109 89	0.163 47
0.113 00	0.105 98	0.099 14
0.151 99	0.150 98	0.208 85
0.144 86	0.144 59	0.138 76

(a) 计算每个气体检测传感器的均值。

(b) 计算每个气体检测传感器的方差和标准差。

(c) 三个乙醇传感器的协方差矩阵 $\boldsymbol{P}$ 是多少?

(d) 证明：每个数据序列的所有样本都在该数据序列的一个方差之内。

例

本节提供了一个数值例子。下表包含来自三个传感器 S7、S8 和 S9 的读数。计算每个记录的协方差：

S7	S8	S9
0.094 42	0.299 45	0.235 88
0.096 39	0.223 21	0.141 78
0.119 59	0.288 04	0.210 71
0.110 36	0.301 46	0.264 84
0.1665	0.344 34	0.237 55
0.153 96	0.304 97	0.238 74

解

$$S\bar{7}=\frac{\sum_{i=1}^{6}S7_i}{6}$$

$$=\frac{1}{6}(0.094\,42+0.096\,39+0.119\,59+0.110\,36+0.1665+0.153\,96)$$

$$=0.123\,53$$

$$\sigma_{S7}^2=\frac{\sum_{i=1}^{6}(S7_i-S\bar{7})^2}{6}$$

$$=\frac{1}{6}[(0.094\,42-0.123\,53)^2+(0.096\,39-0.123\,53)^2$$

$$+(0.119\,59-0.123\,53)^2+(0.110\,36-0.123\,53)^2$$

$$+(0.1665-0.123\,53)^2+(0.153\,96-0.123\,53)^2]$$

$$=0.000\,745$$

$$\sigma_{S7}=\sqrt{\frac{\sum_{i=1}^{N}(S7_i-S\bar{7})^2}{N}}=0.0273$$

$$S\bar{8}=\frac{\sum_{i=1}^{6}S8_i}{6}$$

$$=\frac{1}{6}(0.299\,45+0.223\,21+0.288\,04+0.301\,46+0.344\,34+0.304\,97)$$

$$=0.293\,58$$

$$\sigma_{S8}^2=\frac{\sum_{i=1}^{6}(S8_i-S\bar{8})^2}{6}$$

$$=\frac{1}{6}[(0.299\,45-0.293\,58)^2+(0.223\,21-0.293\,58)^2$$

$$+(0.288\,04-0.293\,58)^2+(0.301\,46-0.293\,58)^2$$

$$+(0.344\,34-0.293\,58)^2+(0.304\,97-0.293\,58)^2]$$

$$=0.001\,298$$

$$\sigma_{S8}=\sqrt{\frac{\sum_{i=1}^{6}(S8_i-\bar{S8})^2}{N}}$$
$$=0.036\,02$$

$$\bar{S9}=\frac{\sum_{i=1}^{6}S9_i}{6}$$
$$=\frac{1}{6}(0.235\,88+0.141\,78+0.210\,71+0.264\,84+0.237\,55+0.238\,74)$$
$$=0.221\,58$$

$$\sigma_{S9}^2=\frac{\sum_{i=1}^{6}(S9_i-\bar{S9})^2}{6}$$
$$=\frac{1}{6}[(0.235\,88-0.221\,58)^2+(0.210\,71-0.221\,58)^2$$
$$+(0.141\,78-0.221\,58)^2+(0.264\,84-0.221\,58)^2$$
$$+(0.237\,55-0.221\,58)^2+(0.238\,74-0.221\,58)^2]$$
$$=0.001\,518\,6$$

$$\sigma_{S9}=\sqrt{\frac{\sum_{i=1}^{6}(S9_i-\bar{S9})^2}{N}}=0.039$$

协方差矩阵 $\boldsymbol{P}$ 为

$$\boldsymbol{P}=\begin{bmatrix}\sigma_{S7}^2 & \sigma_{S7}\sigma_{S8} & \sigma_{S7}\sigma_{S9}\\ \sigma_{S8}\sigma_{S7} & \sigma_{S8}^2 & \sigma_{S8}\sigma_{S9}\\ \sigma_{S9}\sigma_{S7} & \sigma_{S9}\sigma_{S8} & \sigma_{S9}^2\end{bmatrix}$$
$$=\begin{bmatrix}0.000\,745 & 0.000\,983 & 0.001\,064\,7\\ 0.000\,983 & 0.001\,298 & 0.001\,404\,78\\ 0.001\,064\,7 & 0.001\,404\,78 & 0.001\,518\,6\end{bmatrix}$$

2. 偏差矩阵计算方法

计算适合于编程的协方差的最简单方法之一是使用偏差矩阵。矩阵 $\boldsymbol{A}$ 的偏差由以下表达式定义：

$$\boldsymbol{\alpha}=\boldsymbol{A}-\frac{[\boldsymbol{I}]\boldsymbol{A}}{N}\tag{4.7}$$

其中 N 是矩阵 $\boldsymbol{A}$ 的列中值的个数，$\boldsymbol{I}$ 是与 $\boldsymbol{A}$ 大小相等的单位矩阵。矩阵 $\boldsymbol{A}$ 的协方差由偏差矩阵与其转置的乘积给出：

$$\boldsymbol{\sigma}=\boldsymbol{\alpha}^{\mathrm{T}}\boldsymbol{\alpha}\tag{4.8}$$

例

考虑三个股票投资组合的价格，B、C 和 G 每个都有三个股票。

$$\boldsymbol{P}=\begin{bmatrix}80 & 40 & 90\\90 & 70 & 60\\70 & 70 & 60\end{bmatrix}$$

找到三个投资组合的协方差矩阵。

解

偏差矩阵为

$$\boldsymbol{\alpha}=\begin{bmatrix}80 & 40 & 90\\90 & 70 & 60\\70 & 70 & 60\end{bmatrix}-\begin{bmatrix}1 & 1 & 1\\1 & 1 & 1\\1 & 1 & 1\end{bmatrix}\times\begin{bmatrix}80 & 40 & 90\\90 & 70 & 60\\70 & 70 & 60\end{bmatrix}\frac{1}{3}$$

$$=\begin{bmatrix}0 & -20 & 20\\10 & 10 & -10\\-10 & 10 & -10\end{bmatrix}$$

$$\boldsymbol{\alpha}^{\mathrm{T}}\boldsymbol{\alpha}=\begin{bmatrix}0 & 10 & -10\\-20 & 10 & 10\\20 & -10 & -10\end{bmatrix}\times\begin{bmatrix}0 & -20 & 20\\10 & 10 & -10\\-10 & 10 & -10\end{bmatrix}$$

$$=\begin{bmatrix}200 & 0 & 0\\0 & 600 & -600\\0 & -600 & 600\end{bmatrix}$$

因此，协方差为：

$$\boldsymbol{\rho}=\boldsymbol{\alpha}^{\mathrm{T}}\boldsymbol{\alpha}=\begin{bmatrix}\sigma_B^2 & \sigma_B\sigma_C & \sigma_B\sigma_G\\\sigma_C\sigma_B & \sigma_C^2 & \sigma_C\sigma_G\\\sigma_G\sigma_B & \sigma_G\sigma_C & \sigma_G^2\end{bmatrix}=\begin{bmatrix}200 & 0 & 0\\0 & 600 & -600\\0 & -600 & 600\end{bmatrix}$$

$$\sigma_B=10\sqrt{2}，\sigma_C=10\sqrt{6}，\sigma_G=-10\sqrt{6}$$

协方差矩阵值中有四个为零。换句话说，股票 B 与股票 C 和股票 G 之间没有依赖关系。而且，股票 C 和股票 G 之间也没有依赖关系。这些误差变量彼此独立。同样，股票 C 和股票 G 之间存在负协方差，这意味着当一个价格上涨时，另一个价格下跌。

协方差矩阵的信息量很大。矩阵中的元素是标准差的乘积，该标准差允许每个元素构成两个或多个标准差的乘积。因此，例如，可以相当快地为 N 个(列)分量的过程创建协方差矩阵的过程，例如

$$\boldsymbol{\rho}=\begin{bmatrix}\sigma_{11}^2 & \sigma_1\sigma_{j+1} & \sigma_1\sigma_{j+2} & \cdots & \sigma_1\sigma_{j+N-1}\\\sigma_2\sigma_1 & \sigma_{22}^2 & \sigma_2\sigma_{j+2} & \cdots & \sigma_2\sigma_{j+N-1}\\\sigma_3\sigma_1 & \sigma_3\sigma_2 & \sigma_{33}^2 & \cdots & \sigma_3\sigma_{j+N-1}\\\vdots & \vdots & \vdots & \ddots & \vdots\\\sigma_N\sigma_1 & \sigma_N\sigma_2 & \sigma_N\sigma_3 & \cdots & \sigma_{NN}^2\end{bmatrix}$$

例

3000m 高的雨滴以 300m/s 的速度和 9.8m/s^2 的加速度下落。如果速度的标准差为 1.2m/s，高度的偏差为 5.3m，计算过程的状态协方差矩阵。

解

鉴于 $\sigma_{\dot{x}}=3.5\text{m/s}^2$，$\sigma_x=5.3\text{m}$。

过程的状态是 $\boldsymbol{X}=\begin{bmatrix}x\\ \dot{x}\end{bmatrix}$。

状态转移矩阵如下：

$$\boldsymbol{P}=\begin{bmatrix}\sigma_x^2 & \sigma_x\sigma_{\dot{x}}\\ \sigma_{\dot{x}}\sigma_x & \sigma_{\dot{x}}^2\end{bmatrix}=\begin{bmatrix}(3.5)^2 & (3.5)\times(5.3)\\ (5.3)\times(3.5) & (5.3)^2\end{bmatrix}=\begin{bmatrix}12.25 & 18.55\\ 18.55 & 28.09\end{bmatrix}$$

4.2.3　卡尔曼滤波器中的迭代

在本节中，我们将着眼于最初在 4000m 的高度以 220m/s 的速度飞行的军用直升机的跟踪。初始状态和测量值给定。本节的目的是使用给定的数据提供有关卡尔曼滤波器工作原理的实际示例。

$$\boldsymbol{X}_0=\begin{bmatrix}x_0=4000\\ v_{0x}=240\end{bmatrix},$$

$$y_0=5000\text{m},\ v_{0y}=120\text{m/s}$$

起始条件

加速度 $a_{xo}=3\text{m/s}^2$，速度 $v_{xo}=3\text{m/s}$，$\Delta x=30\text{m}$，$\Delta t=1\text{s}$

过程误差 $\Delta P_x=25\text{m}$，$\Delta P_{\dot{X}}=5\text{m/s}$

观察值误差 $\Delta x=24\text{m}$，$\Delta\dot{x}=4\text{m/s}$

观察向量：

X	值(m)	v_x	值(m/s)
X_0	4000	v_{0x}	240
X_1	4220	v_{1x}	235
X_2	4430	v_{2x}	245
X_3	4650	v_{3x}	242
X_4	4810	v_{4x}	250

图 4.1 提供了卡尔曼滤波的算法步骤。在本节中，我们描述了八个步骤。为了简单起见，所有误差矩阵都设为零。但是，控制变量在处理中使用。八个步骤如下：

(1) 状态预测

根据图 4.1，状态方程为

$$\boldsymbol{X}_{k_p}=\boldsymbol{A}\boldsymbol{X}_{k-1}+\boldsymbol{B}\boldsymbol{u}_k+\boldsymbol{\omega}_k \tag{4.9}$$

由于 $\boldsymbol{w}_k=0$，因此状态预测方程简化为

$$\boldsymbol{X}_{k_p}=\boldsymbol{A}\boldsymbol{X}_{k-1}+\boldsymbol{B}\boldsymbol{u}_k+\boldsymbol{\omega}_k=0 \tag{4.10}$$

第 3 章中给出了涵盖飞机运动的状态动力学方程，该方程为

$$x = x_0 + vt + at^2 = x_0 + \dot{x}t + \frac{1}{2}\ddot{x}t^2 \tag{4.11}$$

$$\boldsymbol{Y}_k = \boldsymbol{C}\boldsymbol{X}_k + \boldsymbol{z}_k \tag{4.12}$$

这里：

- $\boldsymbol{A}$ 是状态矩阵。
- $\boldsymbol{B}$ 是控制矩阵。
- $\boldsymbol{C}$ 是测量矩阵。
- $\boldsymbol{u}$ 是控制变量。
- $\boldsymbol{w}$ 是过程噪声。
- k 是时间索引，对于每次迭代，k 前进 1 个时隙 Δt。
- $\boldsymbol{z}_k$ 是测量噪声，此部分被设置为零。

第 3 章也给出了状态矩阵 $\boldsymbol{A}$ 和控制矩阵：

$$\boldsymbol{A} = \begin{bmatrix} 1 & \Delta t \\ 0 & 1 \end{bmatrix}, \ \boldsymbol{B} = \begin{bmatrix} 0.5\Delta t^2 \\ \Delta t \end{bmatrix}$$

有了这些矩阵和数据，我们现在就可以对直升机进行跟踪：

$$\begin{aligned} \boldsymbol{X}_{k_p} &= \begin{bmatrix} 1 & \Delta t \\ 0 & 1 \end{bmatrix} \boldsymbol{X}_{k-1} + \begin{bmatrix} 0.5\Delta t^2 \\ \Delta t \end{bmatrix} \boldsymbol{u}_k + 0 \\ &= \begin{bmatrix} 1 & 1 \\ 0 & 1 \end{bmatrix} \times \begin{bmatrix} x_0 \\ v_{x0} \end{bmatrix} + \begin{bmatrix} 0.5 \\ 1 \end{bmatrix} \times [a_{x0}] \end{aligned}$$

因此，根据我们的数据，

$$\boldsymbol{X}_{k_p} = \begin{bmatrix} 1 & 1 \\ 0 & 1 \end{bmatrix} \times \begin{bmatrix} 4000 \\ 240 \end{bmatrix} + \begin{bmatrix} 0.5 \\ 1 \end{bmatrix} \times [3] = \begin{bmatrix} 4240 \\ 240 \end{bmatrix} + \begin{bmatrix} 1.5 \\ 3 \end{bmatrix}$$

$$\boldsymbol{X}_{k_p} = \begin{bmatrix} 4241.5 \\ 243 \end{bmatrix}$$

注意，由于速度和加速度，预测状态有位置上的修正，以及通过矩阵 $\boldsymbol{B}$ 的加速度引起的速度修正。

(2) 过程协方差矩阵

计算过程协方差矩阵的这一步骤在开始时执行一次，然后在后续步骤中进行更新。过程协方差矩阵由以下方程确定：

$$\boldsymbol{P}_{k-1} = \begin{bmatrix} (\Delta x)^2 & \Delta x \Delta v_x \\ \Delta v_x \Delta x & (\Delta v_x)^2 \end{bmatrix} \tag{4.13}$$

这些状态变量的初始值已在前面给出，将其插入等式中，得到

$$\begin{aligned} \boldsymbol{P}_{k-1} &= \begin{bmatrix} (\Delta x)^2 & \Delta x \Delta v_x \\ \Delta v_x \Delta x & (\Delta v_x)^2 \end{bmatrix} = \begin{bmatrix} (30)^2 & 30 \times 3 \\ 3 \times 30 & (3)^2 \end{bmatrix} \\ &= \begin{bmatrix} 900 & 90 \\ 90 & 9 \end{bmatrix} \end{aligned}$$

(3) 预测协方差矩阵

利用第一次从步骤(2)得到的状态协方差矩阵的值，我们现在可以预测状态协方差矩阵，以便在后续计算中使用。用于创建预测协方差矩阵的表达式如图4.1所示，为

$$\boldsymbol{P}_{k_p}=\boldsymbol{A}\boldsymbol{P}_{k-1}\boldsymbol{A}^{\mathrm{T}}+\boldsymbol{Q}_k \tag{4.14}$$

我们得到的预测误差最初为零。预测的协方差矩阵变为：

$$\begin{aligned}\boldsymbol{P}_{k_p}&=\boldsymbol{A}\boldsymbol{P}_{k-1}\boldsymbol{A}^{\mathrm{T}}+(\boldsymbol{Q}_k=0)\\&=\begin{bmatrix}1&1\\0&1\end{bmatrix}\times\begin{bmatrix}900&0\\0&9\end{bmatrix}\times\begin{bmatrix}1&0\\1&1\end{bmatrix}+0\\&=\begin{bmatrix}900&9\\0&9\end{bmatrix}\times\begin{bmatrix}1&0\\1&1\end{bmatrix}=\begin{bmatrix}909&9\\9&9\end{bmatrix}\end{aligned}$$

再次将交叉协方差项设置为零，这样我们有

$$\boldsymbol{P}_{k_p}=\begin{bmatrix}909&0\\0&9\end{bmatrix}$$

如果我们此时忽略矩阵 $\boldsymbol{A}$ 中的互协方差项，则可以简化此计算。这是因为它们并没有真正影响距离和速度协方差值。如果最初将它们设置为零，则可以加快预测协方差矩阵的计算。我们选择不消除它们来帮助读者进行预测协方差矩阵的整体计算。

(4) 卡尔曼增益

卡尔曼增益是状态向量需要更新时的一项。卡尔曼增益表达式为：

$$\boldsymbol{K}=\frac{\boldsymbol{P}_{k_p}\boldsymbol{H}}{\boldsymbol{H}\boldsymbol{P}_{k_p}\boldsymbol{H}^{\mathrm{T}}+\boldsymbol{R}} \tag{4.15}$$

我们如何确定矩阵 $\boldsymbol{H}$？$\boldsymbol{H}$ 称为观察值矩阵。它将预测的协方差矩阵转换为正确的形式。为了计算卡尔曼增益，需要观察值协方差误差矩阵。因此，它的形式与矩阵 $\boldsymbol{A}$ 相同。在我们的例子中，给定观察值误差 $\Delta x=24\mathrm{m}$，$\Delta\dot{x}=4\mathrm{m/s}$，误差协方差矩阵为：

$$\begin{aligned}\boldsymbol{R}&=\begin{bmatrix}(\Delta x)^2&\Delta x\Delta v_x\\\Delta v_x\Delta x&(\Delta v_x)^2\end{bmatrix}=\begin{bmatrix}(24)^2&24\times4\\4\times24&(4)^2\end{bmatrix}\\&=\begin{bmatrix}576&96\\96&16\end{bmatrix}\end{aligned}$$

有了这个矩阵，现在可以通过替换相关矩阵来计算卡尔曼增益。矩阵 $\boldsymbol{H}$ 是单位矩阵。因此，

$$\begin{aligned}\boldsymbol{K}&=\frac{\boldsymbol{P}_{k_p}\boldsymbol{H}}{\boldsymbol{H}\boldsymbol{P}_{k_p}\boldsymbol{H}^{\mathrm{T}}+\boldsymbol{R}}\\&=\frac{\begin{bmatrix}909&0\\0&9\end{bmatrix}\times\begin{bmatrix}1&0\\0&1\end{bmatrix}}{\begin{bmatrix}1&0\\0&1\end{bmatrix}\times\begin{bmatrix}909&0\\0&9\end{bmatrix}\times\begin{bmatrix}1&0\\0&1\end{bmatrix}+\begin{bmatrix}576&96\\96&16\end{bmatrix}}\end{aligned}$$

$$\boldsymbol{K}=\frac{\begin{bmatrix}909 & 0\\ 0 & 9\end{bmatrix}}{\begin{bmatrix}909 & 0\\ 0 & 9\end{bmatrix}+\begin{bmatrix}576 & 96\\ 96 & 16\end{bmatrix}}=\frac{\begin{bmatrix}909 & 0\\ 0 & 9\end{bmatrix}}{\begin{bmatrix}1485 & 96\\ 96 & 25\end{bmatrix}}$$

$$=\begin{bmatrix}909 & 0\\ 0 & 9\end{bmatrix}\times\begin{bmatrix}0.000\,895\,8 & -0.003\,44\\ -0.003\,44 & 0.0532\end{bmatrix}$$

$$=\begin{bmatrix}0.8143 & -0.030\,96\\ -0.030\,96 & 0.4788\end{bmatrix}$$

分母中矩阵的逆是必需的，并且可以使用任何寻找正则矩阵逆的方法来计算。这样可以得到卡尔曼增益

$$\boldsymbol{K}=\begin{bmatrix}0.8143 & -0.030\,96\\ -0.030\,96 & 0.4788\end{bmatrix}$$

（5）计算新观察值

$$\boldsymbol{Y}_k=\boldsymbol{H}\boldsymbol{X}_k+\boldsymbol{Z}_k \tag{4.16}$$

由于传感器噪声误差是设备固有的，因此现在将其设置为零或 Z_k。

因此，新观察值变为

$$\boldsymbol{Y}_k=\boldsymbol{H}\boldsymbol{X}_k+(\boldsymbol{Z}_k=0)$$

$$=\begin{bmatrix}1 & 0\\ 0 & 1\end{bmatrix}\times\begin{bmatrix}4220\\ 235\end{bmatrix}=\begin{bmatrix}4220\\ 235\end{bmatrix}$$

（6）预测当前状态

在步骤(1)中，我们计算了 $\boldsymbol{X}_{k_p}=\begin{bmatrix}4241.5\\ 243\end{bmatrix}$。

在步骤(4)中，我们计算了 $\boldsymbol{K}=\begin{bmatrix}0.8143 & -0.030\,96\\ -0.030\,96 & 0.4788\end{bmatrix}$。

当前测量值是 $\boldsymbol{Y}_k=\begin{bmatrix}4220\\ 235\end{bmatrix}$。

因此，更新后的当前状态为：

$$\boldsymbol{X}_k=\boldsymbol{X}_{k_p}+\boldsymbol{K}[\boldsymbol{Y}_k-\boldsymbol{H}\boldsymbol{X}_{k_p}]$$

$$=\begin{bmatrix}4241.5\\ 243\end{bmatrix}+\begin{bmatrix}0.8143 & -0.030\,96\\ -0.030\,96 & 0.4788\end{bmatrix}\times\left\{\begin{bmatrix}4220\\ 235\end{bmatrix}-\begin{bmatrix}1 & 0\\ 0 & 1\end{bmatrix}\times\begin{bmatrix}4241.5\\ 243\end{bmatrix}\right\}$$

$$=\begin{bmatrix}4241.5\\ 243\end{bmatrix}+\begin{bmatrix}0.8143 & -0.030\,96\\ -0.030\,96 & 0.4788\end{bmatrix}\times\left\{\begin{bmatrix}-21.5\\ -8\end{bmatrix}\right\}=\begin{bmatrix}4241.5\\ 243\end{bmatrix}+\begin{bmatrix}-17.824\\ -3.165\end{bmatrix}$$

$$=\begin{bmatrix}4223.745\\ 239.835\end{bmatrix}$$

（7）更新过程协方差矩阵

从前面的步骤中，我们得到了以下矩阵：

$$\boldsymbol{K}=\begin{bmatrix}0.8143 & -0.030\,96\\ -0.030\,96 & 0.4788\end{bmatrix},\quad \boldsymbol{P}_{k_p}=\begin{bmatrix}909 & 0\\ 0 & 9\end{bmatrix}$$

因此，更新过程协方差矩阵的所有要求都已准备就绪。这是由以下表达式完成的：

$$\begin{aligned}\boldsymbol{P}_k&=(\boldsymbol{I}-\boldsymbol{KH})\boldsymbol{P}_{k_p}\\&=\left(\begin{bmatrix}1 & 0\\ 0 & 1\end{bmatrix}-\begin{bmatrix}0.8143 & -0.030\,96\\ -0.030\,96 & 0.4788\end{bmatrix}\times\begin{bmatrix}1 & 0\\ 0 & 1\end{bmatrix}\right)\times\begin{bmatrix}909 & 0\\ 0 & 9\end{bmatrix}\\&=\begin{bmatrix}0.1857 & 0.030\,96\\ 0.030\,96 & 0.5212\end{bmatrix}\times\begin{bmatrix}909 & 0\\ 0 & 9\end{bmatrix}\\&=\begin{bmatrix}168.80 & 0.278\,64\\ 28.14 & 4.6908\end{bmatrix}\end{aligned}$$

第5章　遗传算法

5.1　简介

在给定数据的基础上，决策制定和提示某人采取行动并决定要做什么，什么是最好的以及什么在财务上更明智的线索，是现代数据分析业务行业中非常感兴趣的领域。许多企业拥有庞大的数据档案，可以根据这些档案做出决定，例如将哪种产品推向市场，何时推向哪个市场。在物流和运输中，使交通路线最小化延误仍然是人们非常感兴趣的领域。在许多路线中选择一条路线可以节省燃油、降低成本并节省时间。遗传算法(GA)通过模仿生物过程的演化方式以及扩展来帮助阐明自然和商业过程如何适应不断变化的条件，从而属于一类搜索算法。它们可用于设计软件工具，用于决策和基于系统参数之间的相互关系设计健壮的系统。这样，它们属于一类优化算法，即所谓的演化计算算法(图 5.1)。它们是一类优化问题。因此，GA 用于查找函数的最大值或最小值。

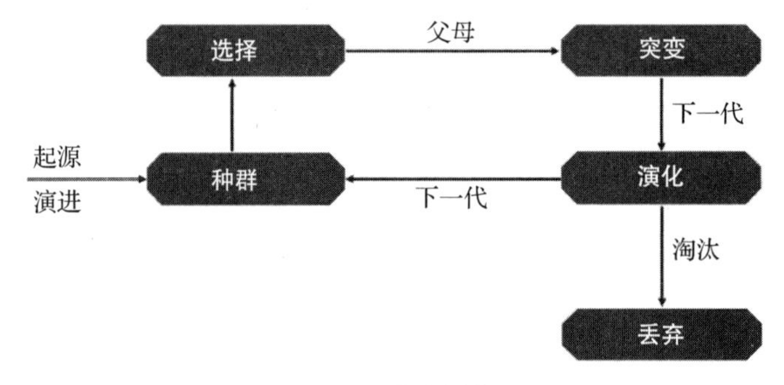

图 5.1　演化周期

5.2　遗传算法的步骤

通用遗传算法包括六个步骤：

1) **种群**：所有的遗传算法都依赖于从随机的染色体种群开始。它们通常是二进制位的集合，代表总体中的每个成员。

2) **适应度函数**：适应度函数提供评估下一代种群适应度的方法。因此，有必要建立一个用于优化的适应度函数。

3) **选择算法**：一种基于最适或最佳解的选择算法，使染色体在下一代繁殖。

4) **交叉**：基因的交叉给种群带来随机性。它用来产生下一代染色体。在这个过程中，后代被挑选出来繁殖。交叉是从遗传学中借用的概念。正常情况下，这实际上是一个有性生殖过程，在这一过程中，双亲交配并交换遗传物质，以创造出更好的后代。在遗传算法中，单位置或两位置交叉比较流行。

5）**突变**：在这个过程中，新一代染色体的随机突变被应用。突变给种群带来了多样性。

6）**幸存者**：选择幸存者的方法。

这六个步骤将在本章详细描述。遗传算法依赖于模仿物种的生物演化。它依赖于适者生存。适者被挑选出来繁衍后代，而最弱小的被忽略了。换言之，最好的解决方案仍然存在，而糟糕的解决方案则任由其消亡。

5.3　遗传算法的相关术语

可以根据种群和种群特征来描述生物物种。在本节中，此模型用于描述遗传算法的基本术语。

种群：通用遗传算法中的种群被定义为当前所有可能解决方案的子集。换句话说，存在更多可能的解决方案集，其中一部分解决方案被用作种群。

染色体：遗传算法意义上的染色体是给定问题在种群中可能的解决方案之一。染色体由元素组成，它们的位置称为基因。

基因：基因是染色体中的一个元素位置。染色体上的基因取一个值，这个值称为**等位基因**。

基因型：这是计算空间内的一个种群。在实际解决方案空间中有第二个种群定义，称为表型。

表型：根据以上定义，我们将表型定义为实际现实世界解决方案空间中的种群。在实践中，数学转换函数用于提供基因型和表型之间的联系。这种转换称为解码。

编码：遗传算法通常处理以染色体 C 表示的“生物有机体”的世代。要对遗传算法进行建模，需要充分且有效地确定染色体，以确保在每一代中，迭代都不会陷入锁定位置阻止变化。每个染色体都用二进制数字或位进行数学描述。

编码是将手头问题的参数转换成染色体。考虑一个参数集为 $p_i \in (1 \leqslant i \leqslant N)$ 的 N 参数问题。染色体是值

$$C = [p_1, \cdots, p_N] \tag{5.1}$$

的序列。所有 p_i 的二进制表示被连接成染色体。参数的选择是遗传算法应用中的一个设计练习。

解码：这是表型和基因型空间之间的转换。这些 GA 术语如图 5.2 所示。

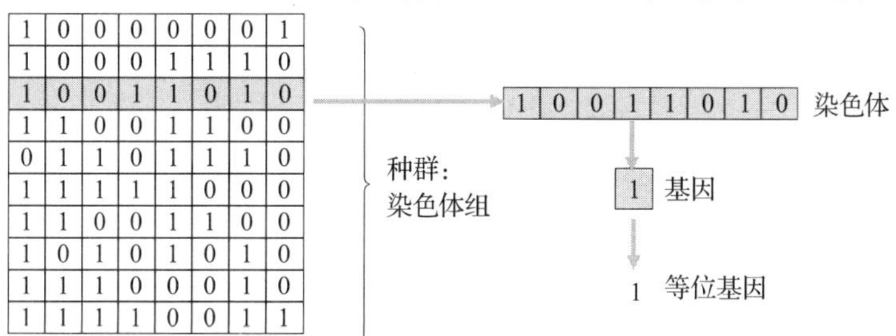

图 5.2　遗传算法的术语

如图 5.2 所示，种群由个体组成。个体是一组带有基因的染色体。每个基因内部都有一个等位基因。我们定义了 10 个不同的实体的适应度表。下节将介绍如何对适应度函数进行建模。

5.4　适应度函数

适应度函数也称为评价函数。在遗传算法中，它们用来作为种群成员适应度的函数对种群进行排序。换句话说，适应度函数评估给定解与最优解的接近程度。适应度函数通常是要优化的函数。因此，可以对遗传算法的每个解进行排序。这就导致了群体的适者生存。问题的解决方案通常是一组染色体，如果没有一个对所有可能的解决方案都公平的标准，就很难对它们进行排序。因此，一个适应度函数用来给每个解打分，并对它们进行排序。

因此，应如何定义或创建适应度函数？我们提出了几个标准，包括以下几点。

适应度函数的一般要求

合适的适应度函数应满足以下要求：

1）适应度函数应足以提供对问题直观的结果。因此，这应该导致最佳和最差解决方案之间的明确区分。

2）它应该以定量方式衡量给定解决方案在解决当前问题方面的适应程度或良好程度。

3）适应度函数应该容易且有效地实现。因此，它不应成为解决问题的瓶颈。

4）适应度函数应具有清晰的定义，本质上不应模糊，并且在评估如何使用其计算适应度分数时，应易于用户理解。

5）适应度函数能够区分种群成员的程度很重要。它应该能够区分种群成员。

6）具有相似特征的种群成员也应具有相似的适应度函数。

7）它应指向解决问题的方法。实现这一目标的速度至关重要。

例 1　在一组期权中寻找最佳的三只股票，以实现利润最大化。

假设这三只股票的收益值为 x、y 和 z。当前的问题是找到最佳收益集，以最大化利润 p。这意味着最大化的目标函数是

$$p=x+y+z \tag{5.2}$$

因此，我们必须使利润损失或与 p 的偏差 $|p-(x+y+z)|$ 最小化，并将损失降低到尽可能接近零。所以，当损耗很小时，损耗的倒数应该很大。我们因此可以使用适应度函数

$$f=1/|p-(x+y+z)| \tag{5.3}$$

例 2　为了说明 GA 是如何工作的，考虑下面的例子。随机挑选一组学生代表他们所在的大学参加技术竞赛。选择者还不确定是否做出了正确的选择，他们想运行一个算法来选出代表大学的最佳学生。选择者准备根据学生在 10 个科目中的表现进行选择。由于许多学生都符合标准，他们决定使用遗传算法来选择最适合的学生。

他们选择了 6 名学生作为起始人群。当一个学生通过一个科目时，记录为 1；当学生

一个科目不及格时，记录为 0。累加后和最高的学生最初被认为是最适合者。这与科目无关。他们是对的吗？他们选择使用遗传算法来最大化他们的决策。

种群	所有 1 的和	适应度
s_1=1111010101	$f(s_1)=7$	7/34
s_2=0111000101	$f(s_2)=5$	5/34
s_3=1110110101	$f(s_3)=7$	7/34
s_4=0100010011	$f(s_4)=4$	4/34
s_5=1110111101	$f(s_5)=8$	8/34
s_6=0100110000	$f(s_6)=3$	3/34

适应度函数：设适应度函数为学生所拥有的 1 的个数与总体 1 的比率(即概率函数)。故适应度函数为

$$p(i)=\frac{f(s_i)}{\sum_{i=1}^{6} f(s_i)}=\frac{f(s_i)}{34} \tag{5.4}$$

这由数组

适应度
7/34
5/34
7/34
4/34
8/34
3/34

给出。适应度函数给出了概率，并根据概率对个体进行了排序，在这里给出的图中，从最高概率到最低概率个体，如图 5.3 所示。适应度函数接收一个输入，提供一个规范化输出。规范化输入用于对总体进行排序。

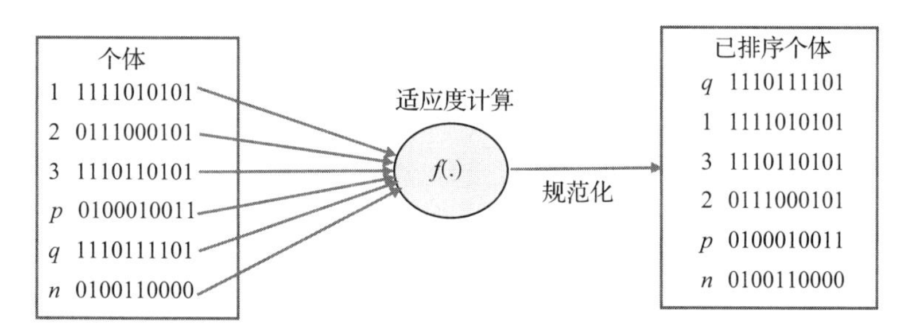

图 5.3　适应度函数计算和个体排序

种群中个体的适应度由以下类型的关系定义：

$$f=\frac{f_i}{\bar{f}} \tag{5.5}$$

上式中，f_i 是与种群中的个体 i 相关联的评价，而 $\overline{f}$ 是与种群中所有个体相关的平均评价。通常，方程(5.4)可用概率函数表示。例如，第 k 个字符串 x^k 的适应度为 $f_k = g(x^{(k)})$，它被赋予种群中的每个染色体。高适应度是较好适应度的标志，低适应度是选择染色体或种群成员不太理想的属性。

一个好的适应度函数应该能够有效地对种群进行分类。它还应该具有较低的计算复杂度。

5.5 选择

在每一代中，从现有种群中选出一组进行繁殖。选择基于遗传算法程序员定义的适应度函数。在一种形式中，使用每个解的适应度函数对个体进行评级。也可以使用随机选择，但这种方法可能需要更长的时间来经历几代人。通常谨慎的做法是在选择中也包括不太适合的解决方案。这将多样性引入种群，并防止算法过早收敛。两种选择方法是流行的，包括轮盘赌和锦标赛选择方法。

5.5.1 轮盘赌

轮盘赌选择方法是一种概率方法。群体中的个体被分配的概率与他们的适应度成正比，作为总体适应度的一个比率。以概率为基础，通过旋转轮盘赌随机选择两个个体，旋转轮盘赌，在轮盘降落的地方，选择停止的个体。第二次旋转轮盘赌，在它降落的地方，第二个个体被选择和第一个被选中的个体一起繁殖。

轮盘赌的伪代码如下所示：

```
for all K members of the population {
          sum += fitness of individual k;
          %sum all the fitness for the individuals
}
for all K members of the population {
          probability = sum of probabilities +
          (fitness k / sum over all K);
          sum of probabilities += probability;
}
loop until the new population is full {
          do this two times
                   number p = Random between 0 and 1
                   for all members of the population {
                            if number p > probability, but is
                            less than the next probability
                            then the person has been selected
                   }
          }
Create offspring here;
```

5.5.2 交叉

GA计算的下一个状态是交叉。在这个阶段，来自双亲的染色体通过交换过程共享。本节首先使用表达式，然后是示例来描述交叉操作。交叉可能仅发生在染色体的一个位置或许多位置。

1. 单位置交叉

在简单的单位置交叉中，两条染色体在相同的点被切割。每个部分都相互转移，如图 5.4 所示。换句话说，对于染色体

$$x=\langle x_1, x_2, \cdots, x_n\rangle$$
$$y=\langle y_1, y_2, \cdots, y_n\rangle \tag{5.6a}$$

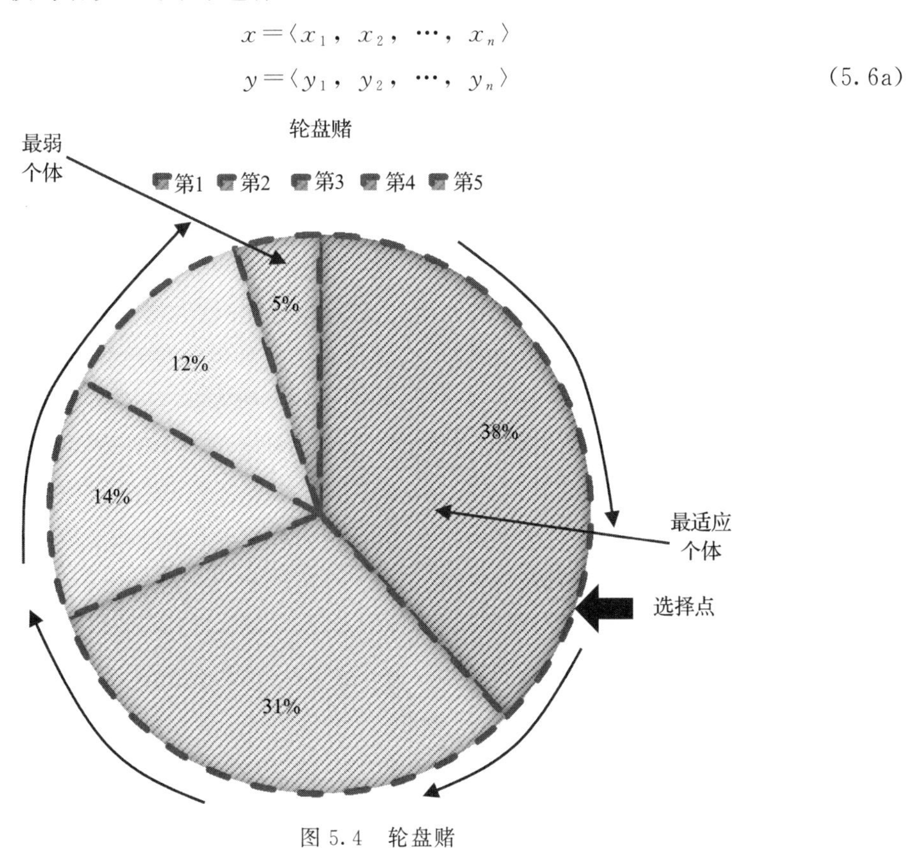

图 5.4　轮盘赌

选择染色体 $i\in N_{n-1}$ 中每个等位基因的索引 i 作为交叉位置，交叉操作执行排列

$$x'=\langle x_1, \cdots, x_i, y_{i+1}, \cdots, y_n\rangle \tag{5.6b}$$
$$y'=\langle y_1, \cdots, y_i, x_{i+1}, \cdots, x_n\rangle$$

交叉操作中涉及的两条染色体称为伴侣。最常见的交叉类型是单交叉，即染色体内的一个公共点。来自父母双方的一些等位基因被杂交，以产生新的后代。在二进制示例中，考虑图 5.5 中给出的染色体。伴侣从给定位置开始交换等位基因。

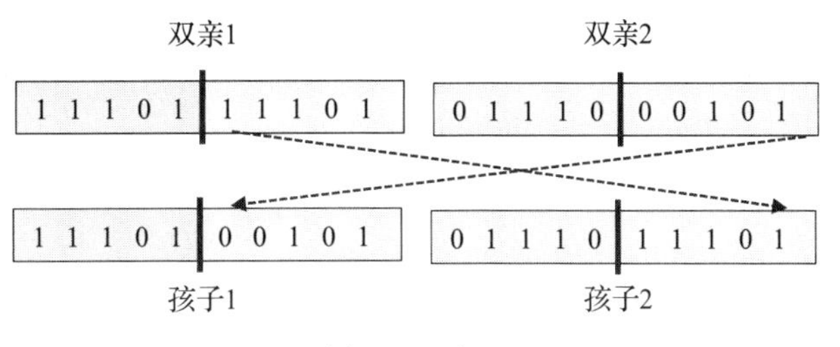

图 5.5　交叉

图 5.5 显示了双亲 1 和双亲 2 之间的交叉。在每种情况下，在交叉中使用相等的等位基因组分别创建两个新子代，即孩子 1 和孩子 2。

2. 双交叉

双交叉的操作类似于单交叉，不同之处在于交叉发生在伴侣之间的两个位置：

$$x'=\langle x_1, \cdots, x_i, y_{i+1}, \cdots, y_j, x_{j+1}, \cdots, x_n\rangle$$
$$y'=\langle y_1, \cdots, y_i, x_{i+1}, \cdots, x_j, y_{j+1}, \cdots, y_n\rangle \tag{5.7}$$

下标 i，$j\in N_{n-1}$，$i<j$。

3. 突变

“选择”和“交叉”这两个步骤产生了后代或新的种群，其中填充了由交叉个体和复制到新种群中的其他个体组成的个体。由于这一步骤，新种群可能包含来自双亲的老种群的精确副本。在自然界中，突变可能发生，这也是正常的。在遗传算法中，允许进行突变，以确保新种群中的个体不完全相同。必须进行突变，以确保种群中的多样性。突变是染色体发生变化的过程，其中一个(或多个)基因被新基因替换。在下一个单位置突变方程中对此进行了说明。给定示例中的染色体的一个基因被 q 替换。在方程中，位置 i 处的基因被基因 q 取代：

$$x'=\langle x_1, \cdots, x_{i-1}, q, x_{i+1}, \cdots, x_n\rangle \tag{5.8}$$

基因 q 从基因库 Q 中随机选择。

4. 反转

除了突变，反转也可能发生在种群内。假设染色体 $x=\langle x_1, x_2, \cdots, x_n\rangle$ 和整数 i，$j\in N_{n-1}$，$i<j$ 作为反转位置，则染色体反转为

$$x'=\langle x_1, \cdots, x_i, x_j, x_{j-1}, x_{i+1}, x_{j+1}, \cdots, x_n\rangle \tag{5.9}$$

大多数遗传算法不涉及突变和反转操作。然而，它们的作用是产生新的染色体。新染色体的产生是为了避免在不使用适应度函数的情况下，过程降到局部极小值。涉及突变和反转的基因是用很小的概率选择的。

因此，在算法上，遗传算法的基本结构如以下流程图所示(图 5.6)。

图中的每一次迭代都会产生新的一代。新一代受交叉和突变的影响。每一代中至少有一个高度契合的成员。在终止迭代时使用哪个标准仍然是一个问题。在本章的其余部分，前面几节中提出的概念适用于不同的问题。每一个问题都揭示了一个解决的方法与适应度函数和交叉的选择。

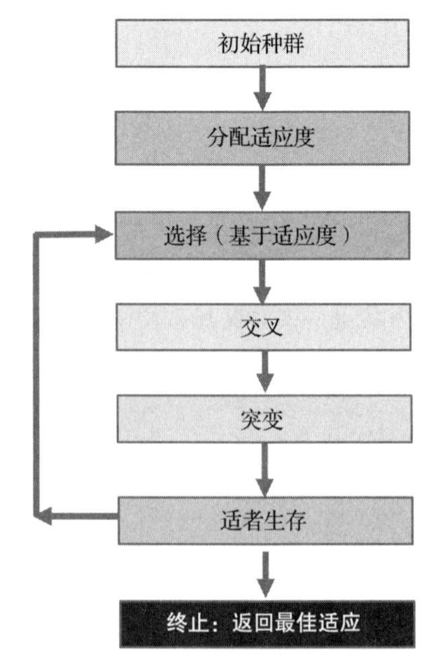

图 5.6 遗传算法步骤

5.6 最大化单个变量的函数

这个例子源于 Goldberg[1]，由 Carr[2] 改编。问题

是使二次函数最大化：

$$f(x)=3x-\frac{x^2}{10} \tag{5.10}$$

变量 x 位于0到31之间，如图5.7所示。要对变量的所有值进行编码，需要五位染色体。这是因为有32个值表示为二进制数。因此，数字范围是00000到11111。由于 x 的上限为10，因此从32个数字中随机选择10个作为初始种群是合理的。

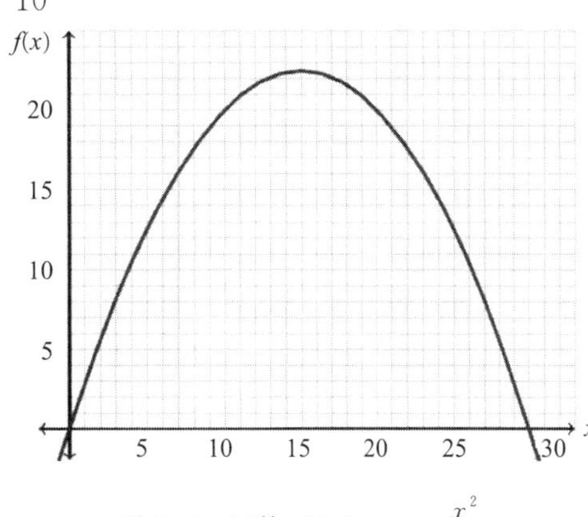

图5.7 函数 $f(x)=3x-\frac{x^2}{10}$

从表5.1中，我们注意到平均得分为17.37。适应度函数 x 的累加和为173.7。最小值和最大值分别为8.1和22.4。概率列使用以下表达式计算：

$$p(x_i)=\frac{f(x_i)}{\sum_{k=1}^{10} f(x_k)},\quad 1\leqslant i\leqslant 10 \tag{5.11}$$

从表5.1中的初始种群中选择成对的染色体进行交配或交叉。如表5.2所示。10个染色体配对，显示了五个交配组。

表5.1 初始种群

染色体索引(i)	初始种群	x 的值	适应度 $f(x)$	选择 $p(x_i)$ 的概率
1	10101	21	18.9	0.108 81
2	00111	7	16.1	0.092 69
3	11001	25	12.5	0.071 96
4	10001	17	22.1	0.127 23
5	10110	22	17.6	0.101 32
6	11000	24	14.4	0.082 90
7	10100	20	20	0.115 14
8	10000	16	22.4	0.128 96
9	10010	18	21.6	0.124 35
10	11011	27	8.1	0.046 63

表5.2 交配、交叉、突变和新种群

染色体索引(i)	交配对	新种群	x 的值	适应度 $f(x)$	选择 $p(x_i)$ 的概率
1	10101	10001	17	22.1	0.124 58
3	11001	11101	25	12.5	0.070 46
2	00111	10110	21	18.9	0.106 54
5	10110	10111	23	16.1	0.090 76
4	10001	10100	20	20	0.112 74

（续）

染色体索引(i)	交配对	新种群	x的值	适应度 $f(x)$	选择 $p(x_i)$的概率
8	10000	10001	17	22.1	0.124 58
6	11000	10100	20	20	0.112 74
7	10100	11000	24	14.4	0.081 17
9	10010	10011	19	20.9	0.117 81
10	11011	11010	26	10.4	0.058 62

新的种群是通过交配配对染色体从双亲种群衍生而来的。随后是两个后代的突变。使用来自 50 位（50×0.025＝1.25 位）的相当高的突变概率 0.025，可以预期会有两位发生突变。

新种群的最大适应度为 177.4。群体的平均适合度为 17.74，高于双亲种群。两条染色体都有突变。这些位的值从 0 转为 1。与双亲相比，这一种群具有较高的适应度和较高的平均适应度。重复上述算法，直到有一个停止点。停止点可能是新一代的适应值没有更大的变化，然后停止。

5.7　连续遗传算法

传感器数据分析中的许多应用都涉及浮点数。前面给出的所有例子都与整数和二进制数有关。在本节中，我们将提供一些例子，说明如何在数据为浮点数时数使用遗传算法。对于这种情况，染色体是一个浮点数数组，而不是整数。因此，解的精度只是计算设备的函数，而不是算法的函数。问题的维数决定了数组的大小。如果维度是 N_r，那么染色体 C_r 也有 N_r 个变量，其形式如下：

$$C_r=[p_1,\ p_2,\ \cdots,\ pN_r] \tag{5.12}$$

第 i 个变量的每个实例在方程(5.12)中均为 p_i，并且为实数，而不是整数或位。在下节，我们将在文献[2]中的示例之后提供两个使用连续遗传算法的示例。第一个示例是在地形图中找到最低海拔点，第二个示例是查找温度和位置传感器给出的农田中的温度分布。

5.7.1　地形图的最低海拔

系统参数包括 0 到 10 范围内的经度(x)和 0 到 10 范围内的纬度(y)。该区域的地形用正弦函数表示，该函数由以下表达式给出：

$$f(x,\ y)=x\sin(4x)+ay\sin(2y) \tag{5.13}$$

常数“a”采用不同高度的值，对于此示例，$a=1.1$。函数 $f(x,\ y)$显然是适应度函数。需要定义系统染色体。由于“a”是一个常数，因此不应作为染色体的一部分。染色体包含由经度和纬度定义的两个变量 x 和 y。因此，染色体是

$$C_r=[x,\ y],\ 0\leqslant x\leqslant 10,\ 0\leqslant y\leqslant 10 \tag{5.14}$$

染色体长度的选择很重要，因为它决定了系统运行的速度。由于变量是实数，因此没有明确的染色体种群大小。一种可能的选择是使用经度和纬度的所有离散值，这意味着染色体

种群规模的大小可以达到 22。这对染色体来说太大了。在文献[2]中，大小限制为 12，我们在这里使用相同的方法。突变率为 0.2，迭代次数为 100 次。算法的收敛速度取决于这些值。表 5.3 和表 5.4 显示了两个初始种群。第一个表的种群大小为 12，第二个表的为 6，第二个表选自表 5.3。

在表 5.4 中，从表 5.3 中进行选择，以提供存活的 50%种群。

表 5.3 初始种群[2]

x	y	适应度 $f(x, y)$
6.7874	6.9483	13.5468
7.5774	3.1710	−6.5696
7.4313	9.5022	−5.7656
3.9223	0.3445	0.3149
6.5548	4.3874	8.7209
1.7119	3.8156	5.0089
7.0605	7.6552	3.4901
0.3183	7.9520	−1.3994
2.7692	1.8687	−3.9137
0.4617	4.8976	−1.5065
0.9713	4.4559	1.7482
8.2346	6.4631	10.7287

表 5.4 50%选择的存活种群[2]

排序	x	y	适应度 $f(x, y)$
1	7.5774	3.1710	−6.5696
2	7.4313	9.5022	−5.7656
3	2.7692	1.8687	−3.9137
4	0.4617	4.8976	−1.5065
5	0.3183	7.9520	−1.3994
6	3.9223	0.3445	0.3149

注意到种群的适应度值有负数，因此，这就排除了概率的使用。概率取决于定义它们的适应度总和。如何定义适应度函数？表 5.4 根据个体的适应度值从最消极到最积极对个体进行排序。这个排序导致第 n 条染色体的概率函数如下，其中变量 $N_{保留}$ 是被保留在染色体中的有机体的总数：

$$P_n = \frac{N_{保留} - n + 1}{\sum_{i=1}^{N_{保留}} i} = \frac{6 - n + 1}{1 + 2 + 3 + 4 + 5 + 6} = \frac{7 - n}{21} \tag{5.15}$$

通过只保留 6 个有机体，我们将交配组限制在 3 对以内，以产生下一个种群。

从位字符串实现交叉是很容易的。不幸的是，在这个例子中，我们不再有位字符串了。如何在连续空间遗传算法中实现交叉？采用的方法最初来自 Haupt[3]。考虑两个双亲染色体 “hill” 和 “valley”。对于这组双亲，

$$h = [x_h, y_h], \quad v = [x_v, y_v] \tag{5.16}$$

定义一个变量 β，满足 $0\leqslant\beta\leqslant1$，并使用交配比率 β 产生新的后代，如下：

$$\left.\begin{aligned}x_{新1}=(1-\beta)x_h+\beta x_v\\x_{新2}=(1-\beta)x_v+\beta x_h\end{aligned}\right\}=\begin{bmatrix}1-\beta & \beta\\ \beta & 1-\beta\end{bmatrix}\begin{bmatrix}x_h\\x_v\end{bmatrix}\tag{5.17}$$

我们在这里介绍的矩阵形式和方程(5.17)一样，很容易记住。第二个参数是从它们的双亲继承而来的，未做任何修改，其后代是：

$$\left.\begin{aligned}后代_1=[x_{新1},\ y_h]\\后代_2=[x_{新2},\ y_v]\end{aligned}\right\}\tag{5.18}$$

例 3　考虑染色体 1=[7.5774，3.1710]和染色体 2=[7.0605，7.6552]，并定义参数 $\beta=0.375$，求新的后代。

根据方程(5.17)：

$$\begin{bmatrix}x_{新1}\\x_{新2}\end{bmatrix}=\begin{bmatrix}1-\beta & \beta\\ \beta & 1-\beta\end{bmatrix}\begin{bmatrix}x_h\\x_v\end{bmatrix}=\begin{bmatrix}0.25 & 0.375\\0.375 & 0.25\end{bmatrix}\begin{bmatrix}7.5774\\7.0605\end{bmatrix}=\begin{bmatrix}4.5420\\4.6067\end{bmatrix}$$

后代是：

$$\begin{bmatrix}后代_1\\后代_2\end{bmatrix}=\begin{bmatrix}4.5420, & 3.1710\\4.6067, & 7.6552\end{bmatrix}$$

当一个染色体发生突变时，用一个 0～10 之间的随机数代替它的值。一般来说，突变也是用许多不同的方法进行的。我们已经为一个迭代展示了这个例子。通常，多次重复这个过程，以找到新一代。观察到连续遗传算法不需要解码步骤，因此实现起来要快得多。

5.7.2　遗传算法在传感器温度记录中的应用

在精确农业中，记录温度、湿度、位置和环境条件是非常普遍的要求。其他用传感器记录的土壤条件包括土壤含水量、氮、钾和氯化钠。在本节中，我们将演示如何使用遗传算法来预测农场的温度分布。温度分布由以下表达式给出：

$$T(x,\ y)=T_0+(T_1-T_0)\exp\left(\frac{(x-x_0)^2+(y-y_0)^2}{2\lambda^2}\right)\tag{5.19}$$

定义系统参数

$$g=[T_0,\ T_1,\ x_0,\ y_0,\ \lambda]\tag{5.20}$$

这用来创建染色体组和初始种群。

我们需要最小化函数

$$\Phi^2(g)=\sum_{i=1}^{N}\left(\frac{T_i-T(x_i,\ y_i|g)}{30}\right)^2\tag{5.21}$$

遗传算法的编码需要将参数 g 的系统向量转换为染色体。换句话说，g 是一个有机体(温度和位置集)。通过将向量转化为二元集合，得到系统染色体或 DNA。因此，需要为每个位置的每个温度值编码五个值。适应度函数与上述求和表达式有关。目标是将参考温度值 T_i 的位置处的测量值之间的误差最小化，因此适应度函数是

$$f(g)=\frac{1}{\Phi^2(g)}=\frac{1}{\sum_{i=1}^{N}\left(\frac{T_i-T(x_i,\ y_i|g)}{30}\right)^2}\tag{5.22}$$

因此，我们需要使某一位置的温度误差最小，并使 $f(g)$最大化。

一般情况下，当搜索空间较大且参数较多时，遗传算法是有用的。这种情况发生在大数据分析中。遗传算法适用于整数和浮点值，这是一个巨大的好处。一般来说，用遗传算法可以找到好的解决方案，而且速度快，效率高，数学原理很简单，适用于实际问题，因此，应用领域是多样的。

参考文献

[1] David E. Goldberg, Genetic Algorithms in Search Optimization and Machine Learning, Addison-Wesley, 1989.
[2] Jenna Carr, “An Introduction to Genetic Algorithm”, 2014.
[3] R.L. Haupt and S.E. Haupt, Practical Genetic Algorithm, 2nd Edition, Hoboken: Wiley, 2004.

第6章 计算图的微积分

6.1 简介

在实现深度学习应用所需的复杂系统时，快速、准确和可靠的计算方案至关重要。实现这一点的技术之一就是所谓的计算图。计算图将复杂的计算分解为小而可执行的步骤，这些步骤可以用纸笔快速执行，用计算机当然更好。在大多数情况下，需要重复相同的算法，而处理循环虽浪费计算时间却变得更容易处理。计算图用梯度下降算法简化了神经网络的训练，使其比传统的神经网络实现速度快很多倍。

通过减少相关的计算时间，计算图也已在天气预报中得到了应用。它的优势是快速计算导数。它也以“反向模式微分”的不同名称而闻名。

除了用于深度学习之外，反向传播在许多其他领域(如天气预报和数值稳定性分析)也是一种强大的计算工具。在许多方面，计算图理论与数字电路中的逻辑门操作类似，在数字电路的许多二进制运算实现中，使用逻辑门(如 AND、OR、NOR 和 NAND)执行专用逻辑操作。虽然逻辑门的使用会导致诸如多路复用器、加法器、乘法器和更复杂的数字电路等复杂系统，但计算图已通过简化运算，在涉及实数导数以及实数加法、缩放和乘法的深度学习操作中找到了自己的方法。

计算图的元素

计算图是将复杂的数学计算和运算分解为微计算的有用手段，从而使按顺序求解它们变得容易得多。它们还使跟踪计算和了解解决方案在何处发生变得更容易。计算图是发生操作的链接和节点的连接。节点代表变量，链接是函数和操作。

运算范围包括加法、乘法、减法。乘幂运算以及许多其他运算。考虑图 6.1，三个节点代表三个变量 a、b 和 c。变量 c 是函数 f 在 a 和 b 上运算的结果。这意味着我们可以将结果写为

$$c=f(a,\ b) \tag{6.1}$$

计算图允许嵌套操作，从而解决更复杂的问题。在方程(6.2)中考虑此计算图的以下运算嵌套：

$$y=h(g(f(x))) \tag{6.2}$$

显然，从这三个运算中我们看到，按公式计算 y 时，进行更复杂的运算要容易得多。由图 6.2 可以明显看出，首先进行第一个运算($f(x)$)，接下来是第二个运算，即 $g(.)$，最后是 $h(.)$运算。

但是，从方程(6.2)的角度来看，首先进行方程(6.2)中涉及 $f(x)$的最里面的运算。接下来是第二个运算，即 $g(.)$，最后是 $h(.)$作为最后一个运算。

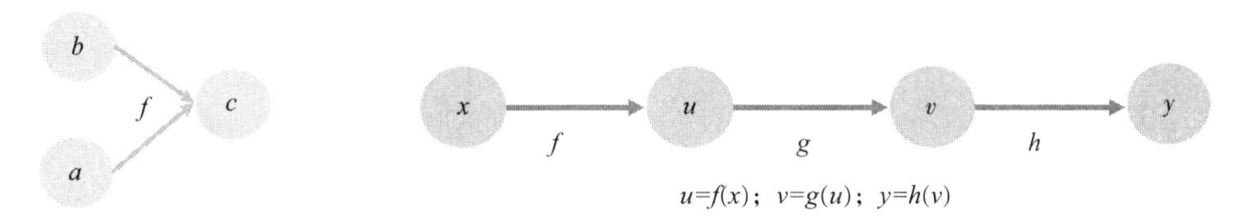

图 6.1　典型单元结构

图 6.2　计算图中的运算流程

考虑 f 是加法运算(+)的情况。则结果 c 由表达式 $c=(a+b)$ 给出。当运算是乘法(×)时，结果由表达式 $c=(a\times b)$ 给出。由于 f 作为通用运算符给出，因此我们可以在图中使用任何运算符，并为 c 编写等效表达式。

6.2　复合表达式

为了使计算机有效地使用带有计算图的复合表达式，必须将表达式分解成单位单元。例如，可以先将表达式 $r=p\times q=(x+y)(y+1)$ 简化为两个单位单元或两个项，然后计算项的乘积。乘积项为 $r=p\times q$。

$$r=p\times q=(x+y)(y+1)=xy+y^2+x+y$$
$$p=x+y$$
$$q=y+1$$

创建每个计算操作或组件，然后通过箭头适当地将它们连接，从它们中构建图形。箭头源自用于构建单位项的项，终止于该单位项处，如图 6.3 所示。

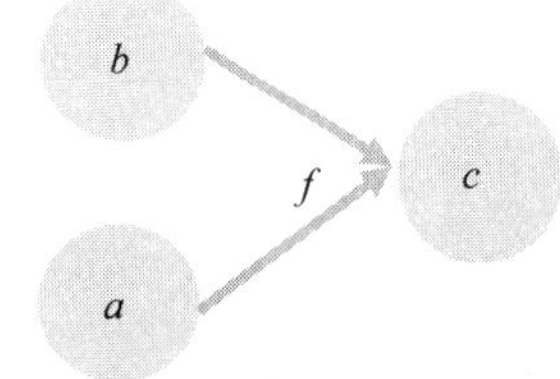

图 6.3　单位单元的结构

这种抽象形式在构建神经网络和深度学习框架中非常有用。实际上，它们在表达式的编程中也很有用，例如在涉及并行支持向量机(PSVM)的操作中。在图 6.4 中，一旦知道了计算图根部的值，该表达式的解就变得非常简单和微不足道。以 $x=3$ 和 $y=4$ 的情况为例，结果如图 6.5 所示。

计算复合表达式的值为 35。

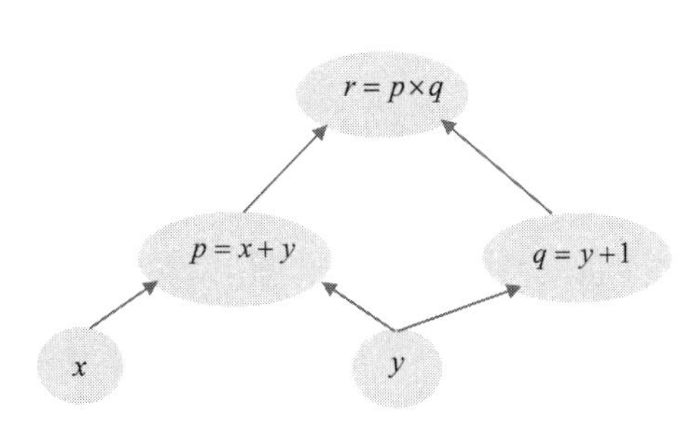

图 6.4　复合表达式的计算图

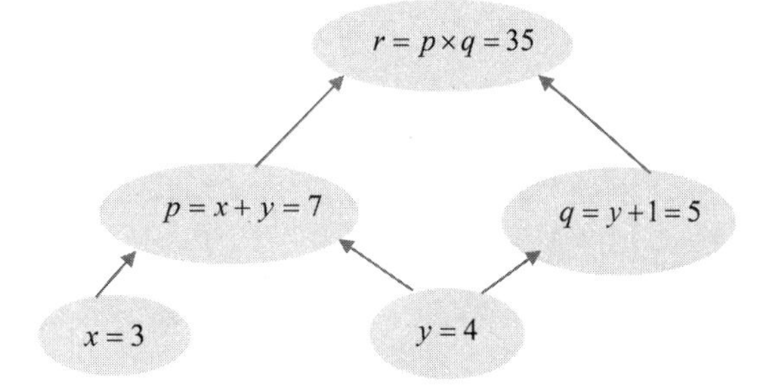

图 6.5　计算复合表达式

6.3　计算偏导数

在神经网络应用中广泛使用计算图的领域之一是以简单形式计算变量和函数的导数。对于导数，它简化了链式法则的使用。考虑计算相对于 b 的 y 的偏导数，其中

$$y=(a+b)\times(b-3)=c\times d$$
$$c=(a+b),\ d=(b-3) \tag{6.3}$$

y 关于 b 的偏导数为

$$\frac{\partial y}{\partial b}=\frac{\partial y}{\partial c}\times\frac{\partial c}{\partial b}+\frac{\partial y}{\partial d}\times\frac{\partial d}{\partial b} \tag{6.4}$$

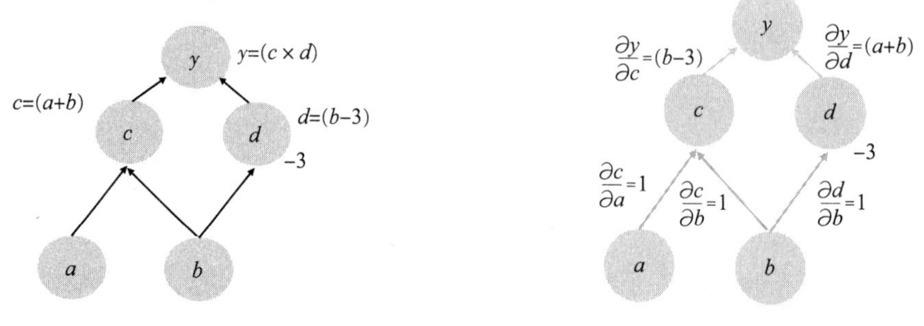

图 6.6　方程(6.3)的计算图　　　　图 6.7　偏导数的计算

图 6.6 给出了涵盖方程(6.3)的偏导数计算图。偏导数在方程(6.4)中给出。根据方程(6.3)，偏导数为

$$\begin{aligned}
&\frac{\partial y}{\partial c}=d=(b-3)\\
&\frac{\partial y}{\partial d}=c=(a+b)\\
&\frac{\partial c}{\partial a}=1,\ \frac{\partial c}{\partial b}=1,\ \frac{\partial d}{\partial b}=1\\
&\frac{\partial y}{\partial b}=(b-3)\times 1+(a+b)\times 1
\end{aligned} \tag{6.5}$$

这些导数叠加在图 6.7 的计算图上。

偏导数：链式法则的两种情况

链式法则适用于各种情况。有两种情况值得关注：线性情况(图 6.8)和循环情况(图 6.9)。这两种情况将在本节进行说明。

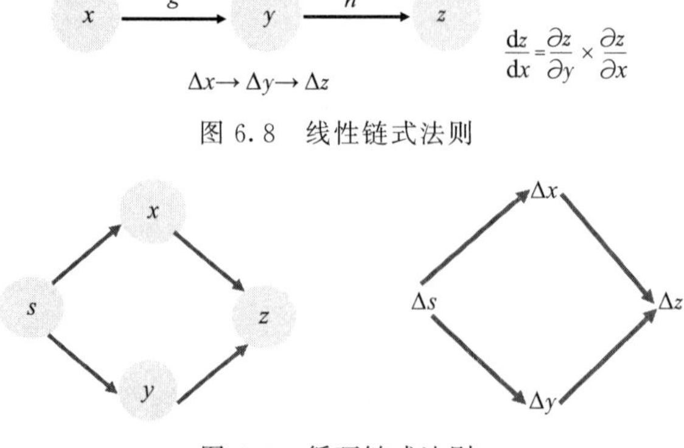

图 6.8　线性链式法则

图 6.9　循环链式法则

1. 线性链式法则

线性情况下的目标是求输出 z 相对于输入 x 的导数，即 $\mathrm{d}z/\mathrm{d}x$。输出递归地取决于 y 和 x，因此可以预期 z 的偏导数也取决于这两个变量。因此，y 相对于 x 的偏导数需要解决这个问题。从图中，我们可以大致写出

$$z=f(x),\quad z=h(y),\quad y=g(x) \tag{6.6}$$

因此，z 相对于 x 的导数也必须相对于 y 进行，并且是两个项的乘积：

$$\frac{\mathrm{d}z}{\mathrm{d}x}=\frac{\partial z}{\partial y}\times\frac{\partial y}{\partial x} \tag{6.7}$$

因此，将 z 相对于 x 的导数计算为变量的两个偏导数的乘积。如图 6.8 所示。

2. 循环链式法则

图 6.9 中的循环链式法则是线性链式法则的应用。每个循环都使用线性链式法则处理。考虑以下循环图(图 6.9)。目的是使用线性链式法则沿着循环的两个分支求出输出 z 的导数，并将它们求和。

通过两个分别涉及 x 和 y 的分支，z 是 s 的函数，即 $z=f(s)$。在上部分支中，$x=g(s)$，$z=h(x)$。在下部分支中，$y=g(s)$，$z=h(y)$。两个分支组成 z 的值，因此 $z=p(x,\ y)$。因此，还将有来自两个分支的偏导数之和，z 相对于 s 的导数为

$$\frac{\mathrm{d}z}{\mathrm{d}s}=\frac{\partial z}{\partial x}\times\frac{\mathrm{d}x}{\mathrm{d}s}+\frac{\partial z}{\partial y}\times\frac{\mathrm{d}y}{\mathrm{d}s} \tag{6.8}$$

3. 多循环链式法则

通常，如果 z 是从 N 个循环中计算得出的，使得它是 N 个变量的函数，例如 $z=k(x_1,\ x_2,\ \cdots,\ x_N)$，则 N 个分支对输出 z 起作用。因此，z 对输入的总导数是 N 个偏导数的链。

如图 6.10 所示，一般的偏导数表达式为

$$\begin{aligned}\frac{\mathrm{d}z}{\mathrm{d}s}&=\frac{\partial z}{\partial x_1}\times\frac{\mathrm{d}x_1}{\mathrm{d}s}+\frac{\partial z}{\partial x_2}\times\frac{\mathrm{d}x_2}{\mathrm{d}s}+\cdots+\frac{\partial z}{\partial x_N}\times\frac{\mathrm{d}x_N}{\mathrm{d}s}\\&=\sum_{n=1}^{N}\frac{\partial z}{\partial x_n}\times\frac{\mathrm{d}x_n}{\mathrm{d}s}\end{aligned} \tag{6.9}$$

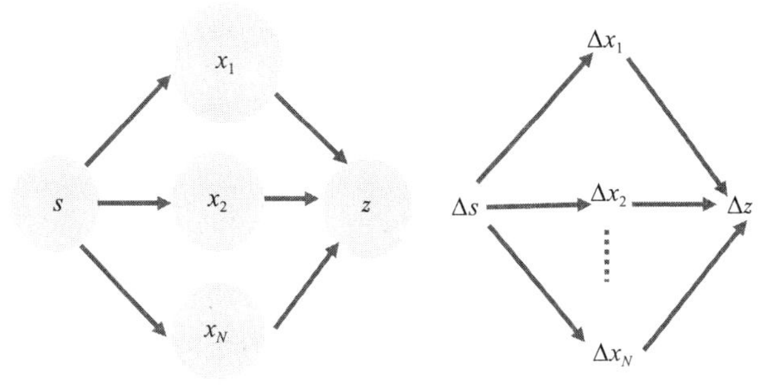

图 6.10　多循环链式法则

一般情况更适合于深度学习的情况，在这种情况下，神经网络中有很多阶段，而且涉及很多分支。

6.4　积分计算

在下节中，我们将介绍使用计算图，通过一些众所周知的传统方法(包括梯形法则和辛普森法则)来计算积分的方法。

6.4.1　梯形法则

积分传统上是求曲线下的面积。这个区域有两个维度：函数采样的离散步长乘以离散步长下函数的振幅。因此，可以使用具有以下表达式的梯形法则来计算函数 $f(x)$：

$$\begin{aligned}\int_a^b f(x)\mathrm{d}x &\approx \frac{\Delta x}{2}[f(x_0)+2f(x_1)+2f(x_2)+\cdots+2f(x_{N-1})+f(x_N)]\\ &\approx \frac{\Delta x}{2}[f(x_0)+f(x_N)]+\Delta x\sum_{i=1}^{N-1}f(x_i)\end{aligned}\tag{6.10}$$

这里 $\Delta x=\dfrac{b-a}{N}$，$x_i=a+i\Delta x$，N 是离散采样步长的数量。因此，以离散的步长 Δx 从零到 N 计算 $N+1$ 个位置处的函数值，可以轻松地绘制此积分方法的计算图。N 到底有多大取决于一定的误差范围，这在传统上已经被推导出来：

$$|E|\leqslant\frac{K_2(b-a)^3}{12N^2}$$

K_2 是函数 $f(x)$的二阶导数的值。这将使用函数的梯形法则在积分值中设置误差范围。因此，一旦选择了 N，就已经为积分结果设置了误差范围。可以通过更改 N 的值(总和中的项数)来减小此误差。图 6.11 显示了如何使用梯形法则计算积分。

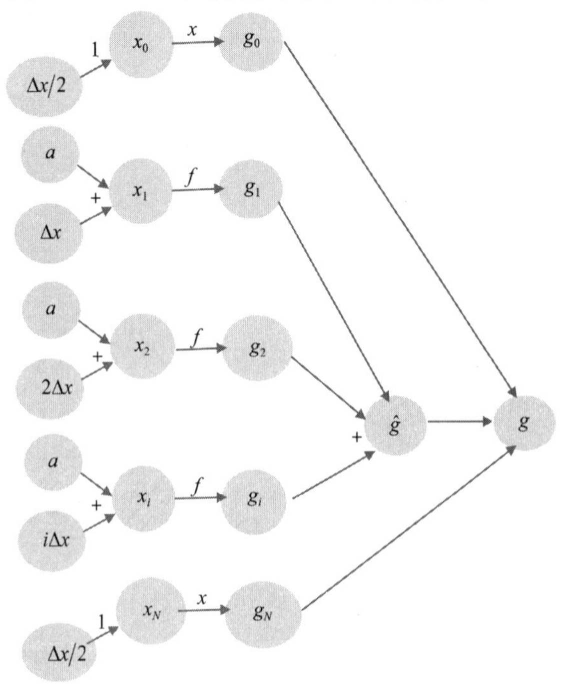

图 6.11　使用梯形规则进行积分

6.4.2 辛普森法则

用于计算函数积分的辛普森法则遵循与梯形法则相同的方法，但有两个例外。求和表达式不同。项数 N 是偶数。法则是

$$\int_a^b f(x)\mathrm{d}x \approx \frac{\Delta x}{3}[f(x_0)+4f(x_1)+2f(x_2)+2f(x_3)+\cdots+2f(x_{N-2})$$
$$+4f(x_{N-1})+f(x_N)]$$
$$\approx \frac{\Delta x}{3}[f(x_0)+f(x_N)]+\frac{4\Delta x}{3}\sum_{i=1}^{(N/2)-1}f(x_{2i+1})$$
$$+\frac{2\Delta x}{3}\sum_{i=1}^{(N/2)-1}f(x_{2i}) \tag{6.11}$$

这里 $\Delta x=\frac{b-a}{N}$，$x_i=a+i\Delta x$。因此，以离散的步长 Δx 从零到 N 计算 $N+1$ 个位置处的函数值，可以轻松地绘制此积分方法的计算图。N 到底有多大将由传统上得出的一些误差范围来确定：

$$|E|\leqslant\frac{K_4(b-a)^5}{180N^4}$$

K_4 是函数 $f(x)$的四阶导数的值。这将使用函数的辛普森法则在积分值中设置误差的范围。一旦选择了 N，就为积分结果设置了误差范围。可以通过更改 N 的值(总和中的项数)来减小此误差。

练习　绘制辛普森法则的计算图以集成函数。

6.5 多径复合导数

在神经网络应用中的多径微分中存在串联微分。前面步骤的结果会影响当前节点的导数。以图 6.12 为例，Y 的导数受前向路径中 X 的导数的影响。

在反向路径中，Z 的导数会影响 Y 的导数。让我们看一下涉及多径微分的这两种情况。图 6.12 用箭头和变量显示了每个路径导数影响下一个节点的权重或因数。

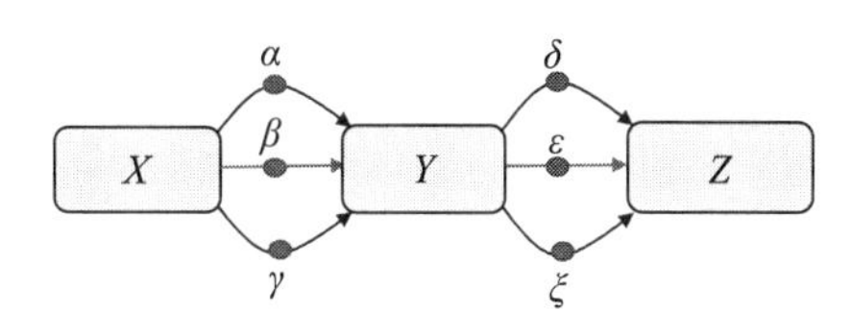

图 6.12　多径微分

多径前向微分

在讨论中，我们将路径数限制为三条，但要理解路径的数量是无限的，并且取决于应用程序。观察部分积分对来自前一个节点的积分的权重的依赖性。

在图 6.13 中，我们有 Z 关于 X 的导数，取决于 Y 关于 X 的导数。注意，起始点是变量 X 对 X 的导数。

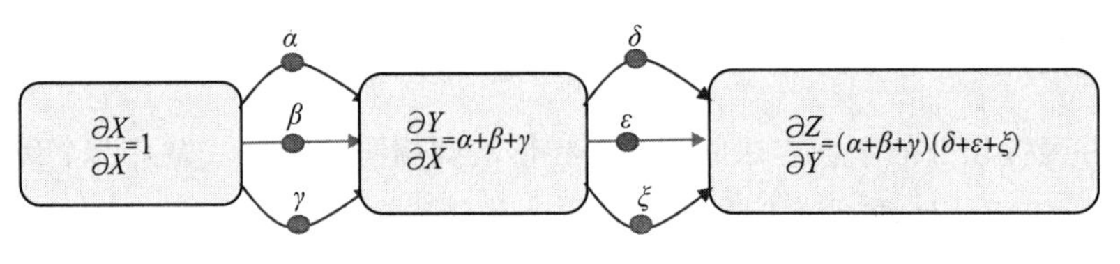

图 6.13 多径前向微分

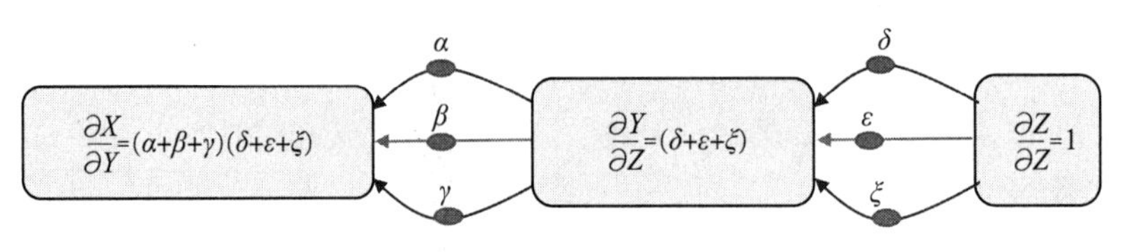

图 6.14 多径反向微分

多径反向微分

在反向(后向)路径依赖关系中，图 6.14 显示了 Z 关于 X 的导数从 Z 关于 Z 的导数开始，这当然是 1。

在图 6.14 中，从阶段 1 到最后节点有一个由 3 条路径组成的串联，共有 9 条路径。这些前向和反向偏微分的路径由乘积$(\alpha+\beta+\gamma)(\delta+\varepsilon+\xi)$给出。

第7章 支持向量机

7.1 简介

支持向量机(SVM)是分类器算法。SVM 将线性分类方法的最佳特征与优化技术结合在一起，以识别哪些数据属于一类或另一类。监督学习算法的这种形式由 Vladimir Vapnik 于 1992 年提出。自提出以来，它已变得越来越流行，并且与其他学习算法(如神经网络)保持一致。相比之下，训练 SVM 比神经网络容易得多。它也不具有局部最小值，这与 NN 不同，后者在梯度下降中可能会导致局部最小值，并影响 NN 的收敛性能。由于这些原因和其他原因，已经发现了它在手写数字识别中的应用。尽管 NN 也可以用于数字识别，但它需要复杂的算法开销。支持向量机的其他广泛应用领域包括数据挖掘、手写识别、生物信息学、蛋白质组学、医学、图像分类和生物序列分析。

使用支持向量机进行数据分类需要两个阶段的操作。第一个阶段是学习。在这一阶段，对标记数据进行分析，以了解从 x 到 y 的映射，其中 x 是数据集，y 是类集。这个阶段的目标是建立一个分类器。第二阶段是预测阶段，使用从第一阶段得到的分类器来预测输入属于哪个类别。为了确定分类器或模型，这是一个凸优化问题，寻求局部最小值。数据在 $\mathbb{R}^2$ 空间中的扩散导致了两种流行的分析方法：线性可分情况和非线性情况。其中，线性可分的情况是最简单的，通常使用这种方法的支持向量机分析很少。对于线性可分的情况，数据对的分类几乎是完美的，几乎没有错误。假设训练集是一对二维数据，标注为 $\{(x_1, y_1), (x_2, y_2), \cdots, (x_n, y_n)\}$，这对数据属于两个类 $y\in\{-1, +1\}$。在训练阶段，分类器学习系统的参数：$\boldsymbol{w}$ 和 b。它们用来组成一个决策函数 $f(x)=\text{sign}(\boldsymbol{w}^{\mathrm{T}}\cdot x+b)$，其中 $\boldsymbol{w}$ 是一组权重，b 是偏差。一旦支持向量机从训练点中学习到权值和 b，它们就可以用来产生对应于未知输入的输出。这些输出指示输入数据属于哪些类。这基于决策函数。在线性可分离数据中，分类解决了二次优化问题 $\frac{1}{2}\|\boldsymbol{w}\|^2$，使约束条件为 $y_i(\boldsymbol{w}^{\mathbf{T}}\boldsymbol{x}_i+b)\geqslant+1$，$i=1, 2, \cdots, N$。这基本上是说，我们要找到最佳或最优的权重来对数据集中的所有数据进行分类。当我们有一个并行支持向量机时，每个并行集也需要找到自己的最优权重。本章仅对传统的单一支持向量机进行研究。其表达式将在本章中推导。

在本章的教程式讨论中，我们将介绍支持向量机的基础和线性可分类型的支持向量算法和非线性类型。内核算法包括各种核函数的讨论。最后讨论支持向量机的一些应用。

本章也大量使用向量理论。因此，建议不熟悉向量的读者先花点时间研究向量，然后应用向量微积分。具体地说，向量的概念(包括向量长度、向量投影、标量、点积、叉积和范数)都应该掌握。

7.2　支持向量机的数学基础

为了说明下面几节的内容，以支持向量机在卫生部门的应用为例。诊所中的患者被赋予定义患者的属性，这些属性与患者所患疾病的症状类型相关。病人的高温和高血压是可测量的变量，它们是向量 $\boldsymbol{x}$ 的分量，其中描述温度和血压组合的向量是 $\boldsymbol{x}=(T, p)$。我们希望根据疾病类型对病人进行分类。在最简单的形式中，我们使用一组权重和输出函数 $y=\boldsymbol{w}\cdot\boldsymbol{x}+b$ 给出的偏移量 b 的线性回归，其中 $\boldsymbol{w}$ 是回归权重。

我们将考虑包含欧几里得($n=2$)的向量空间，因此在诸如 $\mathbb{R}^n$ 的空间中表示实数，其中 $n=2$ 表示二维空间，$n=3$ 表示三维空间。

支持向量机经常使用平面将数据分类成集群。因此，我们必须从功能上理解平面和向量之间的关系，以及它们如何相互作用。本节将介绍和解释向量和平面之间关系背后的数学原理。这些技术源于 Statnikov 等人[1]关于支持向量机的工作。

7.2.1　超平面简介

在二维($x-y$ 平面)中，传统的直线方程是 $y=mx+c$，其中 y 是 y 坐标，x 是直线的 x 坐标，c 是 $x=0$ 时 y 轴上的截距。直线的形式方程 $ax+by+c=0$ 通常用不同的形式写出。很容易看出，形式方程可以转换为

$$y=-\frac{c}{b}-\frac{a}{b}x \tag{7.1a}$$

令 $c_0=-\frac{c}{b}$，$m=-\frac{a}{b}$，则二维空间中的直线有相同的表达式。假设有可能将这个概念扩展到更多维度的空间。让我们首先从三维空间开始。考虑到将在下一节讨论的内容，我们首先在二维情况中写出直线的表达式，方法是将 w 作为一般变量引入到更高维空间中。因此，二维中的直线为 $w_1x_1+w_2x_2+w_0=0$。这样做不会改变线的表达式。唯一的区别是我们现在用 x_1 和 x_2 来表示二维空间中的轴。让我们把这个概念扩展到三维。三维中直线的传统表达式是 $ax+by+cz+d=0$，当替换为 w 时，直线的表达式变成 $w_0+w_1x_1+w_2x_2+w_3x_3=0$。在三维中，“直线”实际上是一个平面，它将空间分为平面上下两个子空间。我们称这个平面为超平面，只是为了考虑到需要有一个可以扩展到更高维空间的一般概念。因此在 n 维空间中，超平面的表达式是 $w_0+w_1x_1+w_2x_2+w_3x_3+\cdots+w_nx_n=0$。注意，没有提到在这些 n 维空间中观察超平面的可能性，因为这不是这里的目标。相反，目标是能够识别出用数学表示超平面的概念。一般来说，我们可以把 n 维超平面的表达式写成

$$w_0+\sum_{i=1}^{n}w_ix_i=0 \tag{7.1b}$$

这个表达式实际上是为了在支持向量机中用作向量而编写的。传统上，向量被写为数据列 $\begin{bmatrix}w_1\\w_2\\\vdots\\w_n\end{bmatrix}$，这不允许与另一个列向量直接相乘 $\begin{bmatrix}x_1\\x_2\\\vdots\\x_n\end{bmatrix}$，因为不可能将大小为 $n\times1$ 的两个列向

量相乘。因此，用于超平面的表达式通常以转置运算相乘的形式编写。这得到表达式 $\boldsymbol{w}^{\mathrm{T}} \cdot \boldsymbol{x}+b=0$。以这种形式编写表达式意味着我们可以将大小为$(1\times n)(n\times 1)$的行向量和列向量相乘，以获得标量结果。

在 SVM 理论中，二维的超平面是定义的线性决策面，它将一个空间分成 $\mathbb{R}^2$ 空间中的两个部分。图 7.1 所示的超平面方程为 $\boldsymbol{w}^{\mathrm{T}} \cdot \boldsymbol{x}+b=0$。该公式将在本节推导。

在图 7.1 中，超平面的方程由原点为(0，0，0)的 $\mathbb{R}^3$ 空间中的三个向量确定。向量 $\boldsymbol{w}$ 在点 P_0 处穿过平面。这个向量或超平面法向在 x、y 和 z 方向有三个分量，即 $\boldsymbol{w}=(\boldsymbol{i}w_x，\boldsymbol{j}w_y，\boldsymbol{k}w_z)$和$(\boldsymbol{i}，\boldsymbol{j}，\boldsymbol{k})$，其中$(\boldsymbol{i}，\boldsymbol{j}，\boldsymbol{k})$是单位向量。它们也可以用来定义平面方程。由图 7.1 可以识别出以下向量：

$$\boldsymbol{x}=\overrightarrow{OP}，\boldsymbol{x}_0=\overrightarrow{OP_0} \tag{7.2a}$$

考虑方程(7.2b)中 $\boldsymbol{w}$ 的正交向量：

$$\boldsymbol{x}-\boldsymbol{x}_0=\overrightarrow{PP_0} \tag{7.2b}$$

因此，利用正交性原理，我们可以用方程(7.2a)和(2)写出点积为零。这是根据行向量 $\boldsymbol{w}^{\mathrm{T}}$ 编写的：

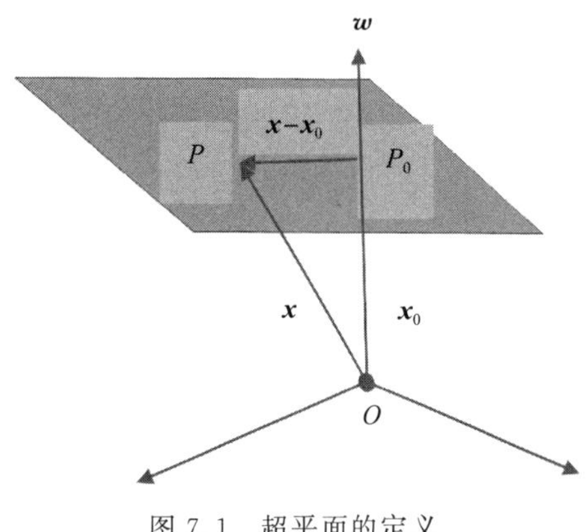

图 7.1　超平面的定义

$$\boldsymbol{w}^{\mathrm{T}} \cdot (\boldsymbol{x}-\boldsymbol{x}_0)=0 \tag{7.3}$$

所以 $\boldsymbol{w}^{\mathrm{T}} \cdot (\boldsymbol{x}-\boldsymbol{x}_0)=\boldsymbol{w}^{\mathrm{T}} \cdot \boldsymbol{x}-\boldsymbol{w}^{\mathrm{T}} \cdot \boldsymbol{x}_0$，设 $b=-\boldsymbol{w}^{\mathrm{T}} \cdot \boldsymbol{x}_0$，因此超平面方程简化为：

$$\boldsymbol{w}^{\mathrm{T}} \cdot (\boldsymbol{x}-\boldsymbol{x}_0)=\boldsymbol{w}^{\mathrm{T}} \cdot \boldsymbol{x}+b=0 \tag{7.4}$$

平面到坐标原点的距离由表达式 $d=\dfrac{b}{\|\boldsymbol{w}\|}$定义。我们通过一个例子来说明这一点。

例 1　考虑一个 $\mathbb{R}^3$ 空间中的超平面。位于平面上的点 P 由三元组 $P(3，-1，4)$定义，平面的法向量为(3，−2，5)。(ⅰ)求平面到原点的距离；(ⅱ)写出超平面的方程。

解

(ⅰ) 由以下表达式给出的平面到原点的距离是 $\boldsymbol{w}$ 和 $\boldsymbol{x}$ 的点积：

$$\begin{aligned} k=\boldsymbol{w}^{\mathrm{T}} \cdot \boldsymbol{x} &=(3，-1，4)\cdot(3，-2，5) \\ &=(3\times 3+(-1)\times(-2)+4\times 5) \\ &=9+2+20 \\ &=31 \end{aligned}$$

(ⅱ) 因此，超平面的方程为 $\boldsymbol{w}^{\mathrm{T}} \cdot \boldsymbol{x}+b=0$，其中 $b=-31$。

7.2.2　平行超平面

图 7.2 显示了在三维空间中定义的三个平行超平面。它们之间的距离是由平面中的距离 b 确定。

图 7.2 显示了距离原点(0，0，0)b_1、b_2 和 b_3 处的三个平行超平面。在下一节中，我们将展示如何确定两个超平面之间的距离。

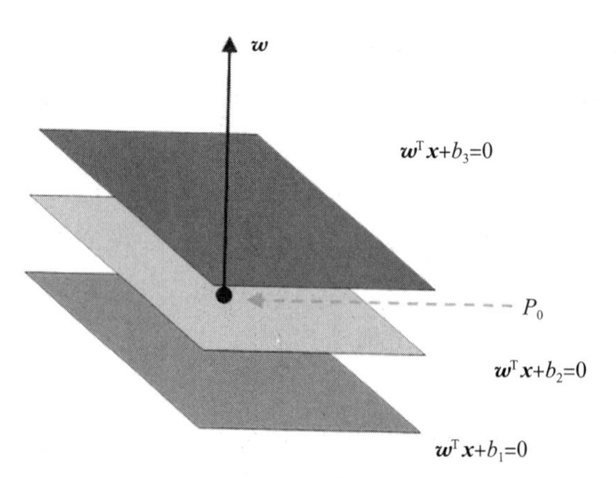

图 7.2 平行超平面

7.2.3 两平行平面之间的距离

考虑两个平行平面之间的距离，如图 7.3 所示。图 7.3 中的三个向量通过以下表达式关联：

$$\boldsymbol{x}_2=\boldsymbol{x}_1+c\boldsymbol{w} \tag{7.5}$$

两个平面之间的距离是

$$d=c\boldsymbol{w}=|c|\,\|\boldsymbol{w}\| \tag{7.6}$$

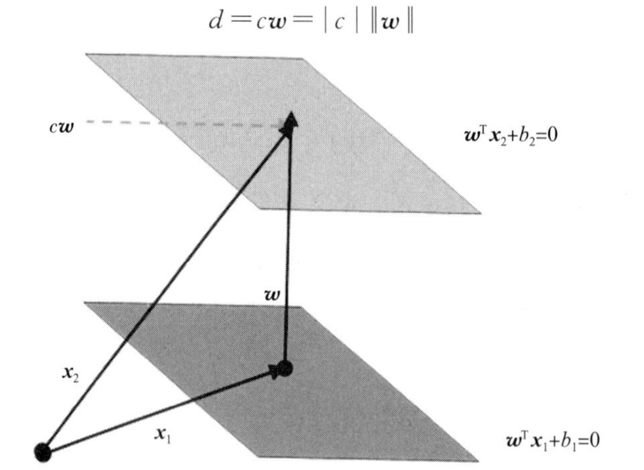

图 7.3 两个平行超平面

利用 $\boldsymbol{x}_2$ 的方程，我们可以将超平面的方程改写为

$$\boldsymbol{w}^{\mathrm{T}}\cdot\boldsymbol{x}_2+b_2=\boldsymbol{w}^{\mathrm{T}}\cdot(\boldsymbol{x}_1+c\boldsymbol{w})+b_2=0 \tag{7.7}$$

因此，插入距离 d 的表达式，该方程变为：

$$\begin{aligned}\boldsymbol{w}^{\mathrm{T}}\cdot\boldsymbol{x}_2+b_2&=\boldsymbol{w}^{\mathrm{T}}\cdot(\boldsymbol{x}_1+|c|\,\|\boldsymbol{w}\|)+b_2=0\\&=(\boldsymbol{w}^{\mathrm{T}}\cdot\boldsymbol{x}_1+b_1)+b_2-b_1+c\,\|\boldsymbol{w}\|^2=0\end{aligned} \tag{7.8}$$

由于 $\boldsymbol{w}^{\mathrm{T}}\cdot\boldsymbol{x}_1+b_1=0$，上式简化为方程(7.9)：

$$\begin{aligned}&b_2-b_1+c\,\|\boldsymbol{w}\|^2=0\\&c=\frac{b_2-b_1}{\|\boldsymbol{w}\|^2}\end{aligned} \tag{7.9}$$

所以有

$$d=|c|w=\frac{|b_2-b_1|}{\|\boldsymbol{w}\|} \tag{7.10}$$

两个平面之间的距离取决于通过这些平面的向量 $\boldsymbol{w}$。一般来说，当我们令距离 $b=0$ 时，平面上的向量与向量 $\boldsymbol{w}$ 之间的正交性表达式 $\boldsymbol{w}\cdot\boldsymbol{x}$ 是位于 $\mathbb{R}^n$ 坐标系原点的平面的特例。

7.3 支持向量机问题

7.3.1 问题定义

考虑 N 个向量点 $X=\{x_1, x_2, \cdots, x_N\}$，每个分量的长度为 x_i。我们假设向量点属于两个类别，正类别“+1”和负类别“−1”。我们还有一个训练向量集 $X_T=\{(x_1, y_1), (x_2, y_2), \cdots, (x_N, y_N)\}$。使用训练向量集的目的是使用该集合来确定“最优”超平面 $wx+b=0$，该向量将两个类别分开(图 7.3a)。因此，我们寻找目标决策函数 $f(x)$，使得 $f(x)=\text{sign}(wx+b)$。如果权重 w 已知，则此函数用于将接收到的任何新数据点分类为相关类。权重是从 SVM 的训练阶段确定的。换句话说，对于每个测试点 x，基于最佳权重使用决策函数 $f(x)$来返回符号。如果符号为“+1”，则输入数据为正类别。但是，如果来自决策函数的符号为“−1”，则将输入数据分类为负类别。

7.3.2 线性可分情况

讨论支持向量机的两种广泛情况：线性可分情形和非线性情形。在线性可分支持向量机中，假设经过训练后，支持向量机能够清晰地使用线性分离机对输入数据进行分类，而不会产生错误。决策函数是

$$f(x)=\text{sign}(\boldsymbol{w}^{\mathrm{T}}\boldsymbol{x}+b) \tag{7.11}$$

在图 7.4 中，可以绘制许多超平面，而又不知道哪一个是最佳超平面。因此，评估每个超平面相对于理想的最佳超平面的距离对于有效地将两组向量点进行分类至关重要。

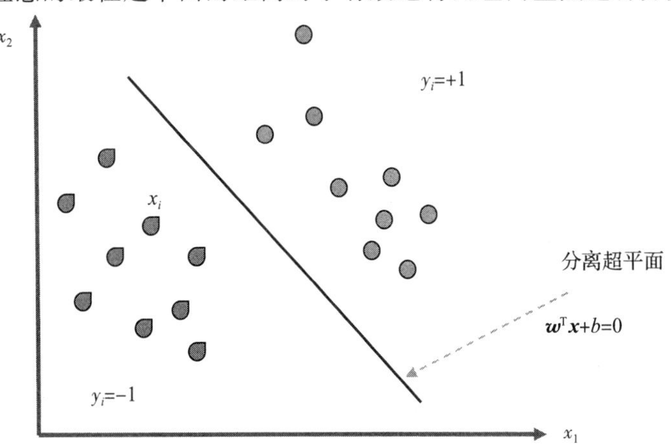

图 7.4 最佳分离超平面

如图 7.5 所示，有无限个超平面可供选择。最初，不清楚哪个超平面是最佳的分离超平面。选择一个错误的超平面可能意味着，当一个新的点属于任何一个类时，我们可能会完全错误地分类它。当超平面远离这两个数据类时，正确分类一个新的向量点(如图 7.6 中的 x_k)就变得更容易了。

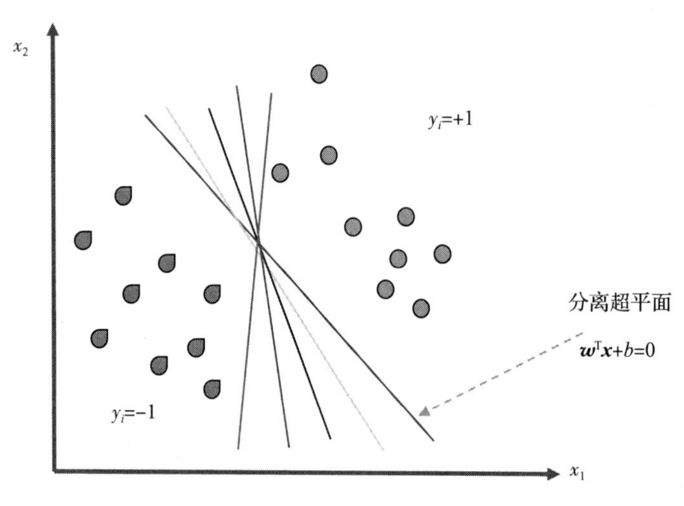

图 7.5　多个分离超平面

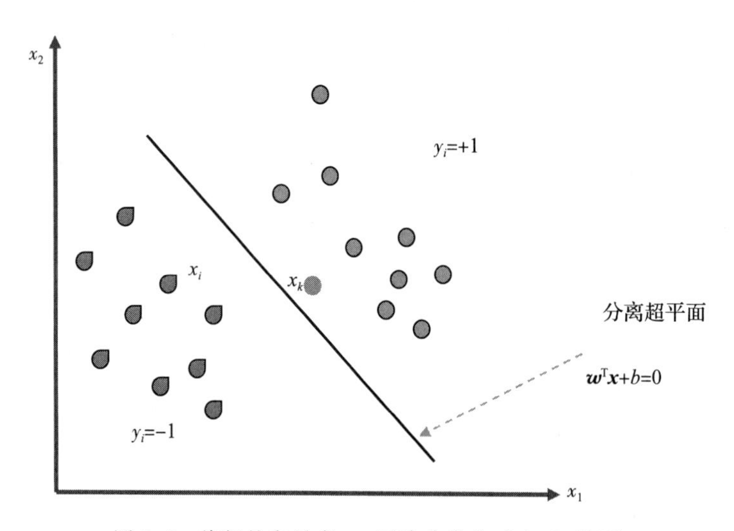

图 7.6　将新的向量点 x_k 正确分类为“+1”类别

一般来说，希望超平面离类中最近的支持向量点越远越好。换句话说，不应该混淆哪些类数据属于哪个类，或者从超平面到支持向量点的欧几里得距离应该最大化。当得到最佳超平面时，该超平面与正负类中最近的支持向量点之间的距离应相等。这需要超平面的典范形式：

$$\left.\begin{aligned}\boldsymbol{w}^{\mathrm{T}}\boldsymbol{x}+b=+1\\ \boldsymbol{w}^{\mathrm{T}}\boldsymbol{x}+b=-1\end{aligned}\right\} \tag{7.12}$$

最佳超平面方程位于方程(7.12)中两个线性图的中间，即

$$\boldsymbol{w}^{\mathrm{T}}\boldsymbol{x}+b=0 \tag{7.13}$$

因此，隐含地，我们已经说过，要找到最佳超平面，决定它的权重集需要使用某种优化方案来确定，我们还没有对其进行描述。我们将在本章的后面几节中这样做。我们将把我们的数据集分成一个训练集，其余的作为分类的测试集(见图 7.3a)。

最佳超平面由两个平面定义，最佳超平面位于中间，定义了它们之间的“边界”。目标是使边距 m 最大化。边距是从超平面到支持向量或任何一类($m=2d$)的距离的两倍。支持向量定义为位于或靠近分离超平面上的向量点。在下一节中，我们推导从分离超平面到训练向量 $\boldsymbol{x}_i$ 的分离距离的表达式。

7.4 最佳超平面的定位(素数问题)

确定最佳超平面的位置是将数据集很好地划分成集群的基础。在本节中，这是通过首先推导所谓的边界来实现的。边界由超平面和两个支持向量平面定义。支持向量位于图 7.7 所示的支持向量超平面上。

7.4.1 确定边界

边界定义为用于区分数据集中的类的分区超平面的宽度(图 7.7)。边界的两边是两个超平面。在图 7.7 中，其中一个标定了“+1”类别，另一个标定了“−1”类别。边界的中间是由方程 $\boldsymbol{w}^{\mathrm{T}}\boldsymbol{x}+b=0$ 定义的分割超平面。

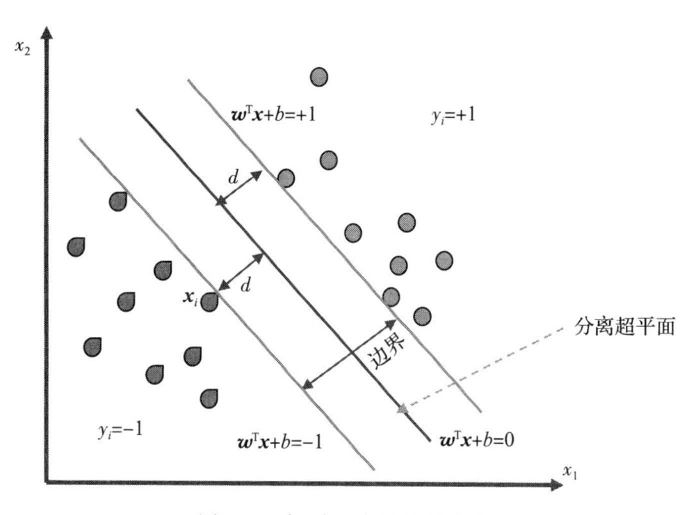

图 7.7 超平面边界的最大化

令 $\boldsymbol{x}_i$ 为距超平面距离 ρ_i 的训练向量，如图 7.8 所示。超平面 $\boldsymbol{w}^{\mathrm{T}}\boldsymbol{x}+b=0$ 正交于权重单位向量 $\frac{\boldsymbol{w}}{\|\boldsymbol{w}\|}$，其中 $\|\boldsymbol{w}\|$ 是权重 $\boldsymbol{w}$ 的欧几里得范数。注意，$\rho_i \in \mathbb{R}$(一个实数)，$(\boldsymbol{x}, \boldsymbol{w}) \in \mathbb{R}^m$(在一个 m 维空间中)，$b \in \mathbb{R}$(也是一个实数)。这些实数定义了 SVM 的参数。超平面上的点 $\boldsymbol{p}$ 满足超平面方程。换句话说，

$$\boldsymbol{w}^{\mathrm{T}}\boldsymbol{p}+b=0 \tag{7.14}$$

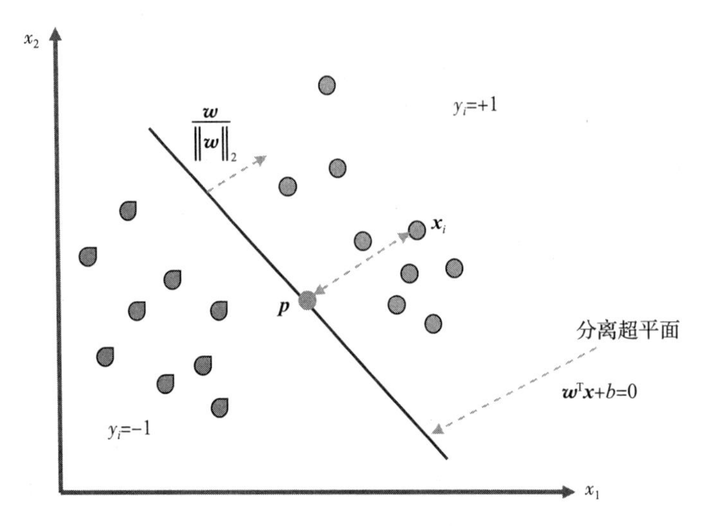

图 7.8　超平面的边界

7.4.2　点 x_i 与分离超平面的距离

从决定最佳超平面的权重集合中确定点 x_i 的距离 $\rho_i(w, b; x_i)$。本节确定了最佳超平面，还导出了最佳权重的表达式。

考虑位于非最佳超平面上的训练向量点。点 p 到训练向量的距离为

$$p = x_i - \rho_i \cdot \frac{w}{\|w\|_2} \tag{7.15}$$

通过将方程(7.15)代入方程(7.14)，我们得到以下表达式：

$$w^{\mathrm{T}} p + b = w^{\mathrm{T}} \left(x_i - \rho_i \cdot \frac{w}{\|w\|_2} \right) + b = 0 \tag{7.16}$$

可得解

$$\begin{aligned} \rho_i(w, b) &= \frac{(w^{\mathrm{T}} x_i + b)\|w\|_2}{w^{\mathrm{T}} w} = \frac{(w^{\mathrm{T}} x_i + b)\|w\|_2}{\|w\|_2^2} \\ &= \frac{(w^{\mathrm{T}} x_i + b)}{\|w\|_2} \end{aligned} \tag{7.16a}$$

根据定义，$w^{\mathrm{T}} w = \|w\|_2^2$。因此，将任何点到超平面的距离确定为：

$$\rho_i = \frac{\|w^{\mathrm{T}} \cdot x_i + b\|}{\|w\|_2} = \frac{\|w^{\mathrm{T}} \cdot x_i + b\|}{\sqrt{\sum_{i=1}^{N} w_i^2}} \tag{7.17}$$

因此，对于所有训练数据集，优化问题变成将来自支持向量的最小超平面距离的准则定义为

$$d = \min_{i \in 1, \cdots, n} \rho_i = \min_{i \in 1, \cdots, n} \left[\frac{\|w^{\mathrm{T}} \cdot x_i + b\|}{\|w\|} \right] \tag{7.18}$$

对于所有相同的 w 和 b，此结果都是正确的。从根本上讲，很明显，中间的超平面定义的边界是乘积

$$m=2d=2\min_{i\in 1,\cdots,n}\rho_i=2\min_{i\in 1,\cdots,n}\left[\frac{\|\boldsymbol{w}^{\mathrm{T}}\cdot\boldsymbol{x}_i+b\|}{\|\boldsymbol{w}\|}\right] \tag{7.19}$$

支持向量点的边界

对于所有支持向量点，$\boldsymbol{x}_s$ 服从表达式 $\boldsymbol{w}^{\mathrm{T}}\boldsymbol{x}_s+b=1$。这对于任一类中的支持向量点均成立。因此，根据式(7.19)，我们可以得到

$$m=2d=2\min_{s\in 1,\cdots,S}\rho_s=2\min_{s\in 1,\cdots,S}\left[\frac{1}{\|\boldsymbol{w}\|}\right] \tag{7.20}$$

因子 2 分别来自“负”和“正”超平面 $\boldsymbol{w}^{\mathrm{T}}\boldsymbol{x}+b=-1$ 和 $\boldsymbol{w}^{\mathrm{T}}\boldsymbol{x}+b=+1$ 之间的分离。这意味着对于这些点，

$$m=2d=\frac{2}{\|\boldsymbol{w}\|_2}=\frac{2}{\sqrt{\sum_{i=1}^{N}w_i^2}} \tag{7.21}$$

因此，最佳超平面仅由支持向量定义。换言之，边界仅由 $\boldsymbol{w}$ 的范数定义，从而将问题转化为一个优化问题。在下一节中，我们将进一步探讨这一思路。方程(7.21)是线性支持向量机的基础。

7.4.3 求解最佳超平面问题

硬边界

到目前为止，我们已经得到 SVM 中边界的解，并且在上一节中说过，最优解或边界由以下表达式给出：

$$m=\frac{2}{\|\boldsymbol{w}\|} \tag{7.21a}$$

在其余的分析中，我们将在满足以下约束的情况下寻求为 SVM 最大化此解。

最大化 m：

$$m=\frac{2}{\|\boldsymbol{w}\|} \tag{7.22}$$

受以下约束：

$$y_i=+1;\ \boldsymbol{w}^{\mathrm{T}}\boldsymbol{x}_i+b\geqslant+1 \tag{7.23a}$$

$$y_i=-1;\ \boldsymbol{w}^{\mathrm{T}}\boldsymbol{x}_i+b\leqslant-1 \tag{7.23b}$$

换句话说，在正类中，向量与支持向量超平面的欧几里得距离大于或等于 1。为了使目标函数最小化，需要最小化

$$\phi(\boldsymbol{w})=\frac{\|\boldsymbol{w}\|}{2} \tag{7.24}$$

这是最佳超平面的表达式，它将数据点划分为它们的类。这个解是：

受约束：

$$y_i(\boldsymbol{w}^{\mathrm{T}}\boldsymbol{x}_i+b)\geqslant+1 \tag{7.25}$$

它使 $\phi(\boldsymbol{w})$ 最小。它也独立于 b。当满足式(7.25)，且 b 的值改变时，超平面也沿法线方

向移动。这意味着边界保持不变。这是硬边界解。请注意，当 y_i 为正 1 或负 1 时，方程(7.25)适用于两种情况。该问题的解并不是新问题，因为它涉及使用拉格朗日乘子，这是线性代数中的一种众所周知的技术。下一节将介绍基于拉格朗日乘子的使用方法。引言的形式使得理解拉格朗日公式相当容易。

7.5　拉格朗日优化函数

为了更清晰地介绍下一节的主 SVM，对拉格朗日乘子的讨论至关重要。讨论基于 Smith[2]关于拉格朗日主题的出色论文，它可用于找到最佳超平面。

拉格朗日乘子法是一种用于求解优化函数可微的约束优化问题的数学概念。目标是求函数 $f(x_1, \cdots, x_n)$的最小值或最大值，该函数受约束函数的影响边界的限制。在大多数情况下，这一领域的研究人员遇到的问题是如何构造拉格朗日函数，这是一种将待优化函数与约束函数相结合的新函数。拉格朗日基本上是一个表达式，它将待优化函数的导数等于约束的导数乘以拉格朗日乘子。形式上，如果约束函数为 $g(x)$，则拉格朗日导数为

$$\nabla f(x)=\lambda \nabla g(x) \tag{7.26}$$

其中 λ 是拉格朗日乘子。方程(7.26)使要优化函数的导数等于约束的导数乘以拉格朗日乘子。

7.5.1　单约束优化

为了说明表达式(7.26)的意义，假设 $f(x)$和 $g(x)$是向量，方程表示当约束的梯度乘以拉格朗日乘子时，两个函数的梯度相等。两个向量只有在平行时才有相同的梯度。因此，方程(7.26)中的 λ 是两个向量的比例因子。一个向量是另一个向量的比例形式，其中比例因子为 λ。因此，拉格朗日(结合待优化函数的方程)和约束可以写成

$$f(x)=\lambda g(x) \tag{7.27}$$

可以写成：

$$L(x)=f(x)-\lambda g(x) \tag{7.27a}$$

这种表达式形式使得这个概念对该领域的外行人来说变得更加复杂。因此，优化目标就变成了寻求

$$\nabla L(x, \lambda)=0 \tag{7.27b}$$

的解。该方程与方程(7.26)相同。现有文献中使用了三种形式的约束。它们是等于、小于或大于约束。

例 2　找出其中的极值

最大化 $f(x)=3-x^2-2y^2$

受约束：$g(x)=x+2y-1=0$

解　首先针对优化问题形成拉格朗日模型。它具有三个变量 x、y 和 λ：

$$L(x, y, \lambda)=f(x)-\lambda g(x)=3-x^2-2y^2-\lambda(x+2y-1)$$

注意，拉格朗日函数将优化函数及其约束条件组合成一个表达式。为了求极值(最大值或最小值)，我们对关于每个变量拉格朗日求导，并将其设为零，同时求解。它们是

$$\frac{\partial L(x, y, \lambda)}{\partial x}=2x-\lambda=0; \Rightarrow \lambda=2x$$

$$\frac{\partial L(x, y, \lambda)}{\partial y}=4y-2\lambda=0 \Rightarrow 4y-4x=0$$

$$x=y$$

$$\frac{\partial L(x, y, \lambda)}{\partial \lambda}=-(x+2y-1)=0$$

因此，从最后一个方程开始，依次代入：

$$(x+2y-1)=0$$

$$3x=1 \Rightarrow x=\frac{1}{3}; \ y=\frac{1}{3}; \ \lambda=\frac{2}{3}$$

这意味着 $f(x)=3-x^2-2y^2=3-\frac{1}{9}-\frac{2}{9}=3-\frac{1}{3}$。因此，受到约束的函数 $f(x)$的最佳值为 8/3。

7.5.2 多约束优化

在许多应用中，包括支持向量机，优化问题需要并包含许多约束条件。这与有一个约束的情况类似，只是问题中添加了几个其他约束。因此，拉格朗日也应反映出一系列约束条件的存在，如方程(7.28)所示：

$$L(x, \lambda)=f(x)-\sum_i \lambda_i g_i(x) \tag{7.28a}$$

在方程(7.28a)中，多个约束 $g_i(x)$是每个约束具有多个乘子 λ_i 的约束之和。这个问题可以通过搜索

$$\nabla L(x, \lambda_i)=0 \tag{7.28b}$$

求解。这种形式的拉格朗日在支持向量机应用中很流行，本节用一个例子加以说明。

例 3 优化函数

最大化 $f(x, y)=x^2+y^2$

受约束 $g_1(x, y)=2x+1=0$，$g_2(x, y)=-y+1=0$

解 拉格朗日形式为

$$L(x, y, \lambda)=f(x, y)-\lambda_1 g_1(x, y)-\lambda_2 g_2(x, y)$$
$$=x^2+y^2-\lambda_1(2x+1)-\lambda_2(1-y)$$

由于有两个约束，拉格朗日也有两个乘子。接下来我们取拉格朗日关于四个变量 x，y，λ_1 和 λ_2 的导数，它们是：

$$\frac{\partial L(x, y, \lambda)}{\partial x}=2x-2\lambda_1=0 \Rightarrow x=\lambda_1$$

$$\frac{\partial L(x, y, \lambda)}{\partial y}=2y+\lambda_2=0 \Rightarrow y=\frac{-\lambda_2}{2}$$

$$\frac{\partial L(x, y, \lambda)}{\partial \lambda_1}=-(2x+1)=0 \Rightarrow x=-\frac{1}{2}$$

$$\frac{\partial L(x, y, \lambda)}{\partial \lambda_2}=-(1-y)=0 \Rightarrow y=1$$

所以 $\lambda_1=-\frac{1}{2}$，$\lambda_2=-2$，$x=-\frac{1}{2}$ 且 $y=1$，函数 $f(x, y)=\frac{5}{4}$。

1. 单一不等式约束

不等式约束在优化问题中得到广泛的应用。拉格朗日解与我们在上面遇到的等式约束的解没有任何不同。它们的形成方式与导数的形成方式相同。对不等式约束的进一步要求是，我们必须使用以下条件：

$$g(x) \geqslant 0 \Rightarrow \lambda \geqslant 0$$

$$g(x) \leqslant 0 \Rightarrow \lambda \leqslant 0$$

$$g(x)=0 \Rightarrow \lambda \text{ 不受约束}$$

因此，如果约束小于或等于零，则乘子也小于或等于零。如果约束大于或等于零，则乘子也大于或等于零。考虑以下具有不等式约束的优化问题。

例 4 求解

最大化 $f(x, y)=x^3+2y^2$

服从约束 $g(x, y)=x^2-1 \geqslant 0$

解 问题的解与相等约束类型遵循相同的步骤。我们首先形成拉格朗日函数，即

$$L(x, y, \lambda)=f(x, y)-\lambda g(x, y)=x^3+2y^2-\lambda(x^2-1)$$

导数是

$$\frac{\partial L(x, y, \lambda)}{\partial x}=3x^2-2\lambda x=0$$

$$\frac{\partial L(x, y, \lambda)}{\partial y}=4y=0 \Rightarrow y=0$$

$$\frac{\partial L(x, y, \lambda)}{\partial \lambda}=x^2-1=0 \Rightarrow x=\pm 1$$

现在可以用一阶导数代替 x 和 y，得到如下解：

当 $x=1$ 时，$y=0$ 时，我们有 $3-2\lambda=0 \Rightarrow \lambda=\frac{3}{2}$。

当 $x=-1$ 时，$y=0$ 时，我们有 $3x^2-2\lambda x=3+2\lambda=0 \Rightarrow \lambda=-\frac{3}{2}$。

该函数的值变为：

$$f(x, y)=x^3+2y^2=\pm 1$$

我们有两个 λ 值，一个为正，另一个为负。由于给出的约束大于不等式，因此我们还需要使用正值 $\lambda=\frac{3}{2}$。因此，拉格朗日乘子 $\lambda=1.5$。

2. 多个不等式约束

在支持向量机应用中，使用多个约束，特别是多个不等式约束是非常普遍的。它们要求遵守与所涉及的拉格朗日乘子值相关的某些规则。简单的规则是，如果使用大于不等式

的约束，拉格朗日乘子必须等于或大于零。如果它小于不等式，那么拉格朗日乘子的值也应该小于或等于零。下面是一个形式化的例子。给出了一个优化问题的形式：

最大化 $f(x,\ y)=x^3+y^3$

受约束：

$$g_1(x,\ y)=x^2-1\geqslant 0$$
$$g_2(x,\ y)=y^2-1\geqslant 0$$

拉格朗日乘子也必须等于或大于 0，$\lambda_1\geqslant 0$ 和 $\lambda_2\geqslant 0$。但是，如果优化问题的形式是

最大化 $f(x,\ y)=x^3+y^3$

受约束：

$$g_1(x,\ y)=x^2-1\geqslant 0$$
$$g_2(x,\ y)=y^2-1\leqslant 0$$

在这种情况下，要求获得或使用的拉格朗日乘子分别具有 $\lambda_1\geqslant 0$ 和 $\lambda_2\leqslant 0$ 的形式。

7.5.3 Karush-Kuhn-Tucker 条件

Karush、Kuhn 和 Tucker(KKT)提出了支持向量机分析必须遵循的五个约束条件。它们将拉格朗日的导数与解中需要满足的约束相关联。他们将其表述为(没有证明)

$$\left.\begin{aligned}
&\frac{\partial L(\boldsymbol{w},\ b,\ \lambda)}{\partial \boldsymbol{w}}=\boldsymbol{w}-\sum_i \lambda_i y_i \boldsymbol{x}_i=0 && (\text{i})\\
&\frac{\partial L(\boldsymbol{w},\ b,\ \lambda)}{\partial b}=-\sum_i \lambda_i y_i=0 && (\text{ii})\\
&y_i(\boldsymbol{w}^{\mathrm{T}}\cdot \boldsymbol{x}+b)-1\geqslant 0 && (\text{iii})\\
&\lambda_i\geqslant 0 && (\text{iv})\\
&\lambda_i(y_i(\boldsymbol{w}\cdot \boldsymbol{x}+b)-1)=0 && (\text{v})
\end{aligned}\right\} \tag{7.29}$$

在方程组(7.29)中，i 的范围是 $1\sim m$。约束(i)和(ii)称为稳定约束。在稳定点，该函数停止增加或减少。约束(iii)是主要的可行性条件。对偶可行性条件由约束(iv)给出，而约束(v)是互补松弛条件。

我们现在将到目前为止对超平面和优化技术的讨论应用于支持向量机的分析。

7.6 SVM 优化问题

现在我们回到方程(7.24)和方程(7.25)提出的优化问题的解决方案。本章中使用两种优化方案来分析 SVM 数据。它们是原始方案和双重方案。我们将分别讨论它们。首先讨论线性可分离数据，然后讨论非线性数据，这需要使用松弛变量。

7.6.1 原始 SVM 优化问题

对于原始 SVM 优化，我们引入拉格朗日乘子 α_i。这与 $L_p(\boldsymbol{w},\ b,\ \alpha)$的最小化有关，$L_p(\boldsymbol{w},\ b,\ \alpha)$是拉格朗日给出的原始优化器：

最小化

$$L_p(\boldsymbol{w}, b, \alpha)=\frac{\|\boldsymbol{w}\|^2}{2}-\sum_{i=1}^{N}\alpha_i(y_i(\boldsymbol{w}^{\mathrm{T}}\cdot x_i+b)-1) \tag{7.30}$$

受约束：$\alpha_i \geqslant 0$

通过采用关于 $\boldsymbol{w}$ 以及关于 b 的 $L_p(\boldsymbol{w}, b, \alpha)$ 的导数，并将它们设置为零来解决优化问题。在第一种情况下，

$$\frac{\partial}{\partial w}L_p(\boldsymbol{w}, b, \alpha)=0 \Rightarrow \boldsymbol{w}-\sum_{i=1}^{N}\alpha_i\boldsymbol{x}_i y_i=0 \tag{7.31}$$

所以

$$\boldsymbol{w}=\sum_{i=1}^{N}\alpha_i\boldsymbol{x}_i y_i \tag{7.32}$$

因此，我们可以基于数据向量和拉格朗日乘子来求解权重。

关于 b 的二阶偏导数提供一种使用以下表达式估算拉格朗日乘子的值的方法：

$$\frac{\partial}{\partial b}L_p(\boldsymbol{w}, b, \alpha)=0=\sum_{i=1}^{N}\alpha_i y_i \tag{7.33}$$

令其为零，因此有

$$\sum_{i=1}^{N}\alpha_i y_i=0 \tag{7.34}$$

方程(7.32)和方程(7.34)是用于确定拉格朗日乘子和权重 $\boldsymbol{w}$ 的解。拉格朗日乘子与类别索引的乘积必须在类别上总和为零。在导致优化的训练中，支持向量是 $\alpha_i \neq 0$ 的点。向量位于边界上，并满足表达式

$$y_i(\boldsymbol{x}_i\cdot\boldsymbol{w}^{\mathrm{T}}+b)-1=0 \quad \forall i \in S$$

S 包含支持向量的索引。出于分类目的，$\alpha_i=0$ 的向量是不相关的。

7.6.2　对偶优化问题

在本节中，我们将原问题推广到引入拉格朗日乘子 α_i 的对偶问题。在**对偶问题**中，一旦 $\boldsymbol{w}$ 已知，我们就知道了所有的 α_i。当我们知道所有的 α_i 时，也就知道了 $\boldsymbol{w}$。这就是对偶问题。本节还包括**软边界**和**核函数**的使用。利用对偶问题将原始的支持向量机形式转化为更容易求解的形式。对偶优化从原始方程(7.30)开始，将其转化为一个更可解的问题。对偶问题由方程(7.35)给出：

$$\max_{\alpha} W(\alpha)=\max_{\alpha}(\min_{\alpha} L(\boldsymbol{w}, b, \alpha)) \tag{7.35}$$

在对偶问题中，我们最大化目标函数：

$$\text{最大化 } L_d(\alpha)=\sum_{i=1}^{N}\alpha_i-\frac{1}{2}\sum_{i=1}^{N}\sum_{i,j=1}^{N}\alpha_i\alpha_j y_i y_j\boldsymbol{x}_i\cdot\boldsymbol{x}_j \tag{7.36a}$$

$$\text{受约束：}\alpha_i \geqslant 0,\ \sum_{i=0}^{N}\alpha_i y_i=0 \tag{7.36b}$$

对于每个点 $\boldsymbol{x}_i$，得到了拉格朗日乘子序列 $\{\alpha_1, \alpha_2, \cdots, \alpha_N\}$。

上面指定的二次规划(QP)求解问题有解，它使用一个受线性约束的二次目标函数。

它们可以用贪婪算法来解决。在本节给出的示例中，算法用拉格朗日函数定义 $\boldsymbol{w}$：

$$\boldsymbol{w}=\sum_{i=1}^{N}\alpha_i y_i \boldsymbol{x}_i \tag{7.37}$$

$$b=y_k-\boldsymbol{w}^{\mathrm{T}}\boldsymbol{x}_k \tag{7.38}$$

对于所有 $\boldsymbol{x}_k$，$\alpha_k \neq 0$。该解意味着对于 $\alpha_i \neq 0$，相应的值 $\boldsymbol{x}_i$ 是支持向量。拉格朗日总是有一个全局解，这是由上述方程得到的。从方程(7.36)可以看出，我们实际上可以将对偶问题表述为两个向量 $\boldsymbol{w}_i$ 和 $\boldsymbol{w}_j$ 的点积，其中

$$L_d(\alpha)=\sum_{i=1}^{N}\alpha_i-\frac{1}{2}\sum_{i,\ j=1}^{N}\boldsymbol{w}_i^{\mathrm{T}}\boldsymbol{w}_j \tag{7.39}$$

方程(7.39)的解可表示为：

$$f(\boldsymbol{x})=\operatorname{sign}\left(\sum_{i=1}^{N}\alpha_i y_i \boldsymbol{x}_i\cdot\boldsymbol{x}\right) \tag{7.40}$$

方程(7.40)的解表明，对于分类，不需要访问所有原始数据，只需要点积和支持向量的个数就可以提供自由参数个数的界。

重新编写对偶算法

对偶公式化要求我们最小化受线性约束约束的二次表达式定义的目标函数。给出为

$$\text{最小化}\frac{1}{2}\sum_{i=1}^{N}w_i^2$$

$$\text{使得 } y_i(\boldsymbol{w}\cdot\boldsymbol{x}_i+b)\geqslant 1,\ i=1,\ \cdots,\ N$$

与往常一样，采用使用拉格朗日乘子的方法。拉格朗日乘子由以下等式定义：

$$L_d(\boldsymbol{w},\ b,\ \boldsymbol{\alpha})=\frac{1}{2}\sum_{i=1}^{N}w_i^2-\sum_{i=1}^{N}\alpha_i(y_i(\boldsymbol{w}\cdot\boldsymbol{x}_i+b)-1) \tag{7.41}$$

向量 $\boldsymbol{w}$ 和 $\boldsymbol{\alpha}$ 具有 N 个元素。关于 b 和 $\boldsymbol{w}$，拉格朗日函数需要最小化。同样，在 $\boldsymbol{\alpha}_i$ 的值等于或大于零的约束条件下，拉格朗日函数关于 $\boldsymbol{\alpha}$ 的导数也应消去。对偶问题是

$$L_d(\boldsymbol{w},\ b,\ \boldsymbol{\alpha})=\sum_{i=1}^{N}\alpha_i-\frac{1}{2}\sum_{i=1}^{N}\sum_{j=1}^{N}\alpha_i\alpha_j y_i y_j \boldsymbol{x}_i\cdot\boldsymbol{x}_j \tag{7.42}$$

该问题的解是最大化

$$\max_{\alpha} L_d(\boldsymbol{w},\ b,\ \boldsymbol{\alpha})=\max_{\alpha}\left[\sum_{i=1}^{N}\alpha_i-\frac{1}{2}\sum_{i=1}^{N}\sum_{j=1}^{N}\alpha_i\alpha_j y_i y_j \boldsymbol{x}_i\cdot\boldsymbol{x}_j\right] \tag{7.42a}$$

以下导数等于零，以给出方程(7.42)中指定的解：

$$\frac{\partial}{\partial\boldsymbol{w}}L_d(\boldsymbol{w},\ b,\ \boldsymbol{\alpha})=0\Rightarrow\boldsymbol{w}=\sum_{i=1}^{N}\alpha_i y_i \boldsymbol{x}_i \tag{7.42b}$$

$$\frac{\partial}{\partial b}L_d(\boldsymbol{w},\ b,\ \boldsymbol{\alpha})=0\Rightarrow\sum_{i=1}^{N}\alpha_i y_i \tag{7.42c}$$

值 $\alpha_i\geqslant 0$，$i=1,\ 2,\ \cdots,\ N$。因此，根据方程(7.42b)和方程(7.42c)，对偶问题的最优解为：

$$\overline{\boldsymbol{w}}=\sum_{i=1}^{N}\overline{\alpha}_i y_i \boldsymbol{x}_i \tag{7.42d}$$

$$\bar{b}=-\frac{1}{2}\bar{\boldsymbol{w}}\cdot[\boldsymbol{x}_i+\boldsymbol{x}_j]$$

其中，$\boldsymbol{x}_i$ 和 $\boldsymbol{x}_j$ 是满足 $y_j=-1$，$\bar{\alpha}_i$，$\bar{\alpha}_j>0$，$y_i=1$ 的任意支持向量。拉格朗日函数总有一个全局最大值。因此，硬分类器是

$$f(\boldsymbol{x})=\operatorname{sign}(\bar{\boldsymbol{w}}^{\mathrm{T}}\cdot\boldsymbol{x}+\bar{b}) \tag{7.43}$$

软分类器也由以下表达式给出：

$$f(\boldsymbol{x})=h(\bar{\boldsymbol{w}}\cdot\boldsymbol{x}+\bar{b}) \tag{7.44}$$

$$h(x)=\begin{cases}+1 & x>1\\ x & -1\leqslant x\leqslant 1\\ -1 & x<-1\end{cases} \tag{7.45}$$

软分类器包括数据点位于没有训练数据的边界区域内，且分类值为 $-1\leqslant x\leqslant 1$[3] 的可能性。在边界区域内测试分类器时，这很有用。

例 5　考虑以下几点：

$$\boldsymbol{x}_1=[0.0\quad 0.0]^{\mathrm{T}}\qquad y_1=-1$$

$$\boldsymbol{x}_2=[1.0\quad 0.0]^{\mathrm{T}}\qquad y_2=+1$$

$$\boldsymbol{x}_3=[0.0\quad 1.0]^{\mathrm{T}}\qquad y_3=+1$$

这三个点位于笛卡儿坐标轴的原点，在 x 轴和 y 轴上。因此 $N=3$。优化问题是

$$\text{最大化 } L(\boldsymbol{\alpha})=\sum_{i=1}^{3}\alpha_i-\frac{1}{2}\sum_{i=1}^{3}\sum_{j=1}^{3}\alpha_i\alpha_j y_i y_j(\boldsymbol{x}_i\cdot\boldsymbol{x}_j)$$

$$\alpha_i\geqslant 0,\ i=1,\ \cdots,\ 3$$

$$\text{受约束：}\sum_{i=1}^{3}\alpha_i y_i=0$$

为了包括第二个约束的影响，有必要引入第二个乘子，该乘子会导致拉格朗日函数：

$$\begin{aligned}L_d(\boldsymbol{\alpha},\lambda)&=\sum_{i=1}^{3}\alpha_i-\frac{1}{2}\sum_{i=1}^{3}\sum_{j=1}^{3}\alpha_i\alpha_j y_i y_j(\boldsymbol{x}_i\cdot\boldsymbol{x}_j)-\lambda\sum_{i=1}^{3}\alpha_i y_i\\&=(\alpha_1+\alpha_2+\alpha_3)-\frac{1}{2}\alpha_2^2-\frac{1}{2}\alpha_3^2-\lambda(\alpha_1 y_1+\alpha_2 y_2+\alpha_3 y_3)\\&=(\alpha_1+\alpha_2+\alpha_3)-\frac{1}{2}\alpha_2^2-\frac{1}{2}\alpha_3^2-\lambda(-\alpha_1+\alpha_2+\alpha_3)\end{aligned}$$

为了解决这个问题，我们需要关于变量 α_i 和 λ 求导新的拉格朗日函数，并将每个微分设置为 $\alpha_1=4$，$\alpha_2=2$，$\alpha_3=2$，$\lambda=-1$。因此，我们现在可以使用

$$\boldsymbol{w}=\sum_{i=1}^{3}\alpha_i y_i\boldsymbol{x}_i=[2\quad 2]^{\mathrm{T}},\ b=1-\boldsymbol{w}^{\mathrm{T}}\boldsymbol{x}$$

对权重求解。下一步必须使用最优超平面的方程来确定边界。

7.7　线性 SVM 数据

到目前为止，我们已经假定可以对数据进行大部分线性分类，并且可以使用超平面将它们很好地分开。这种假设是有缺陷的，并且自然而然地，一次数据可以采用另一种形式

的数据形式。尽管这不是标准，但由于测量噪声或系统本身的噪声，这种可能性始终存在。也可能存在异常值，使此类数据成为非线性数据。当数据点混合在一起时，分类错误的可能性增加。对此类数据进行分类的技术是什么？

分离此类数据的两种流行技术包括使用所谓的“松弛变量”和使用“内核”。本节将对这两种方法进行分析讨论。

7.7.1 松弛变量

松弛变量用于指示来自分离超平面的数据样本分类中的错误级别。每个数据样本都分配有一个松弛变量，用于定义其分类级别。

松弛变量为正数，包括零($\xi_i>0$)。分类为无错误的样本的松弛变量为零。在图7.9中，圆接近六边形类别的样本将被错误分类，因为它位于接近六边形类别的分离超平面中。同样，在分离超平面中间的六角形样本也可能被错误分类。

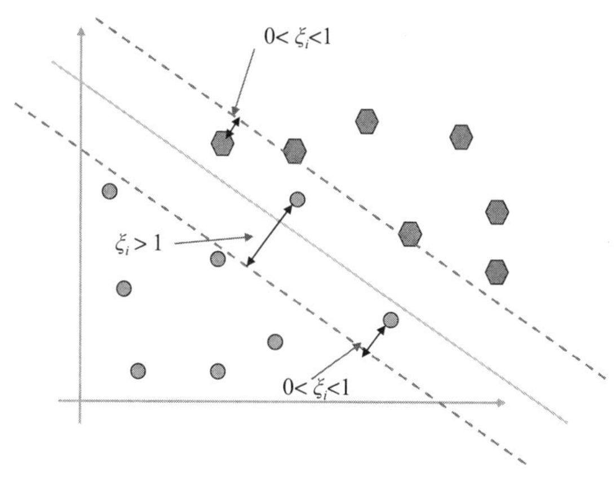

图7.9 松弛变量

1. 包含松弛变量的原始公式

对于包含松弛变量的原始公式，我们寻求在软边界线性支持向量机的情况下使目标函数最小化：

$$\text{最小化}\ \phi_p(\boldsymbol{w})=\frac{1}{2}\sum_{i=1}^{N}w_i^2+C\sum_{i=1}^{N}\xi_i \tag{7.45a}$$

$$\text{使得}\ y_i(\boldsymbol{w}\cdot\boldsymbol{x}_i+b)\geqslant 1-\xi,\quad i=1,\cdots,N \tag{7.45b}$$

因此，当一个新的数据样本 x 被分类时，分类器由函数 $f(\boldsymbol{x})=\text{sign}(\boldsymbol{w}\cdot\boldsymbol{x}+b)$给出。松弛变量方程中的常数 $C>0$ 是对求和项 $\sum_{i=1}^{N}\xi_i$ 的惩罚，它可以防止和控制过拟合，从而在训练误差和边界之间起到折中的作用。根据方程(7.45b)得出方程(7.45a)的解，其由以下方程的鞍点给出：

$$L_p(\boldsymbol{w},b,\alpha,\xi,\beta)=\frac{1}{2}\|\boldsymbol{w}\|^2+C\sum_{i=1}^{N}\xi_i-\sum_{i=1}^{N}\alpha_i[(\boldsymbol{w}^{\mathrm{T}}\cdot\boldsymbol{x}+b)y_i+\xi_i-1]-\sum_{i=1}^{N}\beta_i\xi_i$$

其中α_i，β_i 是拉格朗日乘子。拉格朗日函数关于 $\boldsymbol{w}$，ξ，b 是最小的，它关于α_i，$\beta_i\geqslant 0$ 也

是最小的。

2. 包含松弛变量的对偶公式

与原始公式类似，对偶公式是由原始公式导出的。它由

$$\max_{\alpha,\beta} W(\alpha, \beta)=\max_{\alpha,\beta}\left[\min_{w,b,\xi} L(\boldsymbol{w}, b, \alpha, \beta, \xi)\right] \tag{7.46}$$

指定，该表达式的最小值是通过求解 L 关于 $\boldsymbol{w}$，b 和 ξ 的偏导数得到的，其中

$$\frac{\partial}{\partial b} L_d(\boldsymbol{w}, b, \alpha)=0 \Rightarrow \sum_{i=1}^{N} \alpha_i y_i \tag{7.47}$$

$$\frac{\partial}{\partial w} L_d(\boldsymbol{w}, b, \alpha)=0 \Rightarrow \boldsymbol{w}=\sum_{i=1}^{N} \alpha_i y_i \boldsymbol{x}_i \tag{7.48a}$$

$$\frac{\partial}{\partial \xi_i} L_d(\boldsymbol{w}, b, \alpha)=0 \Rightarrow \alpha_i+\beta_i=C \tag{7.48b}$$

因此，对偶问题的目标函数和松弛变量方程(约束)由以下表达式给出：

$$\max_{\alpha} W(\alpha)=\sum_{i=1}^{N} \alpha_i-\frac{1}{2} \sum_{i=1}^{N} \sum_{j=1}^{N} \alpha_i \alpha_j y_i y_j \vec{\boldsymbol{x}}_i \cdot \vec{\boldsymbol{x}}_j, \quad i=1, \cdots, N \tag{7.49a}$$

则解为

$$\bar{\alpha}=-\sum_{i=1}^{N} \alpha_i+\frac{1}{2} \sum_{i=1}^{N} \sum_{j=1}^{N} \alpha_i \alpha_j y_i y_j \vec{\boldsymbol{x}}_i \cdot \vec{\boldsymbol{x}}_j \tag{7.50}$$

$$\text{约束为} \quad 0 \leqslant \alpha_i \leqslant C, \quad \sum_{i=1}^{N} \alpha_i y_i=0 \tag{7.50a}$$

常数 $C>0$ 提供了拉格朗日参数 α_i 的界。$\boldsymbol{w}$ 的值可通过以下表达式求出：

$$\boldsymbol{w}=\sum_{i=1}^{N} \alpha_i y_i \boldsymbol{x}_i \tag{7.51}$$

b 的值是从方程 $\alpha_i(y_i(\boldsymbol{w}^{\mathrm{T}} \cdot \boldsymbol{x}_i+b)-1)=0$ 的解中得到的。

拉格朗日乘子考虑了三种可能性。当

$$\left.\begin{array}{l}\alpha_i=0 \Rightarrow y_i(\boldsymbol{w}^{\mathrm{T}} \cdot \boldsymbol{x}_i+b)>1 \\ 0<\alpha_i<C \Rightarrow y_i(\boldsymbol{w}^{\mathrm{T}} \cdot \boldsymbol{x}_i+b)=1 \\ \alpha_i=C \Rightarrow y_i(\boldsymbol{w}^{\mathrm{T}} \cdot \boldsymbol{x}_i+b)<1 \\ (\text{对 } \xi_i>0 \text{ 的样本})\end{array}\right\} \tag{7.52}$$

这三种情况给出了超平面的界。在下节中，我们将讨论如何选择 C 的值，这是 SVM 中一个值得深入研究的领域。

3. 在软边界情况下选择 C

C 的作用主要在于防止过度拟合。很小的 C 值通常会导致分类错误。由于训练样本不在适当的位置，因此 C 值小会导致训练错误。所以，分类性能降低。当 C 很小时，通常会导致欠拟合。所以，我们最终有了朴素的分类器。因此，C 的选择对于有效解决该问题至关重要。当 C 增加到无穷大时，解也收敛到最佳分离超平面解。

7.7.2 使用核的非线性数据分类

使用软边界可以在估计 SVM 边界时产生一些错误。内核函数还允许将非线性引入

SVM 解。在信号处理和统计分析中，变换在代数函数的求解中发挥了重要作用。在这些领域中，解变得困难的领域中的数据或信号被转换为替代解，这使它们的解更加容易。这催生了拉普拉斯变换、傅里叶变换、正交变换、小波变换、主成分分析以及许多其他变换方法。SVM 中使用的“内核技巧”表示采用类似的概念，使用内核将输入空间中的非线性可分离数据转换为特征空间，在该特征空间中，此类数据会分离，并导致有效的分类。内核是一种映射功能，可将数据从输入空间转换为更易解决的特征空间。可分离函数的类别在 SVM 中非常流行。

考虑在特征空间中映射的数据集，该数据集不会直接使用超平面在输入空间中产生线性分离。使用内核函数背后的想法是促进在输入空间而不是高维特征空间中执行操作。输入空间定义为点 $\boldsymbol{x}_i$ 所在的空间。特征空间也定义为变换后变换点 $\phi(x)$所在的空间。转换后，将在输入空间而不是特征空间中执行内部积。为了使它有用，需要大量的培训。因此，该计算是训练点数的函数。为了说明起见，请考虑图 7.10 的散点图中给出的示例。内核(函数)用于将数据点从原始特征空间转换为可以清晰区分这些点的另一个特征空间。

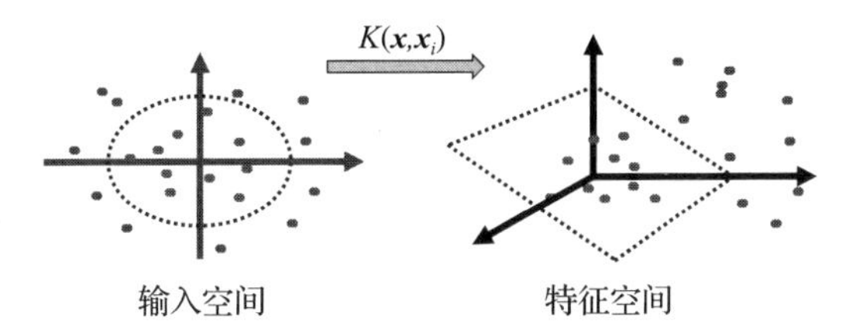

图 7.10 从原始特征空间到高维特征空间的变换

我们将从众所周知的情况开始，用线性内核

$$K(\boldsymbol{x}_i,\ \boldsymbol{x}_j)=\boldsymbol{x}_i^{\mathrm{T}}\cdot\boldsymbol{x}_j \tag{7.53}$$

表示线性分类器。对于非线性情况，我们将内核表示为通过使用函数 Φ 将数据点 x 映射到更高维空间的映射，其中，变换为

$$\Phi:\ x\rightarrow\phi(x)$$

在特征空间中，内积在输入空间中具有等效内核，通常表示为

$$K(\boldsymbol{x},\ \boldsymbol{y})=k(\boldsymbol{x})\cdot k(\boldsymbol{y}) \tag{7.54}$$

$K(\boldsymbol{x},\ \boldsymbol{y})$必须具有定义的特征，并且它们必须满足 Mercer 条件，即

$$K(\boldsymbol{x},\ \boldsymbol{y})=\sum_{m=1}^{\infty}\alpha_m\psi(\boldsymbol{x})\psi(\boldsymbol{y}),\ \alpha_m\geqslant 0 \tag{7.55}$$

因此，如果存在变换 $\varphi(x)$，使得 $K(\boldsymbol{x}_i,\ \boldsymbol{x}_j)=\phi(\boldsymbol{x}_i)^{\mathrm{T}}\cdot\phi(\boldsymbol{x}_j)$，则函数 $K(\boldsymbol{x},\ \boldsymbol{y})$是一个内核。等效地，内核矩阵是对称正半定的。关于 Mercer 条件的第二个陈述是，$K(\boldsymbol{x}_i,\ \boldsymbol{x}_j)$是函数 $g(\boldsymbol{x})$和 $g(\boldsymbol{y})$的内核，使得$\int g^2(\boldsymbol{x})\mathrm{d}\boldsymbol{x}<\infty$ (是有限的)，并且

$$\iint K(\boldsymbol{x},\ \boldsymbol{y})g(\boldsymbol{x})g(\boldsymbol{y})\mathrm{d}\boldsymbol{x}\,\mathrm{d}\boldsymbol{y}>0 \tag{7.56}$$

使用数据点满足 Mercer 条件的内核函数正式定义为

$$K(\boldsymbol{x}_i,\ \boldsymbol{x}_j)=\phi(\boldsymbol{x}_i)^{\mathrm{T}}\cdot\phi(\boldsymbol{x}_j) \tag{7.57}$$

内核是数据点函数的内积。利用内核函数构造更高维空间中的最优分离器。满足 Mercer 条件的内核函数的例子包括多项式、高斯径向基函数、感知器、指数径向基、样条函数、傅里叶内核级数和 B 样条函数。

在讨论的非线性情况下，训练数据 X 不可线性分离。内核函数将数据从输入空间映射到特征空间，在该空间中它们是线性可分离的(图 7.11)。在图 7.11 中，所有可能的节点都显示在特征空间的隐藏层中。实际上，假设存在 p 个支持向量，则使用 p 个隐藏节点而不是 N 个节点来评估隐藏层。因此，支持向量集为 $S=[x_1, x_2, \cdots, x_p]^{\mathrm{T}}=[s_1, s_2, \cdots, s_p]^{\mathrm{T}}$。通常，我们可以将内核矩阵组成为

$$K(\boldsymbol{x}, \boldsymbol{x}_i)=\begin{bmatrix} k(\boldsymbol{x}_1, \boldsymbol{x}_1) & k(\boldsymbol{x}_1, \boldsymbol{x}_2) & \cdots & k(\boldsymbol{x}_1, \boldsymbol{x}_m) \\ k(\boldsymbol{x}_2, \boldsymbol{x}_1) & k(\boldsymbol{x}_2, \boldsymbol{x}_2) & \cdots & k(\boldsymbol{x}_2, \boldsymbol{x}_m) \\ \cdots & \cdots & \cdots & \cdots \\ k(\boldsymbol{x}_m, \boldsymbol{x}_1) & k(\boldsymbol{x}_m, \boldsymbol{x}_2) & \cdots & k(\boldsymbol{x}_m, \boldsymbol{x}_m) \end{bmatrix} \tag{7.58}$$

好的内核会导致对称的正定矩阵，这在依赖于使用内核矩阵进行学习或所谓的 KM 学习的方案中非常有用。内核提供了数据之间相似度的度量。因此，优化问题简化为

$$\text{最大化：} W(\alpha)=\sum_{i=1}^{N}\alpha_i-\frac{1}{2}\sum_{i=1}^{N}\sum_{j=1}^{N}\alpha_i\alpha_j y_i y_j K(\boldsymbol{x}_i, \boldsymbol{x}_j)$$

$$\text{使得 } \alpha_i \geqslant 0, \ i=1, \cdots, N, \ \sum_{i=1}^{N}\alpha_i y_i=0 \tag{7.59}$$

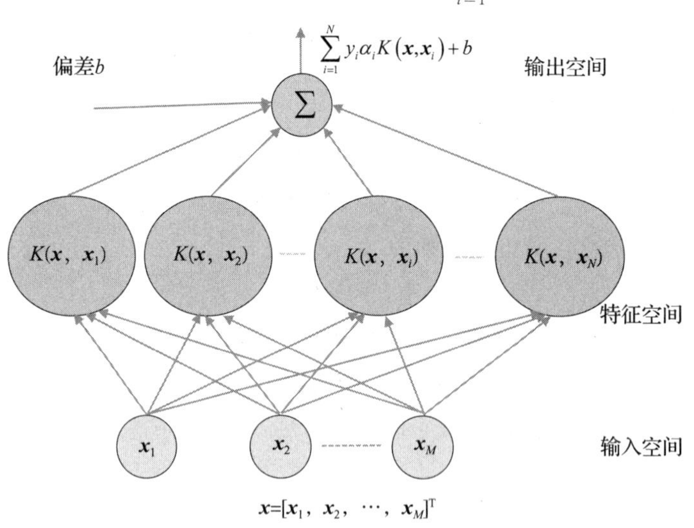

图 7.11　非线性不可分离的 SVM

在方程(7.59)中使用内核函数代替向量的点积。非线性 SVM 的决策函数由以下表达式给出：

$$f(\boldsymbol{x})=\mathrm{sgn}\left(\sum_{i=1}^{N} y_i\alpha_i K(\boldsymbol{x}, \boldsymbol{x}_i)+b\right) \tag{7.60}$$

用内核代替向量的点积等效地修改决策函数(等式(7.60))。

观察图 7.11 所示的带有内核的 SVM 与带有隐藏层的神经网络有多么相似。在下节

中，我们将介绍这些内核函数。我们还将简要介绍内核函数的求和和乘积。内核将在下一节中讨论。

1. 多项式内核函数

考虑多项式内核函数

$$\begin{aligned}K(\boldsymbol{x}_i,\ \boldsymbol{x}_j)&=(1+\boldsymbol{x}_i^{\mathrm{T}}\cdot\boldsymbol{x}_j)^2=1+2(\boldsymbol{x}_i^{\mathrm{T}}\cdot\boldsymbol{x}_j)+(\boldsymbol{x}_i^{\mathrm{T}}\cdot\boldsymbol{x}_j)^2\\&=1+2[x_{i1}\quad x_{i2}]\cdot\begin{bmatrix}x_{j1}\\x_{j2}\end{bmatrix}+\left([x_{i1}\quad x_{i2}]\cdot\begin{bmatrix}x_{j1}\\x_{j2}\end{bmatrix}\right)^2\end{aligned}\tag{7.61}$$

我们可以证明，内核函数可以写为 $\phi(\boldsymbol{x}_i)^{\mathrm{T}}\cdot\phi(\boldsymbol{x}_j)$形式的两个函数的内积。通过将多项式内核展开和分解为多项式内核：

$$\begin{aligned}K(\boldsymbol{x}_i,\ \boldsymbol{x}_j)&=(1+\boldsymbol{x}_i^{\mathrm{T}}\cdot\boldsymbol{x}_j)^2=1+2(\boldsymbol{x}_i^{\mathrm{T}}\cdot\boldsymbol{x}_j)+(\boldsymbol{x}_i^{\mathrm{T}}\cdot\boldsymbol{x}_j)^2\\&=1+2[x_{i1}\quad x_{i2}]\cdot\begin{bmatrix}x_{j1}\\x_{j2}\end{bmatrix}+\left([x_{i1}\quad x_{i2}]\cdot\begin{bmatrix}x_{j1}\\x_{j2}\end{bmatrix}\right)^2\end{aligned}\tag{7.62}$$

可以证明此内积。通过进一步扩展和分解此表达式，我们有

$$\begin{aligned}K(\boldsymbol{x}_i,\ \boldsymbol{x}_j)&=1+2[x_{i1}\quad x_{i2}]\cdot\begin{bmatrix}x_{j1}\\x_{j2}\end{bmatrix}+\left([x_{i1}\quad x_{i2}]\cdot\begin{bmatrix}x_{j1}\\x_{j2}\end{bmatrix}\right)^2\\&=1+2(x_{i1}x_{j1}+x_{i2}x_{j2})+(x_{i1}x_{j1}+x_{i2}x_{j2})^2\\&=1+2x_{i1}x_{j1}+2x_{i2}x_{j2}+(x_{i1}x_{j1})^2+(x_{i2}x_{j2})^2+2x_{i1}x_{j1}x_{i2}x_{j2}\\&=[1\quad x_{i1}^2\quad \sqrt{2}x_{i1}x_{i2}\quad x_{i2}^2\quad \sqrt{2}x_{i1}\quad \sqrt{2}x_{i2}]^{\mathrm{T}}[1\quad x_{j1}^2\quad \sqrt{2}x_{j1}x_{j2}\quad x_{j2}^2\quad \sqrt{2}x_{j1}\quad \sqrt{2}x_{j2}]\end{aligned}\tag{7.63}$$

因此，内核函数是

$$\begin{aligned}K(\boldsymbol{x}_i,\ \boldsymbol{x}_j)&=\phi(\boldsymbol{x}_i)^{\mathrm{T}}\cdot\phi(\boldsymbol{x}_j)\\\phi(\boldsymbol{x}_i)&=[1\quad x_{i1}^2\quad \sqrt{2}x_{i1}x_{i2}\quad x_{i2}^2\quad \sqrt{2}x_{i1}\quad \sqrt{2}x_{i2}]\\\phi(\boldsymbol{x}_j)&=[1\quad x_{j1}^2\quad \sqrt{2}x_{j1}x_{j2}\quad x_{j2}^2\quad \sqrt{2}x_{j1}\quad \sqrt{2}x_{j2}]\end{aligned}\tag{7.64}$$

2. 多层感知器(sigmoidal)内核

在神经网络中，sigmoidal 内核也被用作激活函数。因此，将其应用于支持向量机时，两者之间存在共性。对于这种情况，支持向量机相当于一个两层前馈神经网络。sigmoidal 内核是

$$K(\boldsymbol{x}_i,\ \boldsymbol{x}_j)=\tanh(k\boldsymbol{x}_i^{\mathrm{T}}\cdot\boldsymbol{x}_j-\delta)\tag{7.65}$$

其中 k 是小数位，δ 是偏移量。对于 k 的某些值，δ 不是内核。这是由于 $\tanh(x)$函数的性质所致。

3. 高斯径向基函数

内核的另一个例子是由函数

$$K(\boldsymbol{x}_i,\ \boldsymbol{x}_j)=\exp\left(-\frac{1}{2\sigma^2}\|\boldsymbol{x}_i-\boldsymbol{x}_j\|^2\right)\tag{7.66}$$

给出的高斯径向基函数(GRBF)，它用于将数据从低维提升到可分离的高维。内核取决于

数据集的统计信息。在某些应用中，首先找到数据集的均值和偏差有助于使用几个GRBF，每个GRBF都以组统计为中心。

GRBF的一个变体是由类似表达式给出的指数径向基函数，即

$$K(x_i, x_j)=\exp\left(-\frac{1}{2\sigma^2}|x_i-x_j|\right) \tag{7.67}$$

它会产生不连续的结果，对于不连续的数据集很有用。

4. 创建新内核

可以使用许多技巧（包括缩放、叠加、内积和对称性）从众所周知的内核中创建新内核[4]。下列等式中列出了用于创建新内核的这些技巧的示例：

$$\begin{aligned}
&K(x, y)=\beta \cdot K_1(x, y) \\
&K(x, y)=K_1(x, y) \cdot K_2(x, y) \\
&K(x, y)=\lambda K_1(x, y)+(1-\lambda)K_2(x, y) \\
&K(x, y)=\frac{K_1(x, y)}{\sqrt{K_1(x, x)}\sqrt{K_1(y, y)}}\text{（余弦相似性）} \\
&K(x, y)=f(x) \cdot f(y) \\
&K(x, y)=K_3(\phi(x), \phi(y)) \\
&K(x, y)=x'Py\text{（对称正定）}
\end{aligned} \tag{7.68}$$

$f(x)$是实数值，$\beta>0$，$0\leqslant\lambda\leqslant 1$。

参考文献

[1] Alexander Statnikov, Douglas Hardin, Isabelle Guyon, Constantin F. Aliferis, “A Gentle Introduction to Support Vector Machines in Biomedicine”, in Biomedical and Health Informatics: From Foundations to Applications and Policy, San Francisco, USA, Nov. 14–18, 2009, pp. 1–207.

[2] Baxter Tyson Smith, “Lagrange Multipliers Tutorial in the Context of Support Vector Machines”, Memorial University of Newfoundland, Canada, pp. 1–21, 2004.

[3] Steve Gunn, “Support Vector Machines for Classification and Regression”, ISIS Report, May 14, 1998, University of Southampton, United Kingdom.

[4] Jean-Michel Renders “Kernel Methods in Natural Language Processing”, Xerox Research Center Europe (France), ACL’04 TUTORIAL.

第8章　人工神经网络

8.1　简介

从根本上说，神经网络是一种人工计算器，它可以模拟人体细胞(神经元)的通信方式。它从用户那里获取输入，使用其内部函数进行计算，输出结果，并根据其内部结构进行决策。神经网络最简单的形式就是神经元。虽然在语义上将神经元称为网络不正确，但它是神经网络的基本模板。考虑图8.1中的神经元。它具有多个输入，会产生输出。目前，神经元的内部结构仍处于未知状态，但最终会被揭示出来。

8.2　神经元

可以将神经元视为典型神经网络内的单个计算站点。关于如何计算以及如何输出结果的算法细节尚未确定。但是，只要说它在原子层次上具有思想机的基本组成部分就足够了。神经元的一个基本功能是提供其输入的加权叠加。权重在图8.1的神经元大脑的输入链接或(突触)上指示。突触取数字并将其乘以权重。神经元将来自突触的结果相加，在将结果输出到突触之前对其进行激活。神经元承担的加权总和可以写成公式(8.1)：

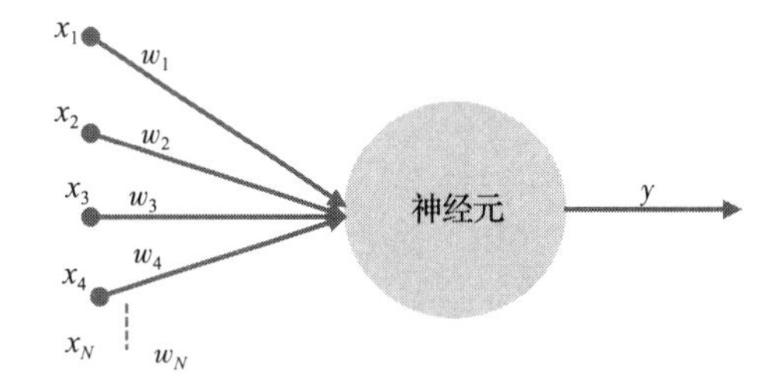

图8.1　神经元

$$S=\sum_{i=1}^{N}\omega_i x_i \tag{8.1}$$

请注意，该总和是输入的线性组合。权重可视为神经元对每个输入信号的重视程度。无论输入组合的结果是什么，神经元都应该继续激发吗？在进行决策时，这不是一个好主意。神经元应该在某个点上发出结果，该点通常由所谓的激活函数给出。激活函数用作神经元中的决策器，以告知神经元何时发出输出信号。神经元使用激活函数对线性加权和 S 进行进一步处理，然后才能发出结果 y 或被触发。

考虑一个像其他运动员一样容易受伤和衰老的运动员。受伤和衰老不仅影响运动员的表现，而且影响运动员从他热爱的运动中退休或退赛的速度。

当运动员决定退休时，决策器的输入可能是几个变量的加权总和，包括年龄、伤害、康复和疾病。令俱乐部对这些输入附加的权重如下：年龄(1)，伤害(5)，康复(−2)，疾病(3)。下表包含一个要求俱乐部决定是否应要求运动员退休的场景。如果没有激活函数，则神经元的加权输出为

$$y=1\times\text{年龄}+5\times\text{伤害}-2\times\text{康复}+3\times\text{疾病}$$

换句话说，与疾病相比，俱乐部更注重伤害。表 8.1 给出了输入值和输出值的线性组合的典型情况。

表 8.1　神经元的线性数据组合和偏差

1	5	−2	3		b = −10
年龄	伤害	康复	疾病	输出值	y + b
4	3	3	3	22	12
2	1	2	2	11	1
1	2	2	4	19	9
5	1	3	1	7	−3
3	1	1	2	12	2

俱乐部应如何根据表 8.1 的输出值决定要求谁退休？一种方法是让俱乐部设定一个阈值，在此阈值之上，神经元应向俱乐部发出提示，要求运动员考虑退休。这可以通过向神经元的输出添加负偏差以相当简单的形式完成。如下所示：

$$y = 1 \times 年龄 + 5 \times 伤害 - 2 \times 康复 + 3 \times 疾病 + b$$

例如，当将偏差设置为−10 时，其中一名运动员的输出为负值，这意味着尚未准备好要求该运动员退休。另一名运动员的输出结果是“2”，这意味着即将要求该运动员退休。显然，可以要求 $y+b=12$ 和 9 的两个运动员退休，即使其中一个的年龄权重是 1!

为了建立神经元何时应该被激活或被触发的想法，将激活函数连接到神经元的输出，如图 8.2 所示。

用更清楚的术语来说，每个神经元也有一个偏差输入(见图 8.3)。

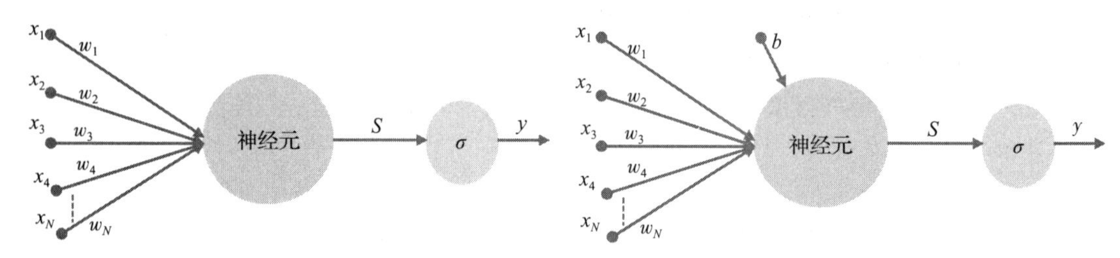

图 8.2　具有激活函数的神经元

图 8.3　添加了偏差的神经元

因此，神经元执行将输入乘积乘以权重之和的作用。图 8.4 也称为单个感知器。它感知其输入，并对输入发出响应。

$$S = \sum_{i=1}^{N} \omega_i x_i + b \tag{8.2}$$

神经元从激活函数输出一个与值 S 成比例的值。此作用由方程(8.3)表示：

y=1
0
y=0

图 8.4　激活函数

$$f(S) = y = \begin{cases} 1，若 \sum_{i=1}^{N} \omega_i x_i + b \geqslant 0 \\ 0，若 \sum_{i=1}^{N} \omega_i x_i + b \leqslant 0 \end{cases} \tag{8.3}$$

在这种情况下，激活函数只是阈值函数(图8.4)。

现在，我们可以介绍导致神经网络输出的算法步骤，如下所示：

1）输入为x_i，$\forall_i$。

2）输出隐藏层

$$h_j = \sum_{i=0}^{M} w_{ij} x_i \tag{8.4a}$$

3）假设使用sigmoid作为激活函数，则每个神经元的输出为

$$z_j = \frac{1}{1+e^{-h_j}}, \quad \forall_j \tag{8.4b}$$

4）输出层提供以下结果：

$$b = \sum_{j=0}^{N} \beta_j z_j \tag{8.4c}$$

5）使用sigmoid函数时神经网络的输出为

$$y = \frac{1}{1+e^{-b}} \tag{8.4d}$$

激活函数

激活函数在神经网络和深度学习网络的分析中具有显著的特点。在这一部分中，我们比较讨论几种激活函数。这允许明智地选择将用于应用程序的激活。激活函数是一个非线性函数，用于将任意范围的输入数据变换和压缩到一个新的范围，该范围位于0和1之间。对于某些激活函数，输出范围在−1和1之间。典型的激活函数包括输出范围为[0，1]的sigmoid，双曲正切值为[−1，1]，修正线性单元(ReLU)为[0，x]，其中x可以是一个大于一的值，leaky ReLU为[0，ax]，其中a是常数。在人工神经网络(ANN)中，激活函数应该是可微的。这有助于支持通过反向传播算法更新网络参数。

1. sigmoid

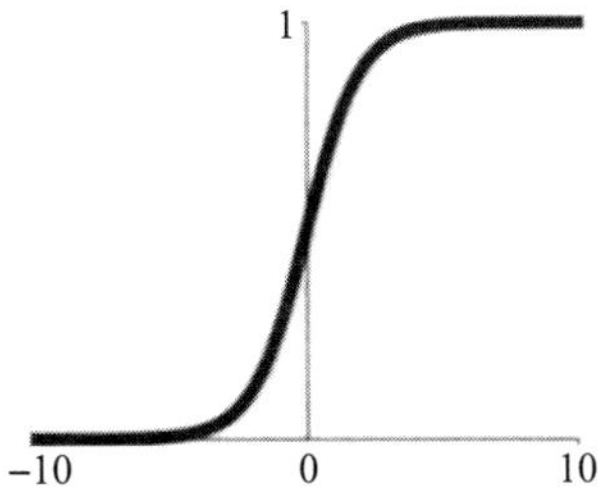

$$f(x) = \frac{1}{1+e^{-x}} \tag{8.5}$$

该函数的梯度是

$$\frac{\partial f(x)}{\partial x} = f(x) \times (1 - f(x)) \tag{8.6}$$

sigmoid函数的第一个问题是当x很大时梯度变平。这有消除神经网络梯度从输出传递到

输入在反向传播练习的效果。sigmoid 函数的第二个问题是梯度不是以零为中心的。当 $x=0$ 时，梯度为 0.5。实际上，对于 x 的任何值，梯度仍然是正的，这意味着它将影响从输出传递到输入的梯度。第三个问题是计算指数函数的成本很高。

2. 双曲正切

这是一个带表达式

$$f(x)=\tanh(x)=\frac{2}{1+e^{-2x}}-1=2\ \text{sigmoid}(2x)-1 \tag{8.7}$$

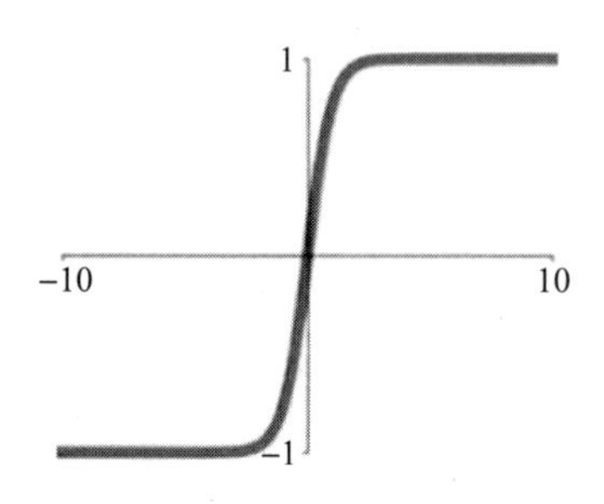

的缩放 sigmoid 函数。双曲正切解决了与 sigmoid 函数相关的一个问题。它是零中心的。然而，它仍然有一个问题：它的梯度在高 x 值下饱和，并扼杀从输出到输入的梯度。函数的梯度是

$$\frac{\partial f(x)}{\partial x}=1-(f(x))^2 \tag{8.8}$$

3. 整流线性单元

修正线性单元(ReLU)是可微的，梯度也是中心的。它的计算效率也很高，收敛速度比 sigmoid 和双曲正切快得多。它被认为比 sigmoid 和双曲正切更适合于生物信号处理。由于这些原因，它在 ANN 应用中更为常用。

$$f(x)=\max(0,\ x) \tag{8.9}$$

从 ReLU 图中可以看出，当 x 为负时，梯度是饱和的。梯度也不是中心的，因此保持了一些与其他激活函数相关的问题。基于这些原因，ReLU 通常会将你的数据分为两部分。在一部分，ReLU 在所谓的“主动 ReLU”区域运行良好，而在另一部分，ReLU 表现不佳，称为“死亡 ReLU”区域。这是一个 ReLU 不会激活，也不会导致权重更新的区域。对于某些数据，可以通过使用小的正偏差来减少这个问题。对其他人来说，这样做根本无济于事。这就引出了“leaky ReLU”的概念。

4. leaky ReLU

leaky ReLU 最初通过在 ReLU 表达式中使用小的偏差来修改 ReLU 激活函数，如下所示：

$$f(x)=\max(10^{-2}x, x) \tag{8.10}$$

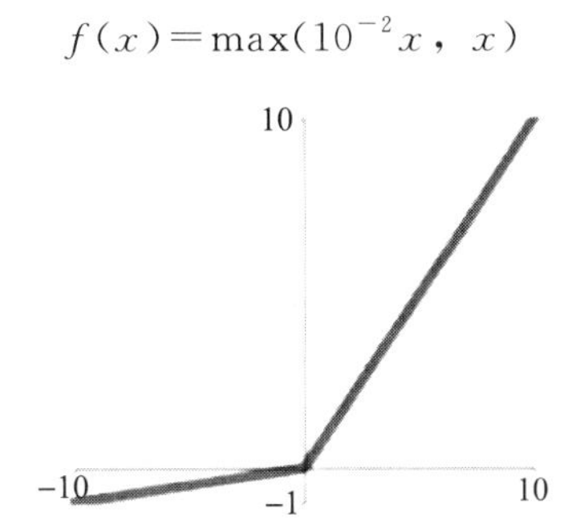

当输入为负时，修正线性单元现在有一个斜率。这种效应可以用参数整流器加以推广。

5. 参数整流器

参数整流器(PReLU)是 ReLU 的推广。激活函数是

$$f(x)=\max(ax, x) \tag{8.11}$$

这种形式的激活函数的另一个推广是下面描述的指数线性单元。

指数线性单元(ELU)：

$$f(x)=\begin{cases} x & x\geqslant 0 \\ -a(1-\exp(x)) & x\leqslant 0 \end{cases} \tag{8.12}$$

这个函数有一个负饱和区域。

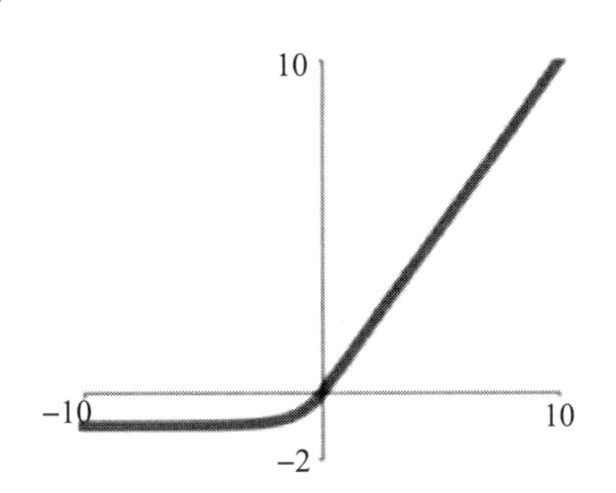

那么有没有不饱和的激活函数？Goodfellow 等人在 2013 年给出了这样一种解决方案，称为“Maxout 神经元”。

6. Maxout 神经元

Maxout 神经元概括了激活函数的 ReLU 变体。它的核心优势是它不会饱和，具有线性状态并且其斜率不会消失。它由以下表达式给出：

$$f(\boldsymbol{x})=\max(\boldsymbol{w}_1^{\mathrm{T}}\boldsymbol{x}+b_1, \boldsymbol{w}_2^{\mathrm{T}}\boldsymbol{x}+b_2) \tag{8.13}$$

7. 高斯分布

高斯激活函数旨在减少与前面讨论的激活函数相关的问题。高斯函数的梯度是中心的，在对称轴周围有一个很小的区域，梯度饱和。

$$f(x)=\mathrm{e}^{-x^2/2} \tag{8.14a}$$

该函数的梯度是

$$\frac{\partial f(x)}{\partial x}=-x\mathrm{e}^{-x^2/2} \tag{8.14b}$$

8. 误差计算

考虑用 sigmoid 函数作为激活函数。sigmoid 是一个连续的可微函数。在本节中，我们将展示如何获得它的导数，然后使用它。

利用比值法则得到了 sigmoid 函数的导数：

$$\begin{aligned}\frac{\mathrm{d}\sigma(x)}{\mathrm{d}x}&=\frac{\mathrm{d}}{\mathrm{d}x}\left(\frac{1}{1+\mathrm{e}^{-x}}\right)=\frac{\mathrm{e}^{-x}}{(1+\mathrm{e}^{-x})^2}\\&=\frac{1+\mathrm{e}^{-x}}{(1+\mathrm{e}^{-x})^2}-\frac{\mathrm{e}^{-x}}{(1+\mathrm{e}^{-x})^2}\end{aligned} \tag{8.15}$$

这进一步简化为

$$\begin{aligned}\frac{\mathrm{d}\sigma(x)}{\mathrm{d}x}&=\frac{\sigma^2(x)}{\sigma(x)}-\sigma^2(x)=\sigma(x)-\sigma^2(x)\\&=\sigma(x)(1-\sigma(x))\end{aligned} \tag{8.16}$$

本节说明如何获取神经元输出误差的导数

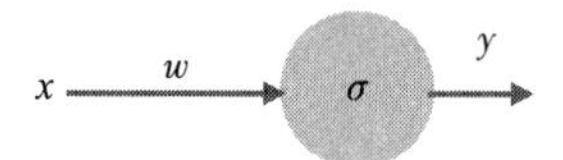

神经元的输出 y 为

$$o=\sigma(wx) \tag{8.17}$$

因此，神经元输出的导数为

$$\frac{\mathrm{d}\sigma(wx)}{\mathrm{d}x}=\sigma(wx)(1-\sigma(wx)) \tag{8.18}$$

通过在神经元中包含偏差项，我们得到下图和输出值：

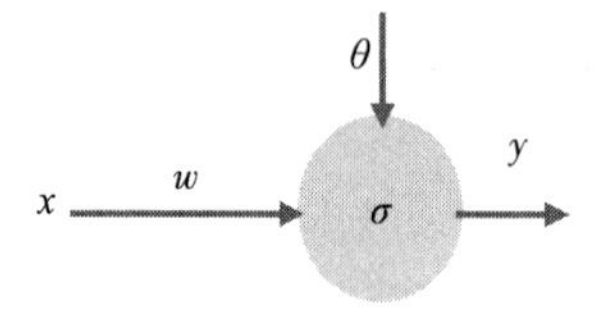

现在，神经元的输出需要包括对神经元的偏差：

$$o=\sigma(wx+\theta) \tag{8.19}$$

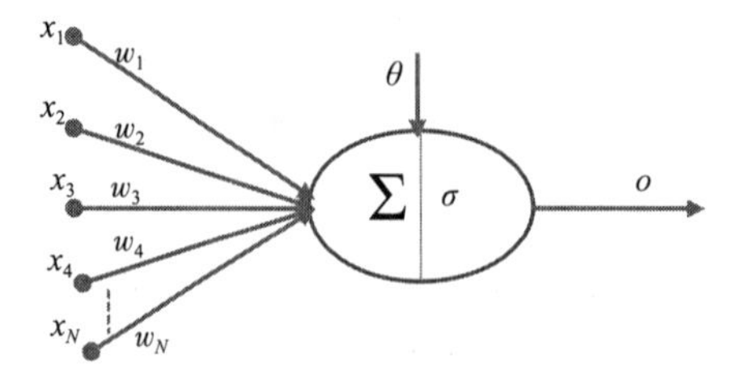

在神经网络中的典型神经元中，可能会有许多输入，如图所示。神经元的输出是

$$o=\sigma(w_1x_1+w_2x_2+w_3x_3+\cdots+w_Nx_N+\theta) \tag{8.20}$$

在下图中，神经网络包含一个分别由 I、J 和 K 表示的输入层、隐藏层和输出层：

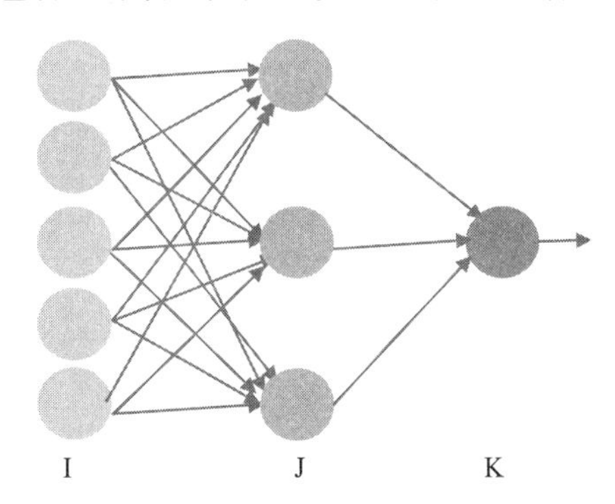

用于进行反向传播算法的完整符号包括以下内容。索引 l 表示感兴趣的层，i、j 和 k 分别是输入层、隐藏层和输出层的索引：

- x_j^l 是第 l 层的节点 j 的输入。
- w_{ij}^l 是从第 $l-1$ 层的节点 i 到第 l 层的节点 j 的权重。
- θ_j^l 是第 l 层中节点 j 的偏差。
- o_j^l 是第 l 层中节点 j 的输出。
- t_j 是输出层节点 j 的期望值。

该符号将用于描述反向传播模型。

输出神经元的输出与期望值之间的误差方程为

$$E=\frac{1}{2}\sum_{k=1}^{K}(o_k-t_k)^2 \tag{8.21}$$

目标值 t_j 从训练集中得出。该过程的下一步是计算关于将前一层链接到当前层的权重的误差变化率的过程。需要考虑两种情况：首先，我们考虑何时在隐藏层导出误差导数；其次，在输出层导出误差导数。

9. 输出层节点

在输出层节点上，误差的导数由以下表达式给出：

$$\frac{\partial E}{\partial w_{jk}}=\frac{\partial}{\partial w_{jk}}\left[\frac{1}{2}\sum_{k=1}^{K}(o_k-t_k)^2\right] \tag{8.22}$$

使用以 t_k 为常数的链式法则，因此该导数为

$$\frac{\partial E}{\partial w_{jk}}=(o_k-t_k)\times\frac{\partial}{\partial w_{jk}}o_k \tag{8.23}$$

代入 o_k，这变成

$$\frac{\partial E}{\partial w_{jk}}=(o_k-t_k)\times\frac{\partial}{\partial w_{jk}}\sigma(x_k) \tag{8.24}$$

下一步需要区分激活函数。例如，用 sigmoid 作为激活函数，我们现在可以用它的导数来代替它。链式法则也意味着我们必须区分 sigmoid 函数的自变量。得到的表达式是

$$\frac{\partial E}{\partial w_{jk}}=(o_k-t_k)\times\sigma(x_k)(1-\sigma(x_k))\frac{\partial}{\partial w_{jk}}x_k$$
$$=(o_k-t_k)\times\sigma(x_k)(1-\sigma(x_k))o_j \tag{8.25}$$

由于 $\sigma(x_k)=o_k$，我们可以将结果重写为

$$\frac{\partial E}{\partial w_{jk}}=(o_k-t_k)\times o_k(1-o_k)o_j \tag{8.26}$$

令

$$\delta_k=(o_k-t_k)\times o_k(1-o_k)$$

那么

$$\frac{\partial E}{\partial w_{jk}}=\delta_k o_j \tag{8.27}$$

10. 隐藏层节点

隐藏层节点上的导数遵循与输出层节点相同的分析形式。这是

$$\frac{\partial E}{\partial w_{ij}}=\frac{\partial}{\partial w_{ij}}\left[\frac{1}{2}\sum_{k\in K}(o_k-t_k)^2\right]$$
$$=\sum_{k\in K}(o_k-t_k)\frac{\partial o_k}{\partial w_{ij}} \tag{8.28}$$

该层的输出节点导致

$$\frac{\partial E}{\partial w_{ij}}=\sum_{k\in K}(o_k-t_k)\frac{\partial}{\partial w_{ij}}\sigma(x_k) \tag{8.29}$$

这个导数是

$$\frac{\partial E}{\partial w_{ij}}=\sum_{k\in K}(o_k-t_k)\times\sigma(x_k)(1-\sigma(x_k))\frac{\partial}{\partial w_{ij}}x_k \tag{8.30}$$

使用链式法则，我们可以将该偏导分解为两个部分，作为偏导的乘积，如下所示：

$$\frac{\partial}{\partial w_{ij}}x_k=\frac{\partial x_k}{\partial o_j}\frac{\partial o_j}{\partial w_{ij}} \tag{8.31}$$

因此

$$\frac{\partial E}{\partial w_{ij}}=\sum_{k\in K}(o_k-t_k)\times\sigma(x_k)(1-\sigma(x_k))\frac{\partial x_k}{\partial o_j}\frac{\partial o_j}{\partial w_{ij}} \tag{8.32}$$

这是

$$\frac{\partial E}{\partial w_{ij}}=\sum_{k\in K}(o_k-t_k)\times o_k\times(1-o_k)\times\frac{\partial x_k}{\partial o_j}\frac{\partial o_j}{\partial w_{ij}} \tag{8.33}$$

为了进一步简化，因为偏导数 $\frac{\partial x_k}{\partial o_j}=w_{jk}$，偏导数 $\frac{\partial o_j}{\partial w_{ij}}$ 与 k 无关，因此不需要在求和符号下，故隐藏节点的导数由以下表达式给出：

$$\frac{\partial E}{\partial w_{ij}}=\frac{\partial o_j}{\partial w_{ij}}\sum_{k\in K}(o_k-t_k)\times o_k\times(1-o_k)\times w_{jk} \tag{8.34}$$

为了进一步简化该表达式，我们需要以下等效项：

$$\delta_k=(o_k-t_k)\times o_k\times(1-o_k) \tag{8.35}$$

$$\frac{\partial o_j}{\partial w_{ij}}=o_j\times(1-o_j)o_i \tag{8.36}$$

因此

$$\frac{\partial E}{\partial w_{ij}}=o_j\times(1-o_j)\times o_i\sum_{k\in K}(o_k-t_k)\times o_k\times(1-o_k)\times w_{jk} \tag{8.37}$$

所以

$$\frac{\partial E}{\partial w_{ij}}=o_i\times o_j\times(1-o_j)\times\sum_{k\in K}\delta_k\times w_{jk} \tag{8.38}$$

使用与输出层类似的定义，我们将上述等式的左侧重写为

$$\frac{\partial E}{\partial w_{ij}}=o_i\delta_j \tag{8.39}$$

因此

$$\delta_j=o_j\times(1-o_j)\times\sum_{k\in K}\delta_k\times w_{jk} \tag{8.40}$$

11. 推导总结

总之，四个方程定义了输出层和隐藏层的偏导数是如何得到的。它们是：

对于输出层($k\in K$)

$$\frac{\partial E}{\partial w_{jk}}=o_j\delta_k$$

$$\delta_k=(o_k-t_k)\times o_k\times(1-o_k)$$

对于隐藏层($j\in J$)

$$\frac{\partial E}{\partial w_{ij}}=o_i\delta_j$$

因此

$$\delta_j=o_j\times(1-o_j)\times\sum_{k\in K}\delta_k\times w_{jk}$$

需要确定偏差项对这些结果的影响。对于输出节点，输出对偏差项的导数总是统一的。那就是

$$\frac{\partial o}{\partial\theta}=1$$

对于所有隐藏层，我们发现

$$\frac{\partial E}{\partial\theta}=\delta_l$$

(1) 因此，反向传播算法的概述如下。运行网络，以在输出层获得输出。然后

(2) 对于每个输出节点，计算

$$\delta_k=(o_k-t_k)\times o_k\times(1-o_k) \tag{8.41}$$

(3) 对于每个隐藏层节点，计算

$$\delta_j=o_j\times(1-o_j)\times\sum_{k\in K}\delta_k\times w_{jk} \tag{8.42}$$

(4) 使用表达式计算权重的变化：

$$\left.\begin{aligned}\nabla w &= -\eta \delta_l o_{l-1} \\ \nabla \theta &= -\eta \delta_l\end{aligned}\right\} \tag{8.43}$$

η 称为学习率。

(5) 使用以下表达式更新权重和偏差：

$$\left.\begin{aligned}w + \nabla w &\rightarrow w \\ \theta + \nabla \theta &\rightarrow \theta\end{aligned}\right\} \tag{8.44}$$

箭头(→)表示将箭头右侧的内容替换为箭头左侧的内容。步骤(5)中的负号表示更新是关于最陡下降坡度而不是最陡上升坡度(这应为正号)。

第 9 章　神经网络训练

9.1　简介

第 6 章简要介绍了如何使用计算图。计算图简化了反向传播算法。在这一章中，我们推导反向传播的表达式，并用计算图加以应用。对如何训练一个三层(输入层、隐藏层和输出层)的神经网络给出一个循序渐进的演示，让读者了解整个学习过程，从而对现代数据分析软件的使用、功能和修改有更好的认识。

9.2　神经网络架构

实际的神经网络至少包含三层，即输入层、隐藏层和输出层。如图 9.1 所示。

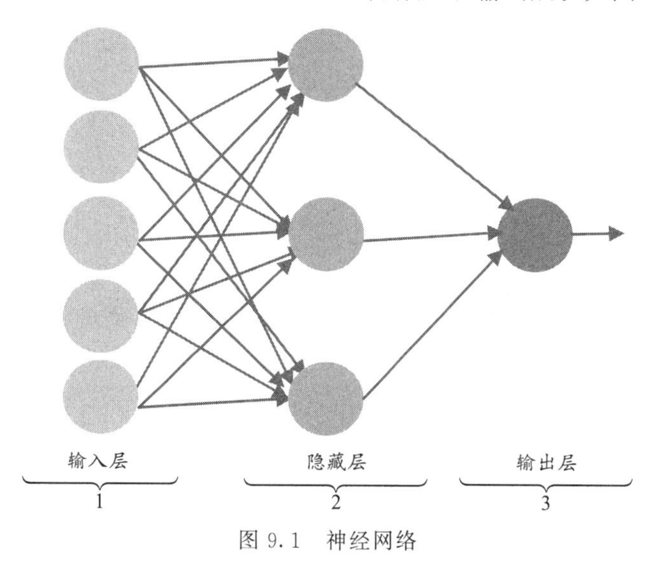

图 9.1　神经网络

在图 9.1 中，输入层神经元被标记为 x_m，有 M 个；隐藏层神经元由 h_n 表示，有 N 个。隐藏层连接到输出层。许多 ANN 应用程序将层数限制为三层。在深度学习应用程序中涉及更多的层，导致了对基础流程的深入学习和来自 ANN 的更好的智能。

9.3　反向传播模型

计算图

反向传播模型是神经网络中用于更新网络权值的迭代方法。它计算每个感知器的输出关于每个输入的偏导数，继续这个过程直到到达神经网络的全部输入。本节将介绍许多在线教程中关于反向传播的一个常见的计算图(电路)。

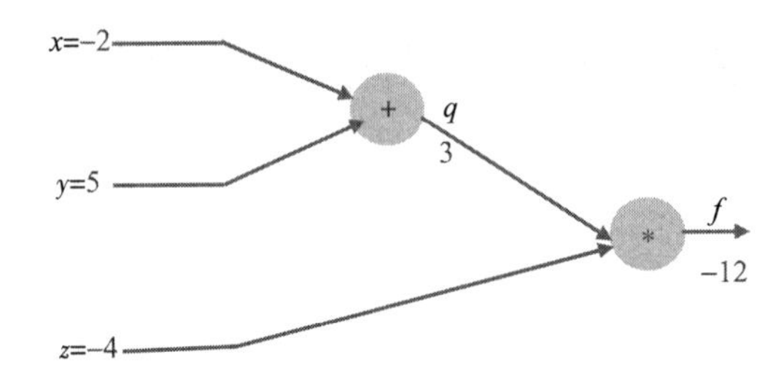

按照电子工程的说法，计算图实际上是连接一个加法门和一个乘法门的电路。加法门的输入是 x 和 y，第三个输入是 z。z 输入直接连接到乘法门。加法门的输出为 q，总输出为 f。

加法门的输出表达式为 $q=x+y=3$。

乘法门的输出表达式为

$$f=(x+y)z$$

$$f=qz=3\times(-4)=-12$$

反向传播计算权重的导数，并使用它们来更新权重的值，以训练神经网络学习和产生现实的预测或输出。我们在计算图中计算以下偏导数。从图的输出开始，可以写出以下导数：

$$\frac{\partial f}{\partial f}=1,\ \frac{\partial q}{\partial x}=1,\ \frac{\partial q}{\partial y}=1$$

$$\frac{\partial f}{\partial q}=z,\ \frac{\partial f}{\partial z}=q$$

这些偏导数是计算输出 f 关于输入的偏导数$\frac{\partial f}{\partial x}$，$\frac{\partial f}{\partial y}$，$\frac{\partial f}{\partial z}$所必需的。在图中，偏导数的值如下所示：

$$\frac{\partial f}{\partial x}=\frac{\partial f}{\partial q}\cdot\frac{\partial q}{\partial x}=z=-4$$

$$\frac{\partial f}{\partial y}=\frac{\partial f}{\partial q}\cdot\frac{\partial q}{\partial y}=z=-4$$

$$\frac{\partial f}{\partial q}=3$$

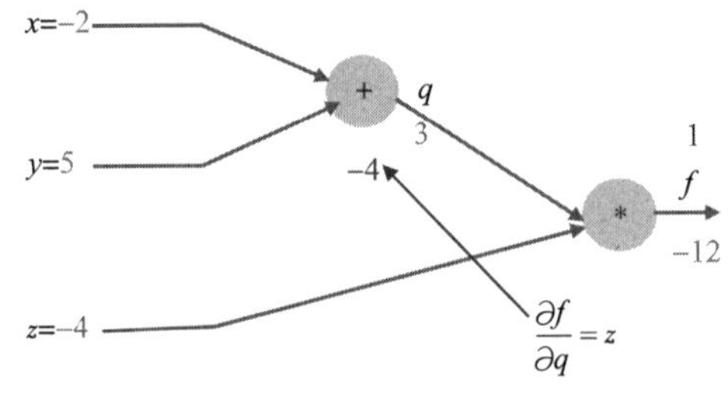

我们回去计算输出关于网络输入的偏导数。它们是：

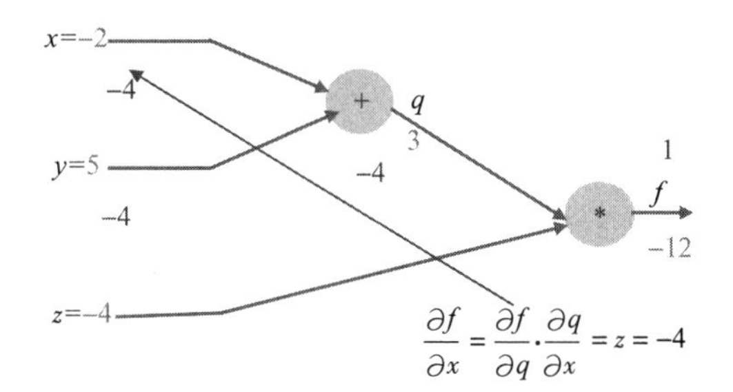

同样对于 f 关于 y 的偏导数，我们有：

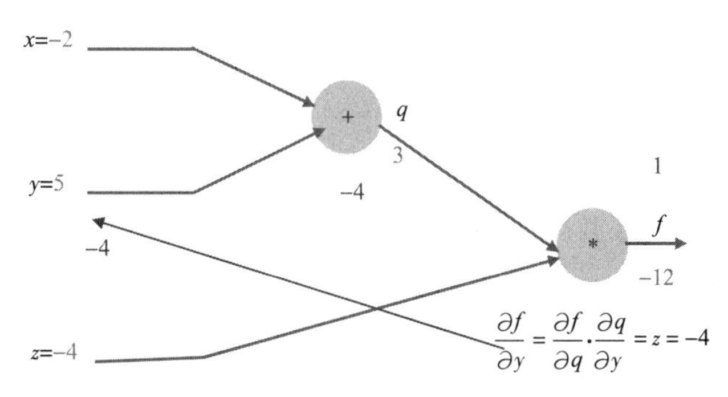

关于 z 的偏导数在下图中给出：

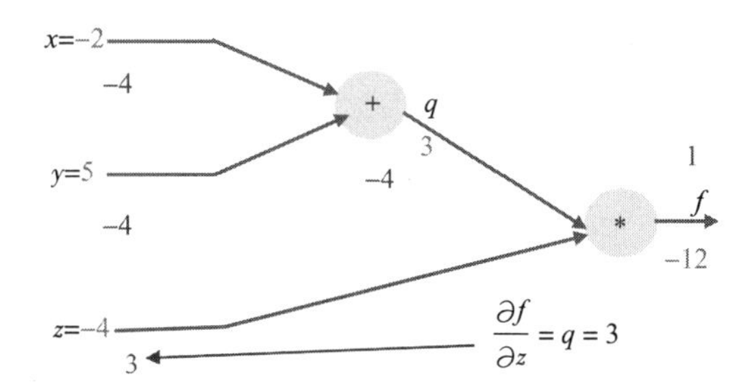

简言之，反向传播模型重复使用微分的链式法则，并从输出返回到输入。这会在输出处将更改传播到输入，以便必要时可以更改权重。这些图中的导数仅关于它们的直接邻接变量。进一步说明如下：

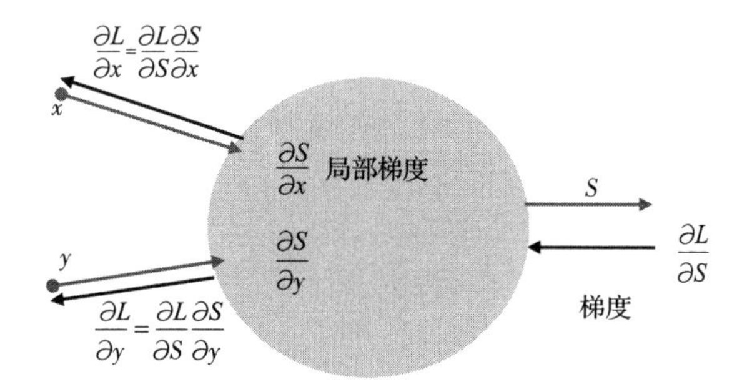

重复使用链式法则会得到网络输入端的偏导数，导致输出端的误差传播到输入端，从而使权重发生变化。注意，在输出处，如果没有进一步的阶段或节点，则导数为$\frac{\partial S}{\partial S}=1$。

9.4　带有计算图的反向传播示例

在本节中，我们考虑另一个例子。在这种情况下，激活函数连接到神经元，以产生一个决策值。考虑以下描述神经网络前向路径的计算图。它由带权重的输入和输出处的激活函数(sigmoid)组成。下面展示从输入到输出的计算过程。

对于前向路径：

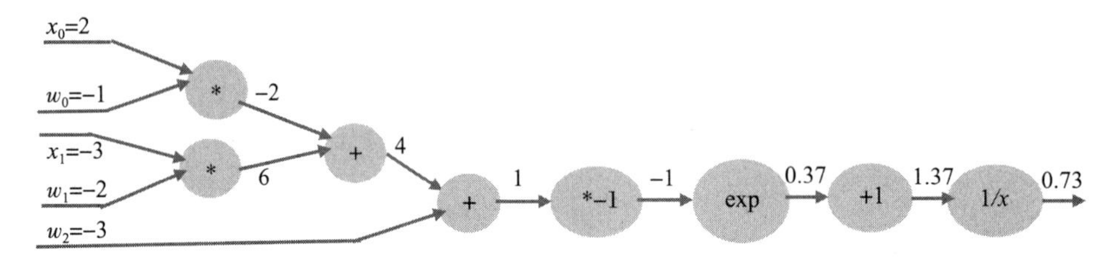

考虑一个使用 sigmoid 激活函数的神经网络。因此，网络的输入和输出由激活函数：

$$f(x,\ w)=\frac{1}{1+e^{-(w_0x_0+w_1x_1+w_2)}}$$

关联。按照图中定义的从输入到输出的网络行为，网络将输出值 0.73，一个正值，因此神经元将被激活或被触发。

以下导数将用于与激活函数有关的输出反向传播：

函数 $f(x)$	导数
$f(x)=e^x$	$\frac{\partial f(x)}{\partial x}=e^x$
$f_a(x)=ax$	$\frac{\partial f_a(x)}{\partial x}=a$
$f(x)=\frac{1}{x}$	$\frac{\partial f(x)}{\partial x}=-\frac{1}{x^2}$
$f_c(x)=c+x$	$\frac{\partial f_c(x)}{\partial x}=1$

9.5　反向传播

反向传播的目的是估计如何通过使用偏导数来更新神经网络中的权重。反向传播从网络的输出开始，然后返回到输入。在输出：

$$\frac{\partial f}{\partial f}=1$$

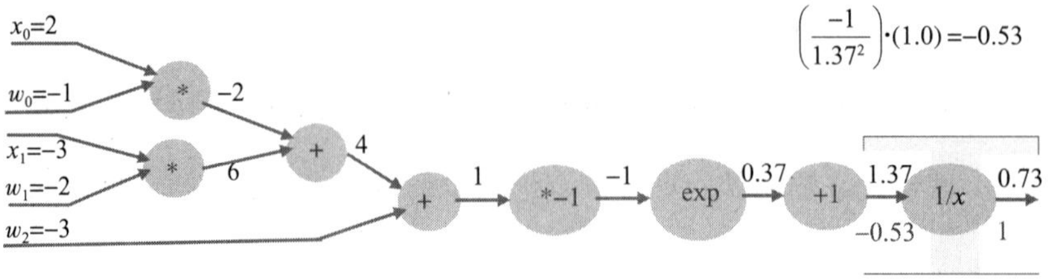

我们得到的输出下降的上游梯度是最右边的值 1，我们还知道 x 的逆的导数是：

$$f(x)=\frac{1}{x}\frac{\partial f(x)}{\partial x}=-\frac{1}{x^2}$$

因此，偏导数下降的乘积为：

$$\left(\frac{-1}{x^2}\right)\cdot(1.0)=\left(\frac{-1}{1.37^2}\right)\cdot(1.0)=-0.53$$

对于向下反向传播的下一步，该节点为$+1$节点，其导数为：

$$f_c(x)=c+x\ \frac{\partial f_c(x)}{\partial x}=1$$

因此，它是局部梯度和上游梯度的乘积$(1.0)\cdot(-0.53)=-0.53$：

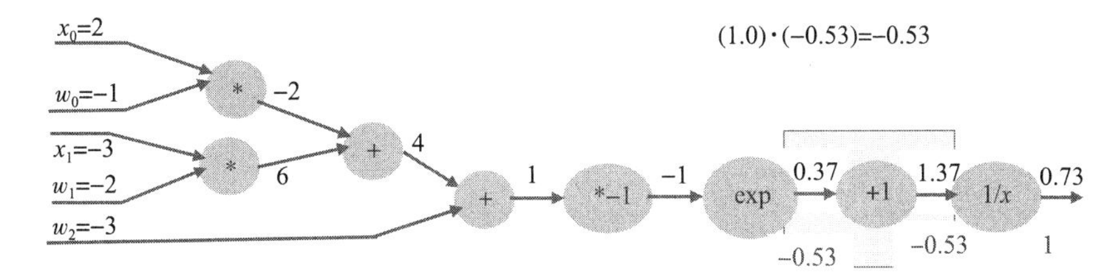

反向传播的下一步涉及导数

$$f(x)=e^x\ \frac{\partial f(x)}{\partial x}=e^x$$

这由上游梯度和局部梯度的乘积给出，当 $x=-1$ 时为

$$(-0.53)(e^{-x})=-0.53(e^{-1})=-0.2$$

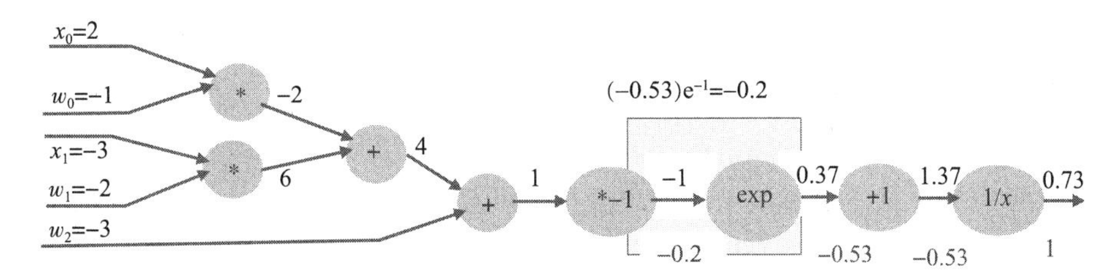

反向传播的下一步需要上游梯度和局部梯度的乘积，该乘积由乘积节点的表达式确定为

$$f_c(x)=ax,\ \frac{\partial f_c(x)}{\partial x}=a$$

$a=-1$ 的值与梯度的乘积为$(-1.0)(-0.2)=0.2$：

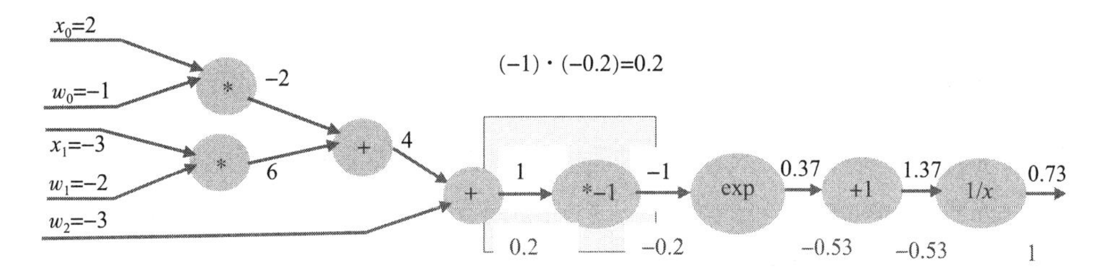

对于链接求和节点的两个分支，反向传播计算为局部梯度(1)和上游梯度的乘积，即0.2。在这种情况下，两个乘积都是：

$$(1)\cdot(0.2)=0.2$$

使用变量和替代分支值的上游梯度乘积的计算图规则计算输入分支处的其余梯度，如下所示：

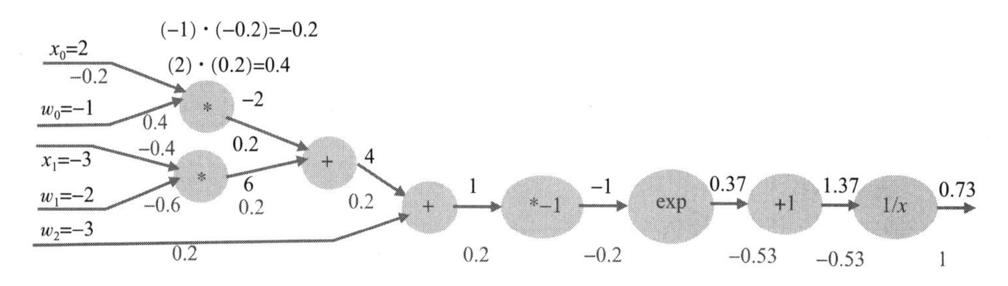

显然，计算图的使用简化了反向传播梯度的计算，因为它仅涉及插入局部梯度和上游梯度的值，并形成乘积。

9.6　神经网络实用训练

神经网络的训练是先用前向算法，然后用反向传播算法调整连接到突触或连接上的权值的过程。在本节中，人工训练由两神经元输入层、三神经元隐藏层和单神经元输出层组成的三层神经网络。这是为了便于读者理解神经网络软件通常采取的步骤。人工计算也提供了便于在训练中了解什么时候出了问题的一个基础，以此来帮助解决这些问题。

在前向算法中，可以随机选择一组权重，也可以使用一些准则。将权重应用于输入数据，并计算输出。在神经网络的第一次迭代中，权值集可以随机选择。这是可以接受的，因为在反向传播期间，将计算在选择权重时所做的误差度量，这将允许权重适应下一轮算法。

误差计算的目的是不断减小权值计算中的误差。一旦权重变得“稳定”，系统参数就被确定为最佳近似值。

9.6.1　前向传播

例如，考虑一个由两个输入神经元、三个隐藏层神经元和一个输出神经元组成的简单神经网络，如图9.2所示。一般来说，我们把输入表示为一个数字矩阵，权重也表示为一个矩阵。下面给出这样一个矩阵的表达式：

$$\begin{bmatrix} x_{11} & x_{12} \\ x_{21} & x_{22} \\ x_{31} & x_{32} \\ x_{11} & x_{42} \end{bmatrix} \times \begin{bmatrix} w_{11} & w_{12} & w_{13} \\ w_{21} & w_{22} & w_{23} \end{bmatrix} = 隐藏层 = f_h$$

此示例是 4×2 输入矩阵和 2×3 权重矩阵的情况。乘积会导致隐藏层神经元的输出为 4×3。考虑图 9.2 中的示例。在下面的神经网络中，输出神经元的目标是 0.7。我们分步介绍前向传播。

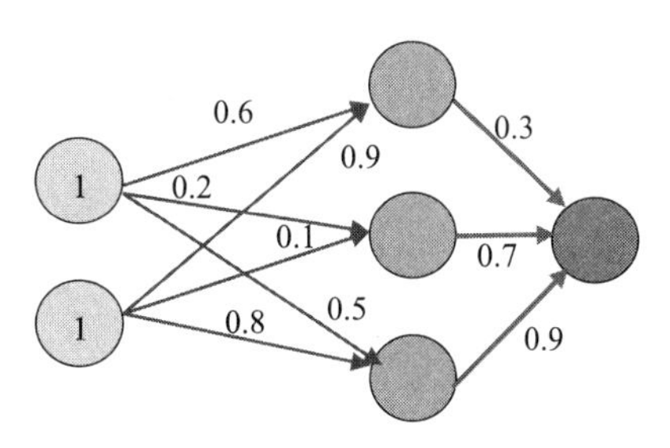

图 9.2　三层神经网络

步骤 1：隐藏层的输入和权重的乘积

$$X \times W = f_h$$

$$1 \times 0.6 + 1 \times 0.9 = 1.5$$

$$1 \times 0.2 + 1 \times 0.1 = 0.3$$

$$1 \times 0.5 + 1 \times 0.8 = 1.3$$

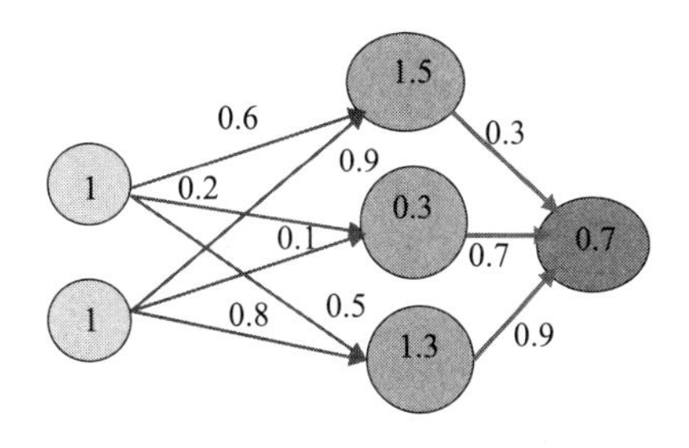

这些结果显示在隐藏层中。

步骤 2：在隐藏层应用激活函数

接下来，我们将激活函数应用于隐藏层神经元的中间结果。激活函数用于将这些结果转换为每个神经元的输出。例如，本章使用了 sigmoid 函数。因此，隐藏层中的三个神经元的输出是：

$$h_1 = \frac{1}{1+e^{-1.5}} = 0.82$$

$$h_2 = \frac{1}{1+e^{-0.3}} = 0.57$$

$$h_3 = \frac{1}{1+e^{-1.3}} = 0.79$$

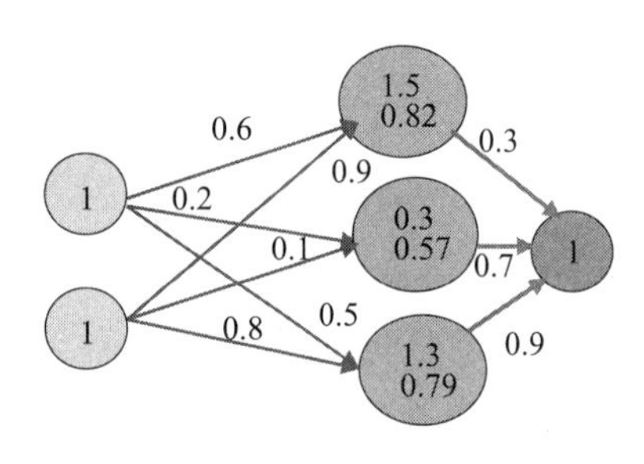

步骤 3：对隐藏层的输出求和

这些来自激活函数过程的结果显示在隐藏的神经元中。隐藏层的输出由三个隐藏层神经元给出：

$$h_1 \times v_1 + h_2 \times v_2 + h_3 \times v_3 = f。$$

$$0.82 \times 0.3 + 0.57 \times 0.7 + 0.79 \times 0.9 = 1.356$$

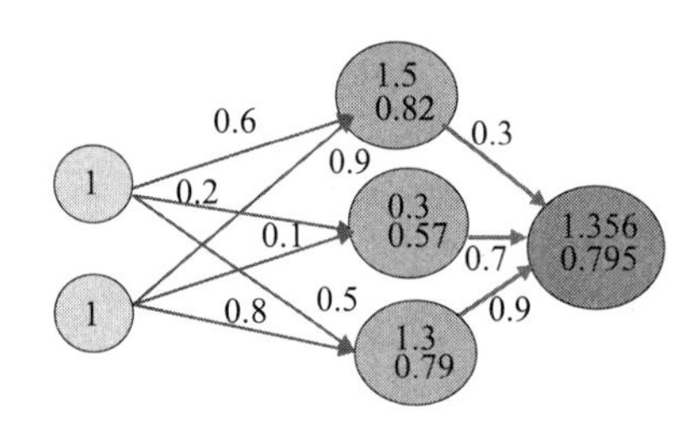

步骤 4：在输出神经元处应用激活函数

接下来，我们应用激活函数来获取输出，即

$$\frac{1}{1+\mathrm{e}^{-f}} = \frac{1}{1+\mathrm{e}^{-1.356}} = 0.795 = 输出$$

到目前为止，从结果 0.795 来看，我们尚未达到预定的目标 0.7，但距离目标不太远。为了使结果接近预期目标，我们现在使用反向传播算法调整权重，并重复该过程。

9.6.2　反向传播

注意最后一个神经元的输出是通过将 sigmoid 函数应用于权重和输入乘积的和(f)得到的：

$$\text{sigmoid}(和) = \sigma(f) = \frac{1}{1+\mathrm{e}^{-f}} = 输出$$

通过观察该方程，可知和的任何变化都将导致输出变化。输出的任何变化也将是和变化的结果。如果与神经元的链接的权重发生变化，则和将发生变化。我们将分步介绍反向传播算法。

步骤 5：计算目标值与结果之差

输出的变化由所需值与实际获得的输出之间的差给出。示例如下：错误＝目标－结果＝0.7－0.795＝－0.095。我们将其定义为 Δ(输出)或错误。

步骤 6：计算和的变化作为输出变化的结果

如何计算和的实际变化？和的变化是由 sigmoid 的导数作为和的函数给出的。表达式如下：

$$\sigma'(f)=\frac{\mathrm{d}(f)}{\mathrm{d}(\text{输出})}=\frac{\Delta(f)}{\text{错误}}$$

这意味着 $\sigma'(f)\times\text{错误}=\Delta(f)$

我们将在分析中经常使用这个方程。注意 σ' 是激活函数(在我们的例子中是 sigmoid)的导数。

$$\frac{\mathrm{d}\sigma(x)}{\mathrm{d}x}=\sigma(x)(1-\sigma(x))$$

因此，反向传播的第一个输出是

$$\begin{aligned}\Delta f&=\left[\frac{1}{1+\mathrm{e}^{-x}}\left(1-\frac{1}{1+\mathrm{e}^{-x}}\right)\right]\times\text{错误}\\&=\left[\frac{1}{1+\mathrm{e}^{-1.356}}\left(1-\frac{1}{1+\mathrm{e}^{-1.356}}\right)\right]\times(-0.095)=-0.019\end{aligned}$$

调整权重

步骤 7：调整权重(在隐藏层和输出层之间)

在网络中，输出层只包含一个神经元。在本节中，我们在输出和表达式的导数中使用 $\Delta f=-0.019$。这是为了让我们得到新的权重(考虑到改变后的权重)。由于输出函数是隐藏层和输出层之间权重的乘积，因此我们可以调整权重。输出和 f_o 为

$$h_1\times v_1+h_2\times v_2+h_3\times v_3=f_o$$
$$H\times v_k=f_o$$

在隐藏层：

$$H=\frac{\Delta f_o}{\Delta v_k},\quad \begin{aligned}h_1&=0.82\\h_2&=0.57\\h_3&=0.79\end{aligned}$$

因此，隐藏层和输出层之间的权重变化为：

$$\Delta v_1=\frac{\Delta f_o}{h_1}=\frac{-0.019}{0.82}=-0.02317$$

$$\Delta v_2=\frac{\Delta f_o}{h_2}=\frac{-0.019}{0.57}=-0.03333$$

$$\Delta v_3=\frac{\Delta f_o}{h_3}=\frac{-0.019}{0.79}=-0.02405$$

因此，新的权重如下：

$$\begin{aligned}&v_{k\text{新}}=v_{k\text{旧}}+\Delta v_k\\&v_{1\text{新}}=v_{1\text{旧}}+\Delta v_1=0.3-0.02317=0.27683\\&v_{2\text{新}}=v_{2\text{旧}}+\Delta v_2=0.7-0.03333=0.6667\\&v_{3\text{新}}=v_{3\text{旧}}+\Delta v_3=0.9-0.02405=0.87595\end{aligned}$$

步骤 8：计算隐藏层总和的变化

接下来，关注从隐藏层到输入层的反向传播的其余部分。可以看出，隐藏层的和的变

化是由输出和以及隐藏层与输出层之间的输出权重的变化引起的。它由两个项(即激活函数和涉及权重导数的输出和)的导数给出。用以下等式正式给出：

$$d(f_h)=\frac{df_o}{v_k}\times\sigma'(f_h)$$

$$df_o=-0.019,\ v=[0.3,\ 0.7,\ 0.9],\ f_h=[1.5,\ 0.3,\ 1.3]$$

因此，我们现在可以以隐晦的形式写出输出和的变化：

$$d(f_h)=\frac{-0.019}{[1.5,\ 0.3,\ 1.3]}\times\sigma'([0.3,\ 0.7,\ 0.9])$$

分别对这个表达式的每一个元素计算变化：

$$d(f_h)_1=\frac{-0.019}{1.5}\times\sigma'(0.3)=-0.000\ 94$$

$$d(f_h)_2=\frac{-0.019}{0.3}\times\sigma'(0.7)=-0.014$$

$$d(f_h)_3=\frac{-0.019}{1.3}\times\sigma'(0.9)=-0.0030$$

因此，隐藏层和的变化是

$$d(f_h)=[-0.000\ 94,\ -0.0014,\ -0.003]$$

这提供了隐藏层中神经元内部隐藏和的变化。

步骤9：调整输入层和隐藏层之间的权重

接下来，更新输入层和隐藏层之间的权重。输入权重的变化由以下表达式给出：

$$\Delta w_k=\frac{d(f_h)_k}{\text{输入数据}}$$

输入数据为[1，1]。输入层和隐藏层之间的权重变化表示为：

$$\Delta w_k=\frac{[-0.000\ 94,\ -0.0014,\ -0.003]}{[1,\ 1]},\ k=1,\ 2,\ 3$$

通过将每个元素除以输入，即可轻松得到上述表达式的结果，即

$$\Delta w=[-0.000\ 94,\ -0.0014,\ -0.003,\ -0.000\ 94,\ -0.0014,\ -0.003]$$

新权重变为旧权重加上相应的权重变化：

$$w_{k,\text{新}}=w_{k,\text{旧}}+\Delta w_k$$

权重索引	旧权重	Δ权重	新权重
W_{11}	0.6	−0.000 94	0.599
W_{12}	0.2	−0.0014	0.199
W_{13}	0.5	−0.003	0.497
W_{21}	0.9	−0.000 94	0.899
W_{22}	0.1	−0.0014	0.099
W_{23}	0.8	−0.003	0.797

在这种情况下，新权重比我们最初选择的原始权重要小。这样就完成了第一个完整的训练迭代。在实际的神经网络应用中，经历前向传播，然后进行反向传播的这些步骤通常

执行数千次，直到网络的输出尽可能接近或等于期望的目标输出为止。

9.7　权重方法的初始化

在 9.6 节的示例中，权重初始化是随机的。我们使用了一组非零权重，这些权重也可能全为零。使用零权重不会减损良好的训练，因为权重在训练迭代期间会多次调整。权重的值也可大可小，可以是正值，也可以是负值。使用很小的权重有缺点。较小的权重可能导致梯度为零且激活函数为零，通常会导致神经网络的学习受到限制。较大的权重也可能导致激活函数饱和，并且梯度变为零，这也导致神经网络无法学习。

有几种初始化算法，包括 Xavier 初始化和批处理标准化。这两种算法将在本节中介绍。这两种方法都是最近才出现的，用于深度学习网络，但在选择本章所述的较小网络的参数时同样有用。

9.7.1　Xavier 初始化

当算法经过网络的每一层时，较小的权重会导致输入信号的方差在各层中减小。当权重太大时，输入数据的方差在每个传递层都会迅速增加。最终，方差变得过大，趋于无穷而变得无用。这些变化是由激活函数(如 sigmoid)变得平坦和饱和引起的。因此，确保用正确的权重在正确的范围内初始化网络很重要，但不容易实现。我们引入 Xavier 初始化功能，以帮助正确选择权重。

通常，输入数据是未经处理的，这意味着几乎不了解有关输入的信息，因此不确定如何分配权重。在 Xavier[1-3]初始化中，权重选自零均值和有限方差的高斯分布。这给了我们一致的分配权重的方法，而不是随机的方法。初始化的目的是确保在网络的每个传递层上，输入方差保持不变。

以线性神经元为例。它可以用以下表达式表示：

$$y=w_1x_1+w_2x_2+\cdots+w_Nx_N+b$$

其中 b 是神经元的偏差。为了使该表达式的方差在每个传递层上均保持不变，y 的方差必须等于等式右侧的方差。因此，我们有

$$\mathrm{var}(y)=\mathrm{var}(w_1x_1+w_2x_2+\cdots+w_Nx_N+b)$$

请注意，偏差是一个常数，因此不会变化。它的方差为零。等式右侧其余部分的方差如下所示。因为

$$\mathrm{var}(w_ix_i)=E(x_i)^2\mathrm{var}(w_i)+E(w_i)^2\mathrm{var}(x_i)+\mathrm{var}(w_i)\mathrm{var}(x_i)$$

期望值 $E(x)$是变量 x 的均值。由于我们假设权重和输入值均为零均值高斯分布，因此上述方程中的期望值被消去。因此，我们有

$$\mathrm{var}(w_ix_i)=\mathrm{var}(w_i)\mathrm{var}(x_i)$$

所以，我们现在可以将 $\mathrm{var}(y)$的表达式写为输入和权重的方差的乘积，即

$$\mathrm{var}(y)=\mathrm{var}(w_1)\mathrm{var}(x_1)+\mathrm{var}(w_2)\mathrm{var}(x_2)+\cdots+\mathrm{var}(w_N)\mathrm{var}(x_N)$$

权重和输入的分布相同。这意味着我们可以将上面的方程简化为简单的方程：

$$\mathrm{var}(y)=N\times\mathrm{var}(w_i)\mathrm{var}(x_i)$$

为了使 y 的方差等于 x 的方差，设项 $N\times \mathrm{var}(w_i)$为单位值。或者

$$N\times \mathrm{var}(w_i)=1$$

这实质上意味着

$$\mathrm{var}(w_i)=\frac{1}{N}$$

因此，使用的每个权重与其他权重具有相同的方差，并且所有 N 个输入神经元的方差都是已知的($1/N$)。因此，从高斯分布中选择的权重分别具有零均值和方差 $1/N$。计算上更复杂的 Xavier 方法最初使用的是由输入和输出神经元之和组成的平均 N，如下所示：

$$N_{平均}=\frac{N_{输入}+N_{输出}}{2} \quad 和 \quad \mathrm{var}(w_i)=\frac{1}{N_{平均}}$$

使用这种形式的方差还可以保留输入信号和反向传播信号。

9.7.2 批处理标准化

批处理标准化[4]在使用时是神经网络中的一个附加层，用于强制输入数据具有零均值和单位方差。这是通过从输入数据中减去输入的均值，并除以过程的方差来实现的。因此，批处理初始化用于强制权重具有高斯分布。该过程将输入数据带到一个层，将其转换为高斯输入集。

考虑 N 个维数为 $D(N\times D)$的大型数据集，该数据集的批处理标准化如下：

1）计算每个数组(x：$N\times D$)的均值：

$$\mu_j=\frac{1}{N}\sum_{i=1}^{N}x_{i,j}$$

2）计算每个数组的方差：

$$\sigma_j^2=\frac{1}{N}\sum_{i=1}^{N}(x_{i,j}-\mu_j)^2$$

3）标准化输入数据

$$\hat{x}_{i,j}=\frac{x_{i,j}-\sigma_j}{\sqrt{\sigma_j^2+\varepsilon}}$$

变量具有以下维度：μ，σ：D，$\hat{x}$：$N\times D$。

4）输出

$$y_{i,j}=\gamma_j\hat{x}_{i,j}+\beta_j$$

9.8 结论

有必要使用 Xavier 或随机选择方法明智地选择权重。对于大型数据集，可以对输入数据应用批处理标准化。换句话说，处理数据。在训练阶段，检查结果的损失是否合理，以及网络是否正在学习。由于训练过程涉及使用最陡下降，因此需要检查网络是否卡在鞍点上。为了更好地学习，损失梯度逐渐减小。通过观察损失梯度值作为时间的函数，可以推断出非常高的学习率。低学习率导致损失梯度的降低非常缓慢。

参考文献

[1] Xavier Glorot and Yoshua Benglo, "Understanding the difficulty of training deep feedforward neural networks", Proceedings of the Thirteenth International Conference on Artificial Intelligence and Statistics, PMLR, 2010, pp. 249–256.
[2] Kaiming He, Xiangyu Zhang, Shaoqing Ren and Jian Sun, "Delving Deep into Rectifiers: Surpassing Human-Level Performance on ImageNet Classification", arXiv:1502.01852 [cs], Feb. 2015.
[3] Kaiming He, Xiangyu Zhang, Shaoqing Ren and Jian Sun, "Deep Residual Learning for Image Recognition". ArXive-prints, December 2015. URL http://arxiv.org/abs/1512/03385.
[4] Sergey Ioffe and Christian Szegedy, "Batch Normalization: Accelerating Deep Network Training by Reducing Internal Covariate Shift," arXiv:1502.03167 [cs], Feb. 2015.

第10章　循环神经网络

10.1　简介

许多商业数据需要保留过去过程的信息，这使得使用前向神经网络处理它们的效率很低。这些数据来源包括股票信息、文本处理和说话人或语音识别。因此，需要一种新的神经网络模型来获取反馈输入。通过保持对先前输出的记忆，并使其可用于过程的输入，新的智能和决策能力被引入其中。循环(反馈)神经网络提供了这样的算法。

虽然反向传播可以更新神经网络中的权值，但该算法不提供反馈，也不利于神经网络的控制。而且，这样的网络不会保留系统状态的任何记忆。对以前的状态和事件的记忆对于系统控制和更智能的决策至关重要。循环神经网络被设计，以提供从输出到输入的反馈。

10.2　实例

在循环神经网络的背景下，考虑一家创新型餐厅，该餐厅有一个绝妙的想法，即如何通过每天为顾客烹调什么来区别于竞争对手。一天的饭菜由当天的天气决定。MamaPut在阳光明媚的日子里会把米饭作为当天的主食，而在雨天会煮胡椒汤。换言之，顾客应该在这两种日子里都能找到一种使其感到快乐的食物。如图10.1所示。

简单的神经网络有一个输入和一个输出，这取决于天气(图10.2)。天气是输入，输出是食物。

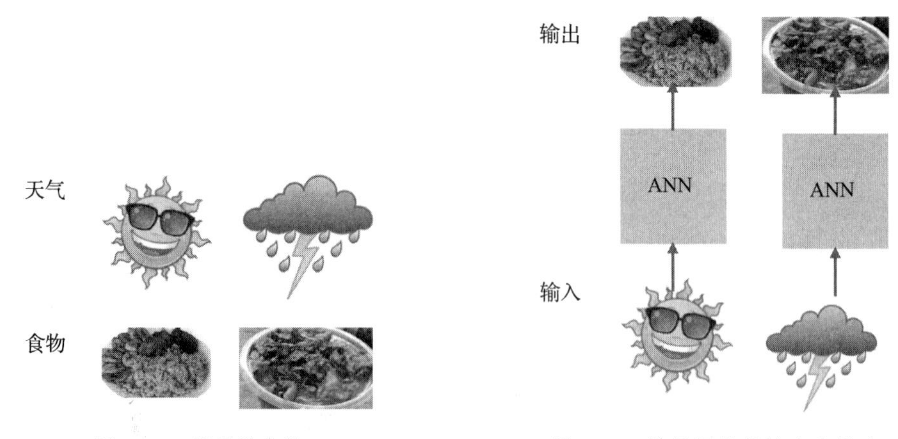

图10.1　当天的食物　　　　图10.2　神经网络的输入和输出

图10.2所示的两种情况可以用神经网络概念来表示。它们用向量表示。让以下向量表示不同的输入和输出：

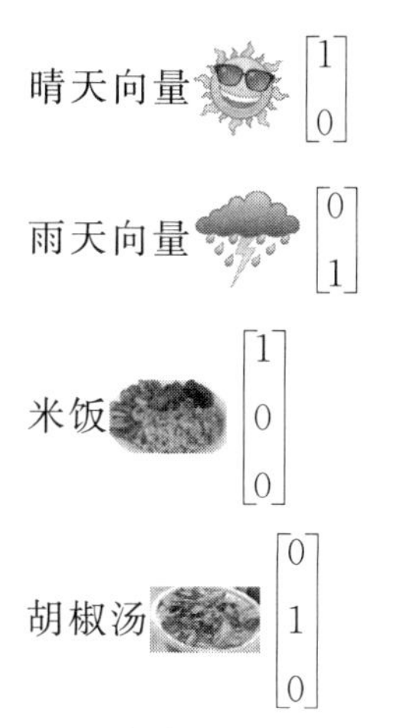

用观察值矩阵 $\boldsymbol{O}$ 表示神经网络的食物或输出，用输入矩阵 $\boldsymbol{W}$ 表示神经网络的天气或输入，其中

$$\boldsymbol{O}=\begin{bmatrix}1 & 0\\0 & 1\\0 & 0\end{bmatrix}$$

$$\boldsymbol{W}=\begin{bmatrix}1 & 0\\0 & 1\end{bmatrix}$$

观察到输入权重矩阵是单位矩阵。神经网络的行为或智能用矩阵乘法表示。

$$\boldsymbol{O}\times\boldsymbol{W}=\begin{bmatrix}1 & 0\\0 & 1\\0 & 0\end{bmatrix}\times\begin{bmatrix}1 & 0\\0 & 1\end{bmatrix}=\begin{bmatrix}1 & 0\\0 & 1\\0 & 0\end{bmatrix}$$

对于两个输入权重向量中的每一个，都显示了该神经网络。对于晴天，神经网络为：

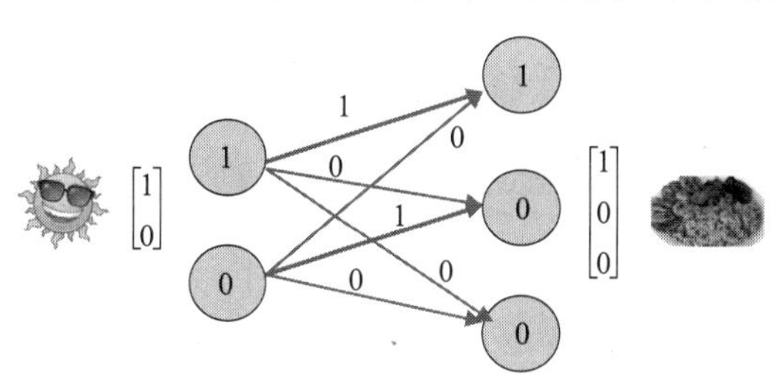

对于雨天，神经网络为：

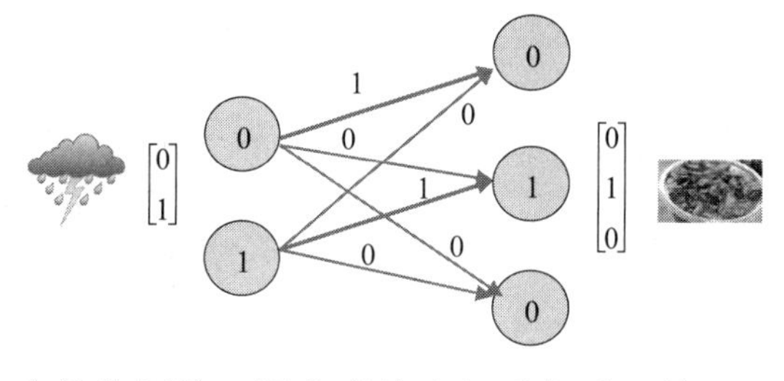

由于输入权重矩阵是一个单位矩阵，因此当输入权重相乘，并通过人工神经网络传递时，输出(食物矩阵)保持不变。实际上，通过将输出矩阵乘以天气向量(权重 $\boldsymbol{W}_j$，$j\in(1, 2)$)

矩阵，结果始终是适当的食物(向量)，如下所示：

$$\boldsymbol{O}\times\boldsymbol{W}_1=\begin{bmatrix}1&0\\0&1\\0&0\end{bmatrix}\times\begin{bmatrix}1\\0\end{bmatrix}=\begin{bmatrix}1\\0\\0\end{bmatrix}=$$

$$\boldsymbol{O}\times\boldsymbol{W}_2=\begin{bmatrix}1&0\\0&1\\0&0\end{bmatrix}\times\begin{bmatrix}0\\1\end{bmatrix}=\begin{bmatrix}0\\1\\0\end{bmatrix}=$$

10.3　原理

到目前为止，该网络还没有记忆，无论在雨天或晴天，都无法记住昨天的食物。可以使用反馈将内存内置到神经网络中。将输出反馈到输入中，以通知神经网络前几天获得了什么输出。完成此操作后，神经网络可以从前几天的输出食物中推断出并为当天制作合适的食物。这意味着网络不再需要天气矩阵作为输入，而是从输出反馈中获取输入。为了恰当地说明这一点，我们添加了第三种输入食物，因此 MamaPut 提供了菜单，其中包括米饭、胡椒汤和 suya 尼日利亚烤五香肉。

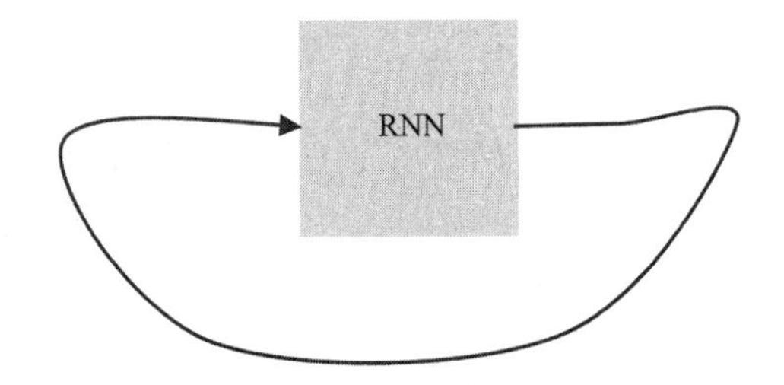

循环神经网络一般输出以下的米饭，胡椒汤和 suya：

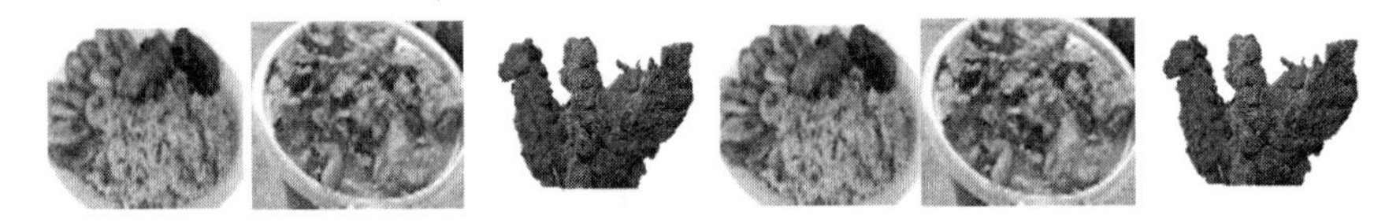

例如，在该序列中，RNN 会产生米饭输出，在下一轮中变成输入反馈，输出是胡椒汤。接下来，将胡椒汤送回，输出变成 suya。下次输出再次变成米饭时，该序列重复。为此，我们需要用于 suya 的第三个向量，它由向量

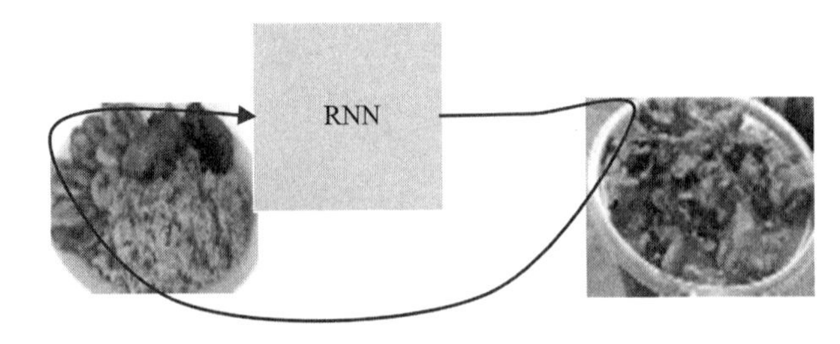

给定。当输出胡椒汤时，米饭被输入反馈。在输出 suya 时，输入胡椒汤。

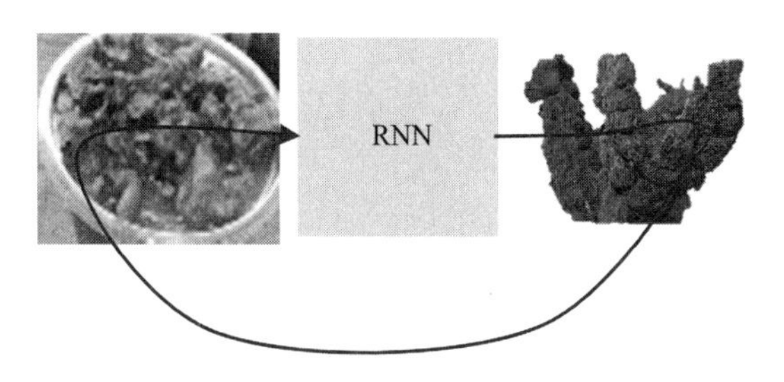

第三次，输入为 suya，输出为米饭。

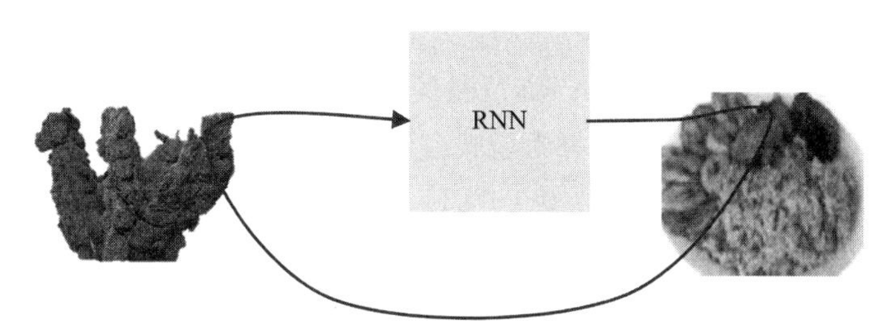

为了用数学方式表示神经网络，我们需要第三个向量用于 suya 输入和输出。suya 的输入向量是

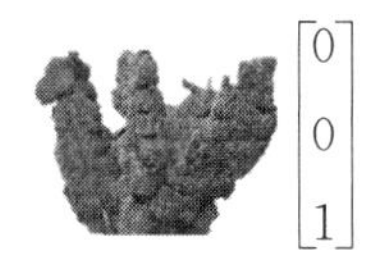

$$\begin{bmatrix}0\\0\\1\end{bmatrix}$$

RNN 的输出矩阵为

$$\boldsymbol{O}=\begin{bmatrix}0&0&1\\1&0&0\\0&1&0\end{bmatrix}$$

RNN 的输入矩阵是 3×3 单位矩阵：

$$\boldsymbol{W}=\begin{bmatrix}1&0&0\\0&1&0\\0&0&1\end{bmatrix}$$

例

(a) 当输入是米饭时，上述 RNN 的输出是什么?

(b) 当输入是 suya 时，RNN 的输出是什么?

(c) 当输入是胡椒汤时，输出应该是什么?

解　(a)

$$\boldsymbol{O}\times\boldsymbol{W}_1=\begin{bmatrix}0&0&1\\1&0&0\\0&1&0\end{bmatrix}\times\begin{bmatrix}1\\0\\0\end{bmatrix}=\begin{bmatrix}0\\1\\0\end{bmatrix}$$

输出是胡椒汤。

(b) 当输入为 suya 时，输出表达式为

$$\boldsymbol{O}\times\boldsymbol{W}_3=\begin{bmatrix}0&0&1\\1&0&0\\0&1&0\end{bmatrix}\times\begin{bmatrix}0\\0\\1\end{bmatrix}=\begin{bmatrix}1\\0\\0\end{bmatrix}$$

输出是米饭！

(c) 当输入是胡椒汤时，输出由以下表达式给出：

$$\boldsymbol{O}\times\boldsymbol{W}_2=\begin{bmatrix}0&0&1\\1&0&0\\0&1&0\end{bmatrix}\times\begin{bmatrix}0\\1\\0\end{bmatrix}=\begin{bmatrix}0\\0\\1\end{bmatrix}$$

输出是 suya。这些结果表明，该 RNN 是其输入和输出之间的线性映射。它将胡椒汤映射到 suya，将 suya 映射到米饭，将米饭映射到胡椒汤。

$$\begin{bmatrix}0&0&1\\1&0&0\\0&1&0\end{bmatrix}\times\begin{bmatrix}1\\0\\0\end{bmatrix}$$

循环神经网络看起来确实像下图，其输出直接连接到输入：

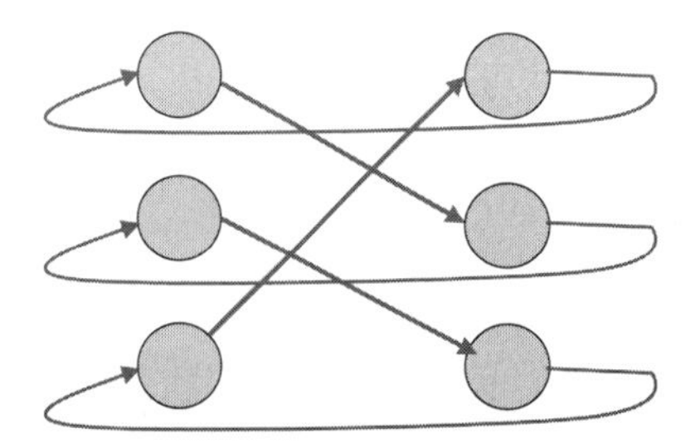

反馈用于为网络提供内存，从而为网络提供更多智能。我们可以通过添加天气过程，将更多智能集成到 RNN 中，并将其用作决策的进一步线索。MamaPut 的提示是，在晴天，她会在前一天重新提供餐点；如果在雨天，感觉很好，食物就是胡椒汤。如果第二天下雨，她又要制作感觉很好的菜 suya。

这种形式的神经网络为决策提供两种智能来源，即内部智能和外部智能。食物矩阵的形式是内部智能，天气矩阵的形式是外部智能。不久将显示，还有第三种智能来源，即从输出到输入的反馈，这将显示为食物矩阵的旋转。

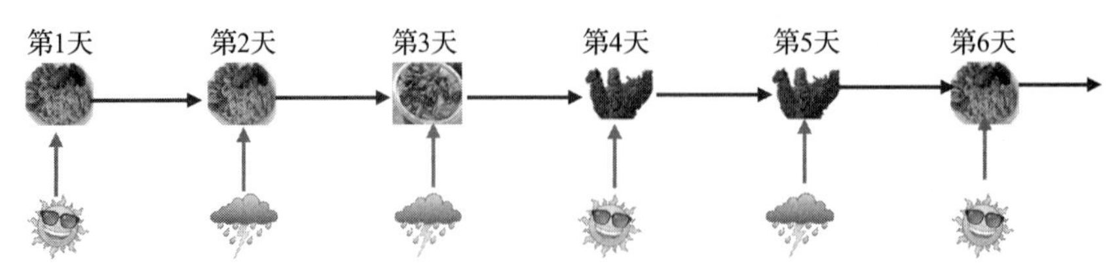

因此，该 RNN 的处理涉及两个矩阵，即食物和天气矩阵。食物矩阵是

$$\begin{bmatrix} \boldsymbol{O} \\ \mathrm{rot}(\boldsymbol{O}) \end{bmatrix} + \begin{bmatrix} \boldsymbol{W} \\ \mathrm{rot}(\boldsymbol{W}) \end{bmatrix} = \begin{bmatrix} 1 & 0 & 0 \\ 0 & 1 & 0 \\ 0 & 0 & 1 \\ 0 & 0 & 1 \\ 1 & 0 & 0 \\ 0 & 1 & 0 \end{bmatrix} + \begin{bmatrix} 1 & 0 \\ 1 & 0 \\ 1 & 0 \\ 0 & 1 \\ 0 & 1 \\ 0 & 1 \end{bmatrix}$$

请注意，观察值矩阵 $\boldsymbol{O}$ 和输入权重矩阵 $\boldsymbol{W}$ 均分为两半。下半部分是观察值矩阵和权重(天气)矩阵的每一行的一次左手旋转。将观察值(食物)矩阵乘以食物向量会发生什么？本节提供了一个示例。让观察值矩阵乘以食物向量，在本例中为米饭向量。结果是一个 6×1 向量，其中前半部分是米饭向量，后半部分是胡椒汤向量。

$$\begin{bmatrix} 1 & 0 & 0 \\ 0 & 1 & 0 \\ 0 & 0 & 1 \\ 0 & 0 & 1 \\ 1 & 0 & 0 \\ 0 & 1 & 0 \end{bmatrix} \times \begin{bmatrix} 1 \\ 0 \\ 0 \end{bmatrix} = \begin{bmatrix} 1 \\ 0 \\ 0 \\ 0 \\ 1 \\ 0 \end{bmatrix}$$

结果向量的前半部分是今天食物的向量，后半部分是第二天食物的向量。通过重复此过程两次，我们注意到 RNN 正在正确预测第二天的食物，即

$$\begin{bmatrix} 1 & 0 & 0 \\ 0 & 1 & 0 \\ 0 & 0 & 1 \\ 0 & 0 & 1 \\ 1 & 0 & 0 \\ 0 & 1 & 0 \end{bmatrix} \times \begin{bmatrix} 0 \\ 1 \\ 0 \end{bmatrix} = \begin{bmatrix} 0 \\ 1 \\ 0 \\ 0 \\ 0 \\ 1 \end{bmatrix}$$

最后，第三次乘法给出

$$\begin{bmatrix} 1 & 0 & 0 \\ 0 & 1 & 0 \\ 0 & 0 & 1 \\ 0 & 0 & 1 \\ 1 & 0 & 0 \\ 0 & 1 & 0 \end{bmatrix} \times \begin{bmatrix} 0 \\ 0 \\ 1 \end{bmatrix} = \begin{bmatrix} 0 \\ 0 \\ 1 \\ 1 \\ 0 \\ 0 \end{bmatrix}$$

显然，RNN 再次正确地预测了今天和第二天的食物。我们可以通过另一种方式提供更确定的结果。这可以通过使用天气矩阵和向量来帮助确定今天或第二天应该烹饪哪些食物来完成。接下来通过将天气矩阵乘以晴天向量来说明，即

$$\begin{bmatrix}1 & 0\\1 & 0\\1 & 0\\0 & 1\\0 & 1\\0 & 1\end{bmatrix}\times\begin{bmatrix}1\\0\end{bmatrix}=\begin{bmatrix}1\\1\\1\\0\\0\\0\end{bmatrix}$$

同一天

第二天

在雨天，我们使用下一个天气向量来检查矩阵乘法是否再次为要烹饪的食物提供了很好的指导。结果是

$$\begin{bmatrix}1 & 0\\1 & 0\\1 & 0\\0 & 1\\0 & 1\\0 & 1\end{bmatrix}\times\begin{bmatrix}0\\1\end{bmatrix}=\begin{bmatrix}0\\0\\0\\1\\1\\1\end{bmatrix}$$

同一天

第二天

到目前为止，我们在分析中尚未使用任何激活函数。如果将食物和天气矩阵结果按以下方式合并，则将需要激活函数：

$$\begin{bmatrix}1\\0\\0\\0\\1\\0\end{bmatrix}+\begin{bmatrix}0\\0\\0\\1\\1\\1\end{bmatrix}=\begin{bmatrix}1\\0\\0\\1\\2\\1\end{bmatrix}$$

同一天

第二天

同一天

第二天

现在，如果我们使用 sigmoid 或 ReLU 之类的激活函数来选择最大值作为输出，则很明显第二天的食物应该烹饪，这意味着制作胡椒汤，与雨天的温暖食物相匹配。激活函数基本上会选择最大的，并将其设置为+1，其余设置为 0，即

$$\begin{bmatrix}0\\0\\0\\0\\1\\0\end{bmatrix}$$

通过合并此向量的两部分，我们得到了更现实的向量

$$\begin{bmatrix}0+0\\0+1\\0+0\end{bmatrix}=\begin{bmatrix}0\\1\\0\end{bmatrix}$$

这意味着第二天的食物(胡椒汤)应该制作。

通过将 6×1 向量与激活向量(该激活向量是两个单位矩阵的串联)直接使用，可以用另一种方式证明这一结果。两个单位矩阵的串联如下：

$$[\boldsymbol{I}\,|\,\boldsymbol{I}]\times\begin{bmatrix}0\\0\\0\\0\\1\\0\end{bmatrix}=\begin{bmatrix}1&0&0&1&0&0\\0&1&0&0&1&0\\0&0&1&0&0&1\end{bmatrix}\times\begin{bmatrix}0\\0\\0\\0\\1\\0\end{bmatrix}=\begin{bmatrix}0\\1\\0\end{bmatrix}=$$

食物
合并
激活
天气
相加

完整的 RNN 显示为“食物和天气”部分。将这两个部分的行为相加，然后合并结果，然后执行激活过程。反馈是从输出食物节点到输入食物节点的。下一组数字显示了该 RNN 的操作以及食物和天气的输入。以下输入已应用于网络：

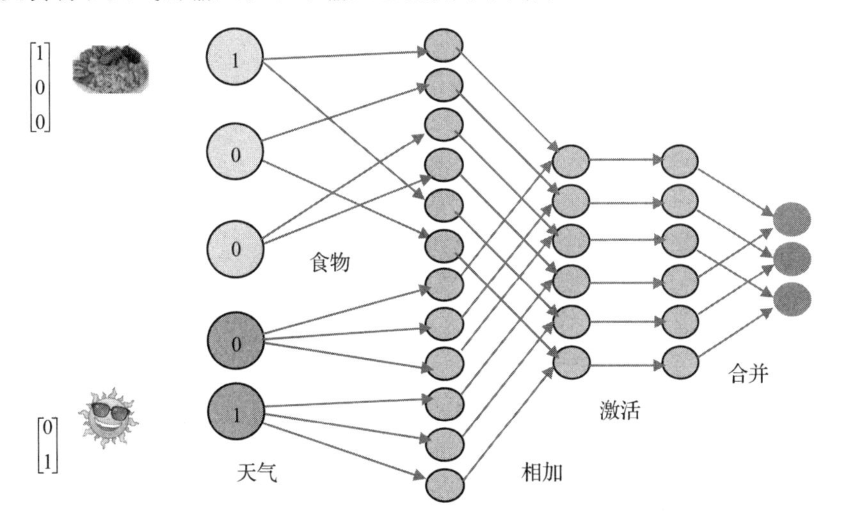

我们逐步浏览网络以显示处理流程。在第二步期间，网络中将提供以下信息：

在第 2 步中，将数据相加，并将其放入第 3 层，即

激活函数提供最大输出 1，将其余单元设置为 0。这由下图给出：

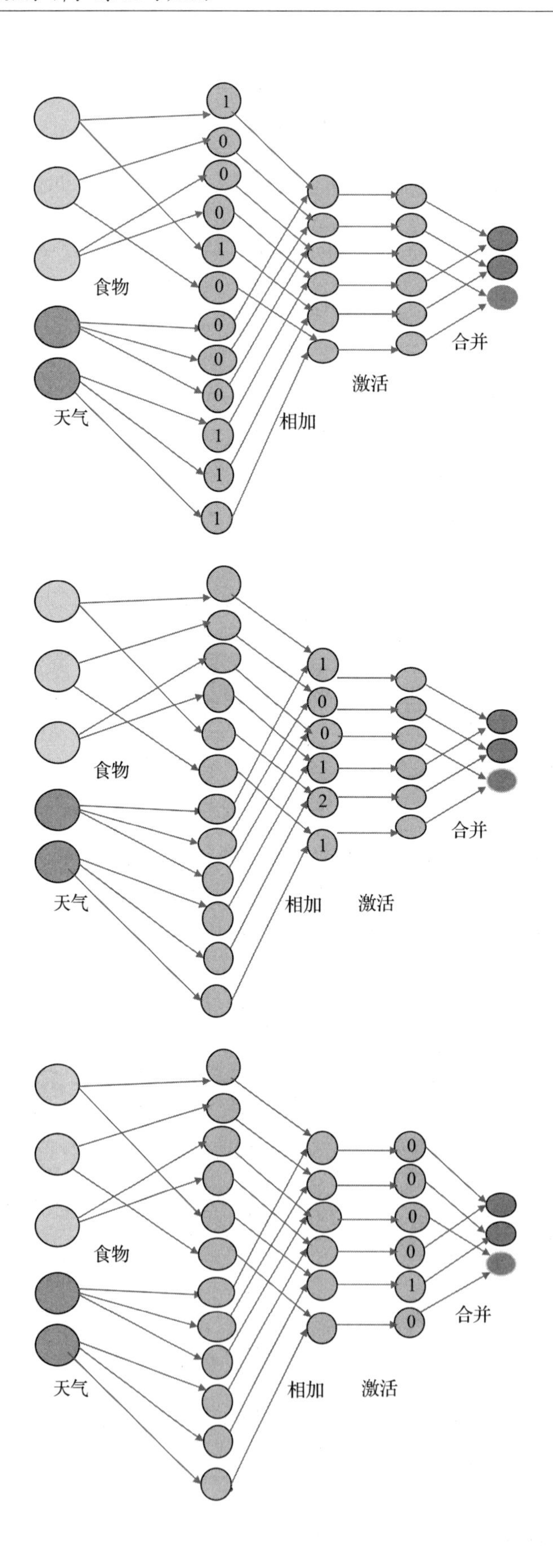

1
0
0
0
1
0
0
0
0
1
1
1
食物
天气
相加
激活
合并
1
0
0
1
2
1
食物
天气
相加
激活
合并
0
0
0
0
1
0
食物
天气
相加
激活
合并

处理的最后阶段是将结果合并到输出层中，从而得到下图：

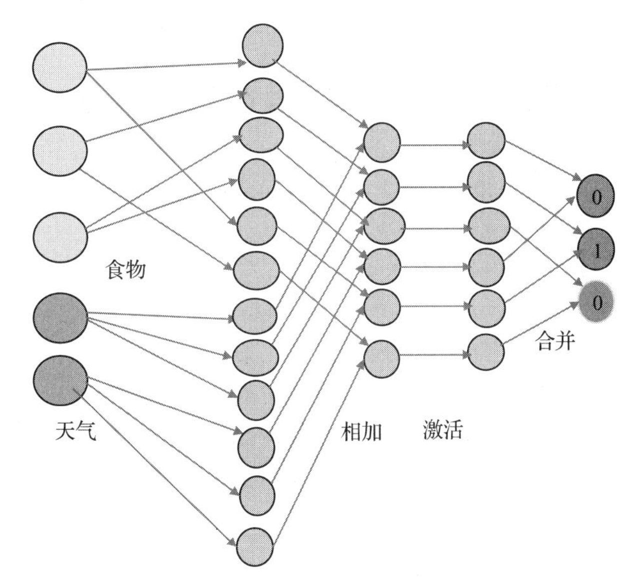

在此阶段之后，将输出层中的数据反馈到输入食物层以重复处理。天气部分会根据今天的天气进行更新(也可能与前一天的天气不同或相同)。这一步是

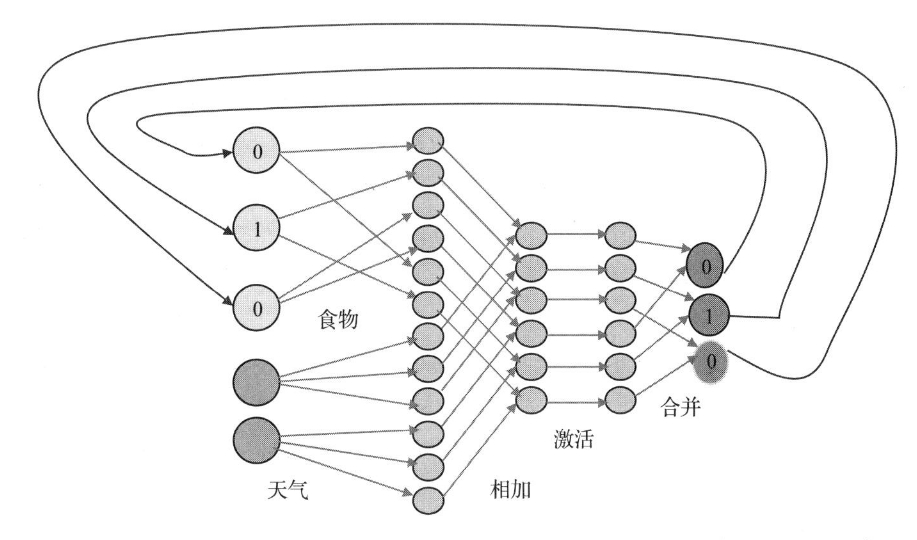

这样就完成了处理，网络已准备好重复处理当天应烹饪的食物。这取决于当天的天气。

第11章　卷积神经网络

11.1　简介

随着神经网络的应用超越了图像和模式识别、语音和说话人识别以及股票表现和价格预测等传统领域，神经网络概念也跟上了数据分析的快速发展。这已经逐渐将神经网络的使用转移到其传统领域之外，以稳固地处于应用数据分析和深度学习的范围内。在此过程中，用于控制信号处理的技术(如滤波)已扩展到神经网络的研究，从而形成卷积神经网络(CNN)。卷积神经网络结合了滤波理论和模式识别的概念，为信号分析提供了新的方向。本章将重点放在卷积神经网络上。CNN应用滤波理论、矩阵概念、卷积理论和神经网络。在此过程中，它为深入学习提供了一个基础，从而使CNN应用程序的计算快速高效。

11.2　卷积矩阵

卷积矩阵是用于查询大型数据集，并将其维数减小到更易于管理的水平的数据移动平均窗口。卷积矩阵也是以某种方式布置的滤波器系数，其不仅允许数据的窗口化，而且允许滤波器与数据集的卷积。它们将时域中的传统卷积减少为窗口元素与数据元素的直接乘法。从实际意义上讲，可以说卷积神经网络中所谓的卷积并不是在信号处理中众所周知的卷积。在时域卷积中，两个信号彼此环绕，并且为了使两个信号解耦，使用了两个信号到频域的变换。这是因为在频域中的卷积减少为两个信号的傅里叶变换的乘积。

卷积矩阵是机器学习中用于特征检测和提取的小矩阵。它们有助于将信号的最感兴趣的部分归零，其中最有趣的是迄今为止隐藏在信号中的模式，这些模式是通过卷积矩阵可见的。

在数字信号处理中，通过方程(11.1)为一维情况定义了输入到神经网络的离散卷积和权重：

$$y[i]=x[i]\times h[n]=\sum_{k=-\infty}^{\infty}x[k]\times h[i-k],\ k\in[-\infty,\ \infty] \tag{11.1}$$

卷积运算符从负无穷大到正无穷大。实际上，该范围被截断为进行操作所需要的合理长度K。在本章的其余部分，将根据定义良好的信号长度给出卷积表达式。对于二维卷积的情况，在下一个表达式中完成此操作，该表达式定义为：

$$y[i,\ j]=x\times w=\sum_{m=-M}^{M}\sum_{n=-N}^{N}x[i+m,\ j+n]w[m,\ n] \tag{11.2}$$

其中，

- 输入是包含像素的二维数组 x 的图像。
- 卷积核或运算符也是可学习参数的二维数组 w。
- 卷积的输出是2D特征图 y。

卷积可以扩展到两个以上的维度。例如，在包含红色(R)、绿色(G)和蓝色(B)或 RGB 平面的彩色图像中，卷积是三维操作。

$$y[i, j, k]=x \times w=\sum_{m=-M}^{M} \sum_{n=-N}^{N} \sum_{l=-L}^{L} x[i+m, j+n, k+l] w[m, n, l] \tag{11.3}$$

三维卷积在涉及三维图像处理和模式识别网络的 CNN 应用中非常流行。

CNN 中的三维卷积

上一节中给出的传统卷积涉及移位，索引从负值到位置值。在 CNN 中，卷积是通过将卷积核与信号的一部分直接相乘，在将核作为一个单元移动并重复该过程之前求和来完成的。卷积核是低维矩阵，通常为 3×3 和 5×5。例如，典型的三维 CNN 卷积运算是

$$y=\sum_{k=1}^{3} \sum_{i=1}^{5} \sum_{j=1}^{5} x[k, i, j] c[k, i, j] \tag{11.4}$$

(3D 版本)

其中 $c[k, i, j]$是卷积核或滤波器，$x[k, i, j]$是三维信号的一部分。这个过程是一个直接的乘法(逐点)和求和。

在 CNN 训练过程中，核函数根据输入信号进行调整。

11.3 卷积核

卷积核具有不同的函数。例如，在图像处理中，卷积滤波器用于锐化、模糊、边缘检测、边缘增强、浮雕和直线检测。因此，卷积核的选择在模式识别和分类中是非常重要的。本节给出了一些卷积核：

核函数	核(过滤器)矩阵	效果
恒等(保持数据不变)	$\begin{bmatrix} 0 & 0 & 0 \\ 0 & 1 & 0 \\ 0 & 0 & 0 \end{bmatrix}$	
锐化(图像)	$\begin{bmatrix} 0 & 0 & 0 & 0 & 0 \\ 0 & 0 & -1 & 0 & 0 \\ 0 & -1 & 5 & -1 & 0 \\ 0 & 1 & -1 & 0 & 0 \\ 0 & 0 & 0 & 0 & 0 \end{bmatrix}$	
模糊	$\begin{bmatrix} 0 & 0 & 0 & 0 & 0 \\ 0 & 1 & 1 & 1 & 0 \\ 0 & 1 & 1 & 1 & 0 \\ 0 & 1 & 1 & 1 & 0 \\ 0 & 0 & 0 & 0 & 0 \end{bmatrix}$	

（续）

核函数	核(过滤器)矩阵	效果
模糊(高斯)	$\frac{1}{16}\begin{bmatrix}1 & 2 & 1\\2 & 4 & 2\\1 & 2 & 1\end{bmatrix}$	
边缘检测器	$\begin{bmatrix}0 & 1 & 0\\1 & -4 & 1\\0 & 1 & 0\end{bmatrix}$	
	$\begin{bmatrix}-1 & -1 & -1\\-1 & 8 & -1\\-1 & -1 & -1\end{bmatrix}$	
	$\begin{bmatrix}1 & 0 & -1\\0 & 0 & 0\\-1 & 0 & 1\end{bmatrix}$	
	Sobel 边缘检测器： $G_x=\begin{bmatrix}-1 & 0 & 1\\-2 & 0 & 2\\-1 & 0 & 2\end{bmatrix}$ $G_y=\begin{bmatrix}1 & 2 & 1\\0 & 0 & 0\\-1 & -2 & 1\end{bmatrix}$	
边缘增强器	$\begin{bmatrix}0 & 0 & 0\\-1 & 1 & 0\\0 & 0 & 0\end{bmatrix}$	
浮雕	$\begin{bmatrix}-2 & -1 & 0\\-1 & 1 & 1\\0 & 1 & 2\end{bmatrix}$	

根据所使用核的类型，边缘检测器的名称有所不同，包括 Sobel、Prewit、Canny、Laplacian、Kirsch 和 Robinson 以及更多边缘检测器。许多边缘检测器都是基于梯度的。它们与图像的行和列卷积。如果像素的值大于设置的阈值，则将其视为边缘。

直线检测器用于检测各种方向的直线。以下内核可以检测水平、垂直和倾斜(+45 度和−45 度)直线。

$$水平线检测器=\begin{bmatrix}-1 & -1 & -1\\2 & 2 & 2\\-1 & -1 & -1\end{bmatrix}\qquad 垂直线检测器=\begin{bmatrix}-1 & 2 & -1\\-1 & 2 & -1\\-1 & 2 & -1\end{bmatrix}$$

斜(+45 度)线检测器 $=\begin{bmatrix}-1 & -1 & 2\\ -1 & 2 & -1\\ 2 & -1 & -1\end{bmatrix}$　斜(−45 度)线检测器 $=\begin{bmatrix}2 & -1 & -1\\ -1 & 2 & -1\\ -1 & -1 & 2\end{bmatrix}$

卷积是线性移位不变的，这意味着线性移位运算不会改变卷积的结果。卷积运算的复杂度取决于数据和卷积核的大小。考虑大小为 $M\times N$ 个像素的图像 I 和大小为 $(2R+1)\times(2R+1)$ 的卷积核 C。因为卷积运算是

$$I'(u, v)=\sum_{i=-R}^{R}\sum_{j=-R}^{R}I(u-1, v-j)C(i, j) \tag{11.5}$$

卷积的计算复杂度为 $o(MN(2R+1)(2R+1))\cong o(MNR^2)$。对于固定大小的图像，计算复杂度与卷积核 $o(R^2)$ 的阶数成正比。

卷积核的设计

设计卷积核的一个简单方法是使用分离设计。在可分离设计中，核是若干项的乘积。例如，二维核可以使用一个核，它是方程(11.6)中形式的两个项的卷积：

$$\boldsymbol{C}=\boldsymbol{C}_1\times\boldsymbol{C}_2 \tag{11.6}$$

因此，这种方法使用滤波器的积，一个沿着行，一个沿着列。

通常，可以使用表达式(11.7)设计 n 维可分离核：

$$\boldsymbol{C}=\boldsymbol{C}_1\times\boldsymbol{C}_2\times\cdots\times\boldsymbol{C}_n \tag{11.7}$$

核的可分离性有助于降低计算的复杂度，在数据的第一个维度上应用一个分量，在第二个维度上应用第二个分量。

例　考虑以下可分离核

$$\boldsymbol{C}_x=[1, 1, 1, 1, 1], \boldsymbol{C}_y=\begin{bmatrix}1\\1\\1\end{bmatrix}$$

卷积核 $\boldsymbol{C}=\boldsymbol{C}_x\times\boldsymbol{C}_y=\begin{bmatrix}1 & 1 & 1 & 1 & 1\\ 1 & 1 & 1 & 1 & 1\\ 1 & 1 & 1 & 1 & 1\end{bmatrix}$。

1. 可分离的高斯核

可分离核的一个典型例子是由高斯函数形式形成的高斯核，首先使用一维高斯函数来设计二维高斯函数：

$$g_\sigma(x)=\frac{1}{\sqrt{2\pi}\sigma}\exp\left(-\frac{x^2}{2\sigma^2}\right) \tag{11.8}$$

$$G_\sigma(x, y)=\frac{1}{2\pi\sigma^2}\exp(-\frac{x^2+y^2}{2\sigma^2}) \tag{11.9}$$

值 σ 决定高斯滤波器的宽度。不管 σ 取何值，高斯函数的形状保持不变。在统计术语中，当考虑高斯分布函数时，σ 是标准差，σ^2 是方差。

二维结果是因为二维高斯函数是两个一维高斯函数的乘积：

$$
\begin{aligned}
G_\sigma(x,\ y) &= \frac{1}{2\pi\sigma^2}\exp\left(-\frac{x^2+y^2}{2\sigma^2}\right) \\
&= \frac{1}{\sqrt{2\pi}\sigma}\exp\left(-\frac{x^2}{2\sigma^2}\right)\times\frac{1}{\sqrt{2\pi}\sigma}\exp\left(-\frac{y^2}{2\sigma^2}\right) \\
&= g_\sigma(x)\times g_\sigma(y)
\end{aligned}
\tag{11.10}
$$

通常，n 维高斯核是

$$
G_\sigma(x_1,\ x_2,\ \cdots,\ x_n)=\frac{1}{(\sqrt{2\pi}\sigma)^n}\exp\left(-\frac{x_1^2+x_2^2+\cdots+x_n^2}{2\sigma^2}\right) \tag{11.11}
$$

n 维核也保持高斯形状。三维核最适合三维卷积神经网络。

例　使用以下一维高斯滤波器设计 3×3 高斯核：

$$
\boldsymbol{G}_x=\begin{bmatrix}1 & 2 & 1\end{bmatrix},\ \boldsymbol{G}_y=\begin{bmatrix}1\\2\\1\end{bmatrix}
$$

解　通过使用乘积(3×1×1×3)获得 3×3 高斯滤波器：

$$
G=G_yG_x=\begin{bmatrix}1\\2\\1\end{bmatrix}\begin{bmatrix}1 & 2 & 1\end{bmatrix}=\begin{bmatrix}1 & 2 & 1\\2 & 4 & 2\\1 & 2 & 1\end{bmatrix}
$$

2. 可分离 Sobel 核

除了高斯滤波器外，Sobel 核也是由两个一维滤波器核的乘积得到的：

$$
\boldsymbol{S}_y=\begin{bmatrix}1\\2\\1\end{bmatrix},\ \boldsymbol{S}_x=\begin{bmatrix}-1 & 0 & 1\end{bmatrix}
$$

$$
\boldsymbol{G}=\boldsymbol{G}_y\boldsymbol{G}_x=\begin{bmatrix}1\\2\\1\end{bmatrix}\begin{bmatrix}-1 & 0 & 1\end{bmatrix}=\begin{bmatrix}-1 & 0 & 1\\-2 & 0 & 2\\-1 & 0 & 1\end{bmatrix}
$$

3. 计算优势

使用可分离滤波器的计算优势取决于滤波器的尺寸。对于不可分离滤波器，我们证明了用 $P\times Q$ 大小的核来滤波二维信号的大小 $\times N$ 的计算复杂度为 $o(MN(P)(Q))\cong o(MNPQ)$。当滤波器可分离时，每个维数的计算顺序为 $o(MNP)+o(MNQ)$。因此，使用可分离滤波器的计算优势是 $G=MNPQ/(MNP+MNQ)=PQ/(P+Q)$。例如，对于一个 5×5 的核，计算优势是 2.5。

作为本节的总结，卷积核也为卷积神经网络的各种函数设定了基调。例如，它们提供了图像检索、图像序列中对象的检测、图像中对象的类型、图像分类和分割的方法。用今天的术语来说，它们还用于自动驾驶车辆(自动驾驶汽车、无人驾驶飞行器)、机器人、人脸识别、指纹识别、姿势和步态识别。在医学领域，它们用于生物信息学应用、疾病诊断和蛋白质组学。在遥感中，它们用于航空地图(环境中的街道、建筑物和其他物体)的位置识别、车牌识别、图像字幕和目标跟踪。

11.4 卷积神经网络术语

从一开始，CNN 的发展就考虑了图像分析和模式识别。因此，大多数使用的术语与信号处理中的图像处理概念有关。本节介绍在卷积神经网络描述中使用的术语。

11.4.1 概念和超参数

到目前为止，CNN 的输入主要是图像数据，图像帧的尺寸变化很大。在美国，帧速率为每秒 60 帧，在世界大多数地区，帧速率为每秒 50 帧。彩色图像也有各种格式。在最简单的形式中，彩色图像有三个颜色通道——红色(R)、绿色(G)和蓝色(B)平面，因此这种形式的图像被称为 RGB 格式。故每个彩色像素包含一个三元组字节，每个字节为 8 位，RGB 像素是 24 位长。所以，在每一帧中，像素中的颜色分量是(0～28 或 255)之间的值。由此，彩色图像是一个三维数据集，通常称为输入体积或(3×255×255)。

对于灰度图像，输入数据是二维的，数据量基本上是 1×255×255 数据通道。这大大简化了卷积神经网络的运算。在本节余下的讨论中，重点是更难实现的 RGB 图像输入，它需要三个图像通道。

超参数是指 CNN 层和神经元的结构特性，包括空间排列和感受野。因此，超参数是零填充(P)、输入体积的尺寸(宽度×高度×深度$=W\times H\times D$)、感受野(R)和步幅(S)。

1. 深度

深度(D)是指用于卷积运算的滤波器数量。对于使用的每个滤波器，都会生成一个特征图。在 RGB 场景中，将生成三个特征图，每个特征图分别对应于输入图像的 R、G 和 B 分量。每个特征图都是彩色通道的降采样二维版本。

2. 零填充

在卷积过程中，第一行和最后一行、第一列和最后一列通常无法使卷积滤波器以其中的像素为中心。这就暴露了它们不能被最佳地使用，导致激活图减小。为了使滤波器能够应用于数据矩阵的第一个元素，与该元素相邻的元素在顶部和左侧没有*使用零填充*。数据矩阵之外的所有边行和列元素都被设为零。因此，可以使用零填充将滤波器应用于输入数据矩阵的所有内容(如图 11.1 和图 11.2 所示)。

零填充已成为信号处理中用于减少混叠和边缘效应的常见运算过程。在卷积神经网络中，有时可能需要在进行卷积之前填充图像的边缘。有几种方法正在使用。零填充(P)是指在输入矩阵的边缘周围用零填充的情况。零填充可将滤波器矩阵居中于输入图像的每个可能像素上。它还允许控制特征图的大小。当需要保留输出体积的尺寸和输入体积的尺寸时，可在 CNN 层中使用它。零填充的使用也称为*宽卷积*。不使用零填充称为*窄卷积*。

3. 感受野

CNN 的图像输入通常是高维的。这使得将图像的所有可能区域连接到神经元是不切实际的。这样做将导致非常高的计算成本或复杂度。为了减少与 CNN 运算相关的计算成本，

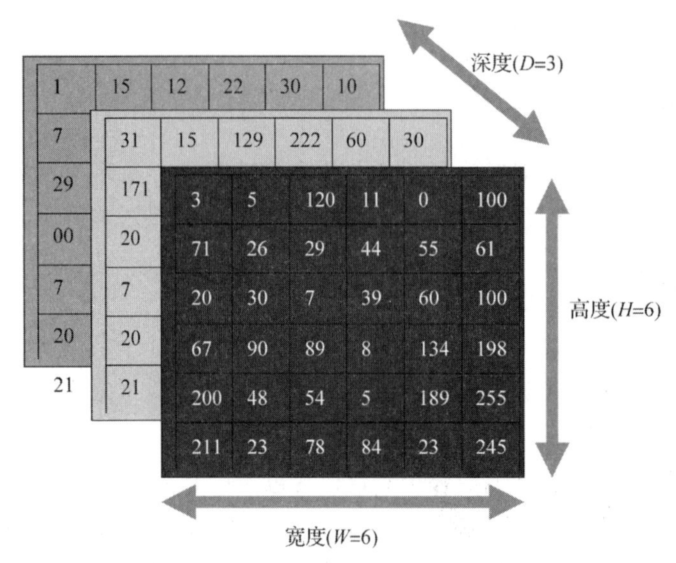

图 11.1　输入体积大小为 6×6×3(高度×宽度×深度＝6×6×3)[1]

0	0	0	0	0	0	0	0
0	3	5	120	11	0	100	0
0	71	26	29	44	55	61	0
0	20	30	7	39	60	100	0
0	67	90	89	8	134	198	0
0	200	48	54	5	189	255	0
0	211	23	78	84	23	245	0
0	0	0	0	0	0	0	0

图 11.2　图像通道的零填充

使用了称为感受野的较小的二维数据区域。对于二维数据，感受野通常约为 5×5 或 3×3 或 7×7 矩阵区域。例如，在彩色图像中，必须将感受野扩展到三个彩色通道中，以使其变为 5×5×3 或其他类似的三维构造。假设感受野内的所有像素都因此完全连接到 CNN 输入层。在感受野上，网络进行操作，以创建激活图。

4. 步幅

卷积核在再次被放在图像上执行卷积之前跳过的像素数称为**步幅**(S)。它是滤波器矩阵在图像中滑动的像素数。步幅为 1 表示滤波器矩阵移动 1 个像素。当步幅为 2 时，滤波器矩阵跳过两个像素以被放置在图像上。步幅越大，特征图越小。所得值可由激活矩阵的和归一化。

5. 使用修正线性单元的激活函数

在神经网络操作中，激活函数的使用并不是新事物。尽管某些激活函数的性能优于其他激活函数，但始终有必要使用它们来产生神经元的输出。ReLU 在上一章中进行了描述。在每个卷积步骤之后，CNN 中都使用 ReLU 作为对卷积过程结果的非线性运算。它们用于将卷积输出转换为二进制值，其中 1 表示神经元不触发，而 0 表示神经元不触发。使用 ReLU 进行逐个元素的运算。例如，卷积运算的所有负输出都设置为 0，所有正值都设置为 1。

11.4.2 CNN 处理阶段

使用卷积神经网络时，涉及四个主要处理操作。它们是：

1）滤波器核与输入数据的卷积。

2）非线性(激活函数)的应用。ReLU 或修正线性单元最受 CNN 的欢迎。此步骤将卷积运算的输出转换为二进制值。

3）合并或二次采样输入数据。此步骤降低了数据的维数。

4）分类操作，创建一个完全连接的层。

下一节将通过示例和说明图详细描述这四个操作。

卷积层

使用卷积层是因为它保留了图像的空间结构。它是三个图像通道的一部分，彼此重叠，每个通道代表 RGB 图像格式的彩色平面。典型的大小将为 32×32×3 的形式，其中数字 3 表示三个图像通道。每个通道的大小为 32 像素乘以 32 像素：

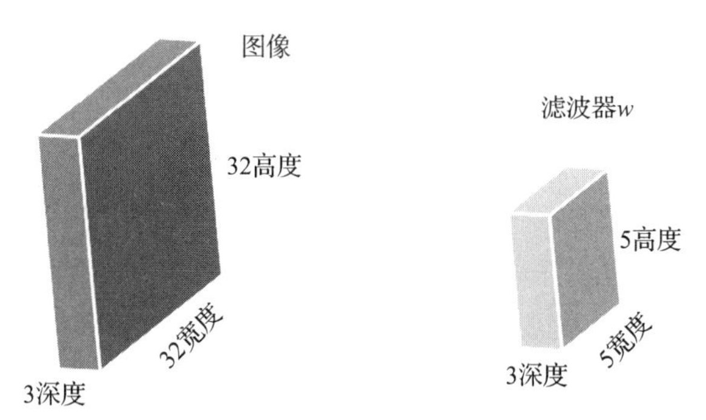

卷积过程使用如图所示的 5×5×3 卷积核。我们将其滑过滤波器，并对滤波器与图像进行点积运算。下图显示了此过程。将滤波器放置在图像上某个位置时，点积的结果是一个值：

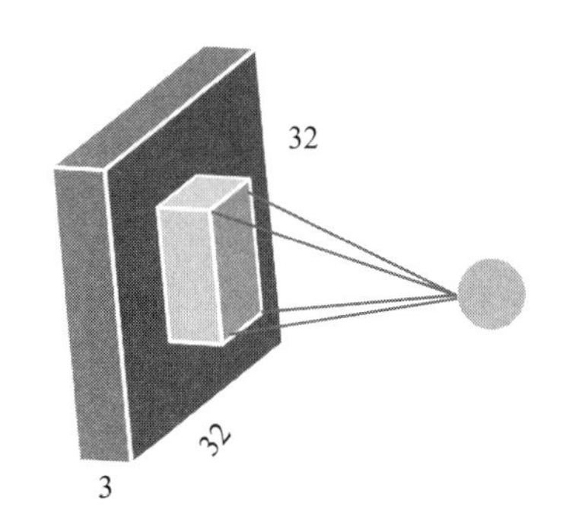

该运算写为：

$$I'(i,\ j)=\boldsymbol{w}^{\mathrm{T}}\boldsymbol{x}+b \tag{11.12}$$

其中 x 是图像窗口，b 是偏差。对于所示的核，由运算得出的单个值需要 5×5×3 点积。核在图像上上下滑动，针对每个位置获取值，并将其记录在不同的图像中。卷积相当于对图像进行二次采样，并将结果添加到新的二次采样图像中。该过程称为**池化**。

有趣的是，激活图是连接的神经元的二维层，提供由滤波器核暴露的局部区域的输出。每个神经元都连接到该区域。神经元也共享参数。

通过在输入图像的一角开始此过程，在每个像素上滑动卷积核，并将其居中，可以获得新的图像或特征。与输入相比，这种称为**激活图**的新图像具有较低的尺寸，因为它不能完全适合输入图像边缘的核。每个激活图的深度为 1。图 11.3 中的激活图堆栈是使用 6 个滤波器核得到的。

对核使用这种形式的卷积的一个主要优点是可以使用不同类型的核。每个不同的核都会从映像中选择不同种类的特征。如图 11.3 所示，将二次采样的图像堆叠在一起，也可以在其上重复卷积过程。

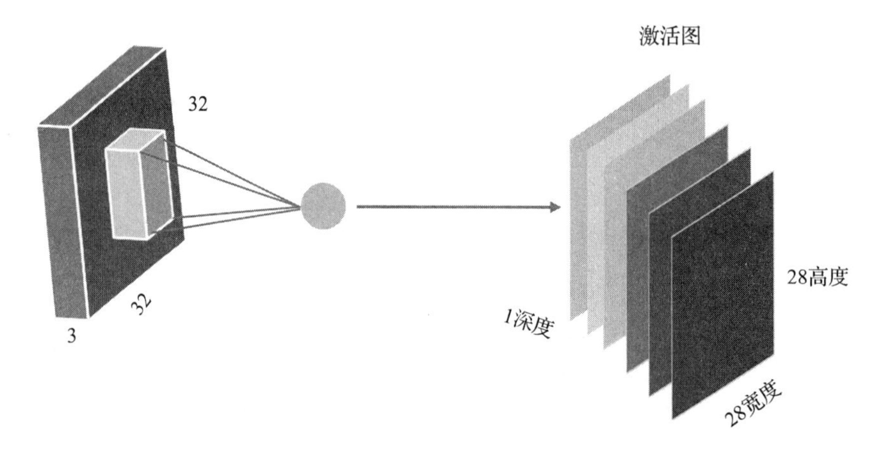

图 11.3　CNN 中的激活图

特征是使用卷积核从输入图像派生的重要或有用的信息或模式。换句话说，卷积神经网络使用卷积核从输入图像中学习特征。

这些特征是关于检测到的对象，图像中的人脸，从输入图像中拾取的不同对象、曲线和直线的特征信息。

观察到通过对点积的结果求和而得到的卷积值是激活矩阵中的一个项。根据应用需要，可以使用 1 个步幅或 2 个步幅或更多步幅进行滑动。

池化

考虑使用带有浮雕卷积核的数据的深灰色通道的一部分进行以下卷积运算。没有将零填充添加到数据的边缘。

例　卷积核的总和为 1。因此，激活映射中的项除以 1，仍保持不变。

结果的第一项来自乘积：[3×(−2)+(−1)×5+0−71×1]+[26×1+29×1+0]+[0+30×1+7×2]=(−6−5−71)+(26+29+30+14)=−82+99=+17。

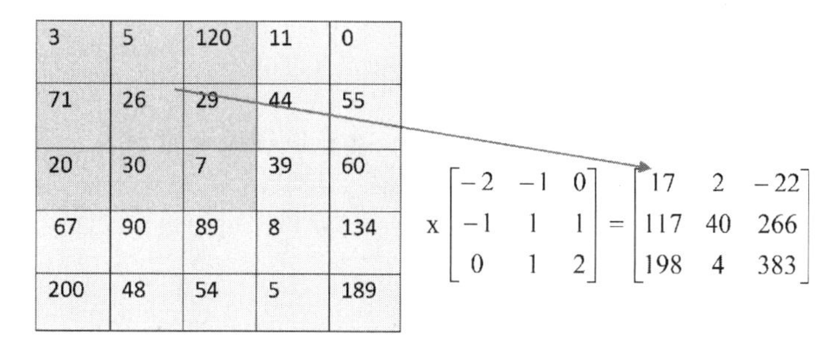

使用核的相应元素与数据窗口或感受野的点积以相同方式计算其余卷积值。

在给定步幅 S 和核或滤波器 F 的大小的情况下，我们始终可以使用以下表达式判断激活图的大小，如果方形图像的大小为 N，则输出激活图的大小为：

$$M=\frac{(N-F)}{S}+1 \tag{11.13}$$

换句话说，激活图的大小为 $M\times M$。在填充输入图像时，上式中的新尺寸 N 应该包括填充，实际上 N 已乘以 2，从而给出了更大的激活图。上式中另一个隐藏的信息是，用于步幅 $S=1$ 的填充行和列的大小或数量通常由 $(F-1)/2$ 给出。使用此填充大小可将激活图的大小恢复为输入图像的大小。当我们按 P 行(列)填充时，可以将上面的方程修改为：

$$M=\frac{(N+2P-F)}{S}+1 \tag{11.14}$$

11.4.3　池化层

池化层位于卷积层之后。它主要用于减少下一个卷积层的输入体积的空间尺寸(宽度×高度)。它对体积的深度尺寸没有影响。

池化层的作用是双重的，以执行激活图的下采样，从而使它们对于下一次卷积的重复运算更易于管理。如图 11.3 所示堆叠多个激活图时，池化层将在每个激活图上独立运行。下采样通常会导致无法恢复的信息丢失。有一些信号处理技术使用正交镜像滤波器进行下采样，从而可以在不丢失信息的情况下恢复输入数据。在信号处理中，需要使用分析滤波器进行下采样，而合成滤波器则需要重新组合采样的分量。到目前为止，CNN 中似乎没有等效的运算。但是，卷积网络中的损失具有内在的好处，其中包括：

1) 减少下一组网络层的计算开销。

2) 防止过拟合。

池化运算通过使用滑动窗口执行类似于卷积的运算。滑动窗口会以步幅移动，以将激活图转换为特征。有几种类型的核很流行。其中一些核从滑动窗口暴露的值中提取最大值。这称为“最大池化”。另一种方法是取这些值的平均值。最大池化提供了比其他方法更好的性能，因此，它已成为很受欢迎的方法。

对于每个深度切片，都进行池化运算。例如，对于大小为 $W\times D$ 的输入体积，在每个颜色切片上使用大小为 2×2 的池化窗口。这意味着颜色通道将被等效地下采样。

在卷积神经网络中，池化是可选的。但是，例如，如果颜色通道很大，则需要进行下采样，以加速 CNN 的运算，那么这可能会非常有用。

最大池化

在此运算中，核从激活映射中获取最大值。在此级别避免零填充，因为它会给输出增加边缘效应。池化运算通常使用 $F=2$ 或 3 的步幅值 1 和 2。在更大的激活图中也可以使用更大的步幅。

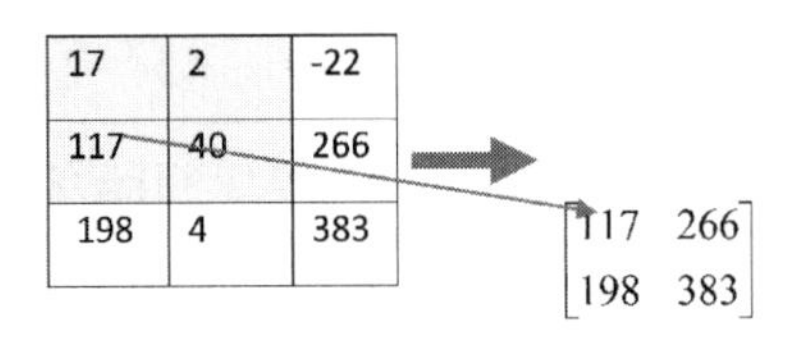

请注意，2×2 核仅选择感受野内的最大值。该示例说明生成的激活图或池化层在很大程度上取决于用于卷积的核或滤波器(见图 11.4)。有意义的是，最大池的性能要优于其他方法。当神经元基于滤波器触发时，与较小的值相比，最大值可以更好地表示神经元触发的强度。

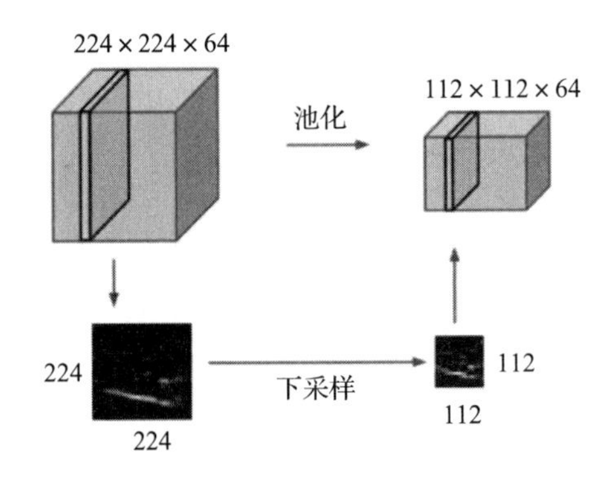

图 11.4 CNN[1] 中池化运算中的例子

11.4.4 全连接层

全连接层与上一层的输出完全连接。该术语意味着上一层中的神经元连接到下一层中的所有神经元。全连接层包含完全连接到输入体积的神经元。它们通常用于卷积神经网络的最后阶段，并连接到输出层，以构造所需数量的输出。

11.5 CNN 设计原则

本节总结了卷积神经网络的设计。给出了处理步骤每一层的相关表达式。

步骤 1

CNN 的输入由输入体积定义，输入体积是输入数据的宽度、高度和深度的乘积，表达式为

$$V_1 = W_1 \times H_1 \times D_1 \tag{11.15}$$

下标“1”指定输入层 1。处理输入体积需要四个参数：

1) 使用的滤波器数 K。

2）滤波器 F 的空间尺寸。

3）跨数据 S 移动滤波器的步幅或步长。

4）零填充量(使用时)P。

步骤 2

将以上参数应用于输入体积，以创建新体积：

$$V_2 = W_2 \times H_2 \times D_2 \tag{11.16}$$

第二层的宽度和高度是第一层相同参数的重新定义。这是第一层处理的结果。通常，如果数据体积被填充，则参数的表达式为：

$$\left.\begin{aligned} W_2 &= \left(\frac{W_1 - F + 2P}{S}\right) + 1 \\ H_2 &= \left(\frac{H_1 - F + 2P}{S}\right) + 1 \\ D_2 &= K \end{aligned}\right\} \tag{11.17}$$

每个滤波器的权重数量为 $F \cdot F \cdot D_1 K$。偏差数为 K。

普通尺寸

为了便于处理，K 的值被选为 2 的幂。典型值包括(32、64、128、256 和 512)。滤波器尺寸 F、S 和 P 的值通常为

1）$F=1$，$S=1$，$P=0$(无填充)。

2）$F=3$，$S=1$，$P=1$。

3）$F=5$，$S=1$，$P=2$。

4）$F=5$，$S=2$，$P=2$ 或 1。

11.6 结论

本章是对卷积神经网络的介绍。引入了滤波器核，以用于涉及图像的卷积运算。不同的核执行不同的作用，例如边缘检测、图像增强和浮雕。这些技术主导信号处理。它们已扩展到导致卷积神经网络(CNN)的神经网络的研究。因此，卷积神经网络将滤波器理论与模式识别概念相结合，为信号分析提供了新的方向。本章重点在卷积神经网络上。分析了 *CNN* 滤波器理论、矩阵概念、卷积理论和神经网络。它们以使 CNN 应用程序的计算快速且有效的方式提供了深度学习的见解。

参考文献

[1] Fei-Fei Li, Justin Johnson and Serena Yeung, “Lecture 5 | Convolutional Neural Networks” on YouTube, Stanford University lecture notes.

第 12 章　主成分分析

12.1　简介

主成分分析(PCA)是一种确定数据中隐藏模式的方法。它已在许多应用中得到使用，包括气象数据、面部识别、面部表情识别和情绪检测[1]。

12.2　定义

主成分是数据集中最大变异性(协方差)的方向。这称为第一主成分。第二主成分是下一个正交或不相关的方向，用于最大限度地改变数据。因此，必须首先提取沿主成分的可变性，找到下一个最大可变性的方向。因此，一旦除去主成分，第二主成分便指向剩余或残余数据子空间的最大变化方向。该成分与主成分正交。通过推断，第三主成分是在去除第二主成分之后剩余数据子空间的主成分。这些方向始终彼此正交。它们由数据方差的值确定。

因此，通过推断，必须计算数据的协方差，以找到数据集之间的方差值，从而能够查找或删除主成分。

有几种方法可以解释什么是 PCA。所有这些都是使用不同术语对同一概念的解释。

从投影数学的角度来看，PCA 是数据的线性投影，旨在减少参数的数量或数据的维数。因此可以选择投影以最小化平方误差。向量 $\boldsymbol{v}$ 在 $\boldsymbol{x}$ 轴上的投影由 $p=\boldsymbol{v}\cdot\boldsymbol{x}=vx\cos\theta$ 给出，θ 是两个向量之间的夹角。变化最大的方向由 $E((\boldsymbol{v}\cdot\boldsymbol{x})^2)$ 确定。当向量 $\boldsymbol{v}$ 和 $\boldsymbol{x}$ 之间的角度为零时，期望值最大。换句话说，向量沿着 $\boldsymbol{x}$ 轴放置。

在实践中，数据被映射到一个较低的维度，因此可以看作一种无监督学习的形式。该算法将一组相关数据进行变换，并将其解耦为不相关的数据集。这对于检查每个数据及其对过程的影响至关重要。因此，例如，给定 N 维数据，PCA 可用于将数据的维数降到 K 维，其中 $K\ll N$[1]。等式(12.1)对此进行了说明。因此，三维数据被映射成平面或二维数据，五维数据被映射成三维数据。这是有用的，例如，当我们有 N 个提供读数的传感器，目标是将数据集减少到维数小于 N 的更小维度时：

$$\boldsymbol{x}=\begin{bmatrix}a_1\\a_2\\\vdots\\a_N\end{bmatrix}\rightarrow\text{减小数据的维度}\rightarrow\boldsymbol{y}=\begin{bmatrix}b_1\\b_2\\\vdots\\b_K\end{bmatrix},\quad K\ll N \tag{12.1}$$

由于维数的降低，主成分分析也确定了数据最大可变性的方向。在此过程中，它将现有轴旋转到由数据变量覆盖或定义的空间中的新位置。PCA 定义的新轴在每个数据子空间的最大变化方向上相互正交。正交性也建立了数据的可分性。

因此，PCA 至少产生三种类型的信息，如下：

（ⅰ）显示数据中信息的模式或结构的正交函数。

（ⅱ）主成分(即时间序列)揭示每个正交函数在某一时间点的贡献。因此，当主成分 PC_j 较大时，正交函数 j 在时间点的贡献也很大。这也意味着一个小的主成分 PC_j 也显示出来自正交函数 j 的小贡献。

（ⅲ）提供正交函数相对重要性的特征值。

线性变换

为了降低数据的维数，PCA 在形式上使用了一个线性变换 $\boldsymbol{T}$：

$$y=\boldsymbol{T}x \tag{12.2}$$

其中变换 $\boldsymbol{T}$ 可以写成矩阵形式。该矩阵表示一组关于 x 到 y 的线性表达式：

$$\boldsymbol{T}=\begin{bmatrix} t_{11} & t_{12} & \cdots & t_{1N} \\ t_{21} & t_{22} & \cdots & t_{2N} \\ \cdots & \cdots & \ddots & \vdots \\ t_{K1} & t_{K2} & \cdots & t_{KN} \end{bmatrix} \tag{12.3}$$

用方程(12.1)和方程(12.2)代替 x 和 $\boldsymbol{T}$，可以清楚地看出 x 和 y 之间的线性变换是(12.4)中的联立方程组：

$$\left.\begin{array}{l} b_1=t_{11}a_1+t_{12}a_2+\cdots+t_{1N}a_N \\ b_2=t_{21}a_1+t_{22}a_2+\cdots+t_{2N}a_N \\ \vdots \qquad \cdots \\ b_K=t_{K1}a_1+t_{K2}a_2+\cdots+t_{KN}a_N \end{array}\right\} \tag{12.4}$$

实现这种变换的一种方法是在高维空间中使用一组基函数来表示 x。在空间约化中也使用类似的基来表示 y。从语义上讲，这可以用这两个空间中的基函数表示为

$$x=a_1v_1+a_2v_2+\cdots+a_Nv_N \tag{12.5a}$$

集合 v_1，v_2，…，v_N 是 N 维空间的基[1]。类似地，在缩减的 K 维空间中，信号 y 可表示为

$$y=\hat{x}=b_1u_1+b_2u_2+\cdots+b_Ku_K \tag{12.5b}$$

u_1，u_2，…，u_K 是 K 维空间的基，并且 $y=\hat{x}$ 是数据 x 的合理且适当的近似值。当 $K=N$ 时，$y=x$，数据集没有减少。方程(12.5b)中的近似值表示存在无法恢复的损耗。然而，PCA 的目标是尽可能减少损失。这用误差范数 $e=\|x-\hat{x}\|$ 表示。

本章的其余部分主要研究如何选择基，使误差范数保持最小，从而优化选择降维子空间。通过选择 x 协方差矩阵的“最佳”特征向量来确定降维空间，即选择对应于最大特征值(称为主成分)的特征向量来确定子空间。隐含线性变换的形式为

$$\begin{bmatrix} b_1 \\ b_2 \\ \vdots \\ b_K \end{bmatrix}=\begin{bmatrix} u_1^{\mathrm{T}} \\ u_2^{\mathrm{T}} \\ \vdots \\ u_K^{\mathrm{T}} \end{bmatrix}\times(x-\hat{x})=\boldsymbol{U}^{\mathrm{T}}(x-\hat{x}) \tag{12.6}$$

选择最佳特征值的标准使用以下形式的阈值：

$$\frac{\sum_{j=1}^{K}\lambda_j}{\sum_{j=1}^{N}\lambda_j} > \ell \tag{12.7}$$

其中 ℓ 是阈值，例如 90%(或 95%)。选择 90%的阈值意味着保留数据中 90%的信息，而丢失 10%。使用较高的阈值(例如 95%)可将信息丢失量减少到大约 5%。

PCA 数据重建

利用以下表达式，可以在降维空间中由近似值重构出一个好的、有代表性的原始数据：

$$\hat{x} - \overline{x} = \sum_{i=1}^{K} b_i u_i \tag{12.8a}$$

或

$$\hat{x} = \sum_{i=1}^{K} b_i u_i + \overline{x} \tag{12.8b}$$

其中 $\overline{x}$ 是输入数据的均值，$\hat{x}$ 是重建数据。因此，重建误差为 $e = \|x - \hat{x}\|$。这个误差可以被证明等于

$$e = \frac{1}{2}\sum_{K+1}^{N}\lambda_i \tag{12.9}$$

误差与被拒绝的或较小的特征值之和成比例。

协方差矩阵

PCA 的数学基础很大程度上取决于对协方差矩阵的理解以及特征值和特征向量的理解。因此，本章将首先为理解这些概念提供基础，然后将其直接应用于实际数据。

考虑数据 X 包含六个传感器的读数，这些传感器记录了某个位置的乙醇浓度：

S1 _ max	S2 _ max	S3 _ max	S4 _ max	S5 _ max	S6 _ max
0.093 53	0.099 85	0.086 44	0.383 98	0.120 24	0.057 78
0.0808	0.087 81	0.144 46	0.282 84	0.094 05	0.055 09
0.108 97	0.109 89	0.163 47	0.368 44	0.1299	0.067 62
0.113	0.105 98	0.099 14	0.388 01	0.1395	0.066 74
0.151 99	0.150 98	0.208 85	0.445 14	0.179 12	0.099 31
0.144 86	0.144 59	0.138 76	0.386 83	0.169 64	0.103 33

可以估计这些读数之间的相关性，以便用它来估计这些读数的主成分。

对于计算 PCA 的算法来说，有几个变量是必不可少的。这些是数据的均值、方差(所谓的数据固有的能量)和标准差(或方差的平方根)。因此，方差和标准差都提供了数据传播或数据可变性的度量。为了开始计算方差，首先从所有数据样本中去除数据的均值。这样可以将方差正确地解释为与数据均值的偏差。

在第 3 章，协方差矩阵被引入卡尔曼滤波器运算中。它们用于比较统计数据，以确定相似性和关系的级别。以下定义用于数据分析：

- x_i 是个体测量
- $\overline{X}$ 是测量值的均值
- $(x_i-\overline{X})$是与均值的偏差，因此取正值或负值取决于差值
- $(x_i-\overline{X})^2$ 是偏差的平方，并且是一个正数

因此，用等式(12.10)计算 N 个样本的数据序列$\{X\}$的方差：

$$\sigma_x^2=\frac{\sum_{i=1}^{N}(x_i-\overline{X})^2}{N} \tag{12.10}$$

标准差是方差的平方根，由方程(12.11)给出：

$$\sigma_x=\sqrt{\frac{\sum_{i=1}^{N}(x_i-\overline{X})^2}{N}} \tag{12.11}$$

方差是数据序列如何围绕均值的度量。方差是一个正数。假设在序列$\{X\}$处有一个相同长度的均值为 $\overline{Y}$ 的第二数据序列$\{Y\}$。两个数据序列的协方差由公式(12.12)给出：

$$\sigma_x\sigma_y=\frac{\sum_{i=1}^{N}(x_i-\overline{X})(y_i-\overline{Y})}{N} \tag{12.12}$$

观察到，在计算数据协方差时，首先从数据样本中减去每种数据类型的均值。协方差是 X 和 Y 数据序列的两个标准差的乘积。根据上述标准定义，一维、二维和三维卡尔曼滤波器的协方差矩阵由方程(12.13)定义：

一维

$$\rho=\sigma_x^2=\left[\frac{\sum_{i=1}^{N}(x_i-\overline{X})^2}{N}\right] \tag{12.13}$$

协方差是信号中能量的度量，在需要确定信号的信噪比的应用中非常有用。

二维

对于二维，协方差矩阵是由方程(12.14)给出的 2×2 矩阵：

$$\boldsymbol{\rho}=\begin{bmatrix}\sigma_x^2 & \sigma_x\sigma_y\\ \sigma_x\sigma_y & \sigma_y^2\end{bmatrix}=\begin{bmatrix}\dfrac{\sum_{i=1}^{N}(x_i-\overline{X})^2}{N} & \dfrac{\sum_{i=1}^{N}(x_i-\overline{X})(y_i-\overline{Y})}{N}\\ \dfrac{\sum_{i=1}^{N}(y_i-\overline{Y})(x_i-\overline{X})}{N} & \dfrac{\sum_{i=1}^{N}(y_i-\overline{Y})^2}{N}\end{bmatrix} \tag{12.14}$$

练习 1

以下数据表示两个传感器测量环境中乙醇浓度的读数：

S2_max	S3_max	S2_max	S3_max
0.099 85	0.086 44	0.105 98	0.099 14
0.087 81	0.144 46	0.150 98	0.208 85
0.109 89	0.163 47	0.144 59	0.138 76

计算室内乙醇浓度的协方差矩阵。

练习 2 以下数据表示尼罗河沿岸两个传感器的温度和湿度记录。计算数据集的协方差矩阵。

X=温度	Y=湿度	X=温度	Y=湿度
26.1349	58.9679	26.1345	58.9677
26.1344	58.9679	26.135	58.9677
26.134	58.9679	26.1355	58.9677
26.1336	58.9678	26.1359	58.9677
26.1333	58.9678	26.1363	58.9677
26.133	58.9678	26.1367	58.9677
26.1327	58.9678	26.137	58.9677
26.1326	58.9678	26.1373	58.9676
26.1333	58.9677	26.1375	58.9676
26.1339	58.9677		

三维

在三维中，协方差矩阵由方程(12.15)给出：

$$\boldsymbol{\rho}=\begin{bmatrix}\sigma_x^2 & \sigma_x\sigma_y & \sigma_x\sigma_z\\ \sigma_y\sigma_x & \sigma_y^2 & \sigma_y\sigma_z\\ \sigma_z\sigma_x & \sigma_z\sigma_y & \sigma_z^2\end{bmatrix}$$

$$=\begin{bmatrix}\dfrac{\sum_{i=1}^{N}(x_i-\overline{X})^2}{N} & \dfrac{\sum_{i=1}^{N}(x_i-\overline{X})(y_i-\overline{Y})}{N} & \dfrac{\sum_{i=1}^{N}(x_i-\overline{X})(z_i-\overline{Z})}{N}\\ \dfrac{\sum_{i=1}^{N}(y_i-\overline{Y})(x_i-\overline{X})}{N} & \dfrac{\sum_{i=1}^{N}(y_i-\overline{Y})^2}{N} & \dfrac{\sum_{i=1}^{N}(y_i-\overline{Y})(z_i-\overline{Z})}{N}\\ \dfrac{\sum_{i=1}^{N}(z_i-\overline{Z})(x_i-\overline{X})}{N} & \dfrac{\sum_{i=1}^{N}(z_i-\overline{Z})(y_i-\overline{Y})}{N} & \dfrac{\sum_{i=1}^{N}(z_i-\overline{Z})^2}{N}\end{bmatrix} \tag{12.15}$$

数据的标准差提供了一种评估数据序列分布性质的方法。正常情况下，所有测量值中约 68%在均值的一个标准差范围内($\pm\sigma$)。所有测量样本也在均值的$\pm\sigma^2$ 范围内。

多维情况下协方差矩阵的表达式可以从一维、二维和三维的表达式中导出：

$$\boldsymbol{\rho}=\begin{bmatrix} \sigma_x^2 & \sigma_x\sigma_y & \sigma_x\sigma_z & \cdots & \sigma_x\sigma_t \\ \sigma_y\sigma_x & \sigma_y^2 & \sigma_y\sigma_z & \cdots & \sigma_y\sigma_t \\ \sigma_z\sigma_x & \sigma_z\sigma_y & \sigma_x^2 & \cdots & \sigma_z\sigma_t \\ \vdots & \vdots & \vdots & \ddots & \vdots \\ \sigma_t\sigma_x & \sigma_t\sigma_y & \sigma_t\sigma_z & \cdots & \sigma_t^2 \end{bmatrix} \tag{12.16}$$

许多涉及协方差矩阵的数据处理应用程序都需要使用多维协方差矩阵。自变量的数量越多，矩阵越大，协方差矩阵的处理就越复杂。

正确解释协方差与正确计算它们一样重要。协方差值的符号特别重要。

协方差的负值表示当一个值增加时，另一个减小。可以直观地看出这一点，例如，当学生缺课率很高时，他的成绩也会下降，而当缺课率很低时，他的成绩会上升。

正的协方差值表明变量或维度共同增加或减少。例如，高水平的出勤率也会导致所学习的科目成绩更高。

协方差为零意味着这两个变量之间没有关系，它们彼此独立。例如，一个学生的身高和各科目的分数是相互独立的。虽然其中一些结论可以从某些数据中得出，但另一些则需要科学家进一步计算特征值和主成分，以揭示数据中隐藏的结构或真相。

12.3　主成分计算

计算一个数据集的主成分需要几个步骤，本节将对其进行详细描述和解释。下面将介绍三种使用向量分析、协方差矩阵和奇异值分解的主成分计算方法。

12.3.1　使用向量投影的 PCA

该分析使用向量分析来解释正在发生的事情。故意使用向量来告知读者有关投影的事实，并且正交轴也被描述为向量。向量 $\boldsymbol{x}$ 到 $\boldsymbol{u}$ 轴的投影由 $p=\boldsymbol{u}\cdot\boldsymbol{x}=ux\cos\theta$ 给出，θ 是两个向量之间的夹角。当 $E((\boldsymbol{u}\cdot\boldsymbol{x})^2)$时，确定变化最大的方向。

令

$$E(p^2)=E((\boldsymbol{u}\cdot\boldsymbol{x})^2) \tag{12.17}$$

重写此表达式，首先通过代换将其展开，得出方程(12.18)：

$$E((\boldsymbol{u}\cdot\boldsymbol{x})^2)=E((\boldsymbol{u}\cdot\boldsymbol{x})(\boldsymbol{u}\cdot\boldsymbol{x})^{\mathrm{T}})=E(\boldsymbol{u}\cdot\boldsymbol{x}\cdot\boldsymbol{x}^{\mathrm{T}}\cdot\boldsymbol{u}^{\mathrm{T}}) \tag{12.18}$$

将矩阵 $\boldsymbol{C}$ 定义为向量 $\boldsymbol{x}$ 的相关矩阵，如等式(12.19)所示：

$$\boldsymbol{C}=\boldsymbol{x}\cdot\boldsymbol{x}^{\mathrm{T}} \tag{12.19}$$

令 $\boldsymbol{u}$ 为沿轴的单位向量。定义数量 w，以最大化积 $\boldsymbol{uCu}^{\mathrm{T}}$。当它是矩阵 $\boldsymbol{C}$ 的主特征向量时，可以找到数量 w，因此，我们可以写

$$\boldsymbol{uCu}^{\mathrm{T}}=\boldsymbol{u}\lambda\boldsymbol{u}^{\mathrm{T}}=\lambda \tag{12.20}$$

其中 λ 是矩阵 $\boldsymbol{C}$ 的主特征值，它表示沿着主成分方向的变化。

用拉格朗日法求特征值。这涉及在内积 $\boldsymbol{u}^{\mathrm{T}}\boldsymbol{u}=1$ 的情况下使数量 $\boldsymbol{u}^{\mathrm{T}}\boldsymbol{x}\boldsymbol{x}^{\mathrm{T}}\boldsymbol{u}$ 最大化。拉格朗日法见方程(12.21)：

$$\boldsymbol{u}^{\mathrm{T}}\boldsymbol{x}\boldsymbol{x}^{\mathrm{T}}\boldsymbol{u}-\lambda\boldsymbol{u}^{\mathrm{T}}\boldsymbol{u} \tag{12.21}$$

给出关于单位向量 $\boldsymbol{u}$ 转置的偏导数向量为

$$\boldsymbol{x}\boldsymbol{x}^{\mathrm{T}}\boldsymbol{u}-\lambda\boldsymbol{u}=(\boldsymbol{x}\boldsymbol{x}^{\mathrm{T}}-\lambda)\boldsymbol{u}=0$$

由于单位向量 $\boldsymbol{u}$ 不为零($\boldsymbol{u}\neq 0$)，因此它必须是矩阵 $\boldsymbol{C}=\boldsymbol{x}\boldsymbol{x}^{\mathrm{T}}$ 的特征向量，并且具有值 λ。

12.3.2　使用协方差矩阵进行 PCA 计算

让数据序列为 $x=\{x_1, \cdots, x_M\}$。

(ⅰ) 计算数据的均值。均值是

$$\bar{x}=\frac{1}{M}\sum_{i=1}^{M}x_i$$

(ⅱ)从数据的每个值中减去均值，然后计算协方差矩阵为

$$\boldsymbol{\Sigma}=\frac{1}{M}\sum_{i=1}^{M}(x_i-\bar{x})(x_i-\bar{x})^{\mathrm{T}}$$

(ⅲ)用以下表达式计算特征值和特征向量：

$$\boldsymbol{\Sigma}\cdot\boldsymbol{v}=\lambda\boldsymbol{v}$$

$$(\boldsymbol{\Sigma}\cdot-\lambda\boldsymbol{I})\boldsymbol{v}=0$$

其中，$\boldsymbol{I}$ 是与协方差矩阵同阶的恒等矩阵。由于向量 $\boldsymbol{v}\neq 0$，故 $\boldsymbol{\Sigma}-\lambda\boldsymbol{I}=0$。

该表达式行列式的解给出协方差矩阵的特征值。对于小矩阵 $\boldsymbol{\Sigma}$，可以使用联立方程来求解该方程。对于每个特征值，都有一个对应的特征向量。

(ⅳ) 为了找到特征向量，我们将特征值代入矩阵。

(ⅴ) 令 $\boldsymbol{B}=\boldsymbol{\Sigma}-\lambda\boldsymbol{I}$，则特征向量方程为 $\boldsymbol{B}\boldsymbol{x}=(\boldsymbol{\Sigma}-\lambda_j\boldsymbol{I})\boldsymbol{x}=\begin{bmatrix}0\\ \vdots\\ 0\end{bmatrix}$。对于每个特征值，求解该方程，以找到对应的特征向量。

对于 m 阶方程，最多有 m 个特征值和 m 个特征向量。

协方差矩阵在本质上通常是对称的。对于对称矩阵，特征向量是正交的。因此，对于对称矩阵的任何一对特征值 λ_i，λ_j，其特征向量的内积(点积)为零，这意味着它们的特征向量 $\boldsymbol{v}_i$ 和 $\boldsymbol{v}_j$ 是正交的。它们的内积是

$$\boldsymbol{v}_i\times\boldsymbol{v}_j=0$$

这也意味着以下表达式适用于 j 的所有值：

$$\boldsymbol{\Sigma}\boldsymbol{v}_j=\lambda_j\boldsymbol{v}_j,\quad\forall j$$

例 1　考虑实数对称协方差矩阵 $\boldsymbol{\Sigma}=\begin{bmatrix}2 & 1\\ 1 & 2\end{bmatrix}$。

计算其特征值和特征向量，证明其特征向量是正交的。

$$\det(\boldsymbol{\Sigma}-\lambda\boldsymbol{I})=\begin{vmatrix}2-\lambda & 1\\ 1 & 2-\lambda\end{vmatrix}\Rightarrow(2-\lambda)^2-1=0$$

所得二次方程具有两个根 $\lambda_1=1$ 和 $\lambda_2=3$。

特征向量由以下表达式给出：

$$\begin{bmatrix}2-\lambda & 1\\ 1 & 2-\lambda\end{bmatrix}\begin{bmatrix}x_1\\ x_2\end{bmatrix}=\begin{bmatrix}0\\ 0\end{bmatrix}$$

为了找到第一个特征值对应的特征向量，我们有

$$\begin{bmatrix}2-1 & 1\\ 1 & 2-1\end{bmatrix}\begin{bmatrix}x_1\\ x_2\end{bmatrix}=\begin{bmatrix}0\\ 0\end{bmatrix}$$

于是

$$x_1+x_2=0$$

矩阵方程的两行结果是相同的线性方程。选择 $x_1=1$，因此，$x_2=-1$，与第一个特征值对应的特征向量为 $\boldsymbol{v}_1=[1,\ -1]$。

第二个特征值的特征向量方程为

$$\begin{bmatrix}2-3 & 1\\ 1 & 2-3\end{bmatrix}\begin{bmatrix}x_1\\ x_2\end{bmatrix}=\begin{bmatrix}0\\ 0\end{bmatrix}\Rightarrow\begin{bmatrix}-x_1+x_2=0\\ x_1-x_2=0\end{bmatrix}$$

根据第一个方程，$x_1=x_2$。因此，通过选择 $x_1=1$ 和 $x_2=1$，对应于第二特征值的特征向量为 $\boldsymbol{v}_2=[1,\ 1]$。

为了表明两个特征向量是正交的，我们取它们的点积为

$$\boldsymbol{v}_1^{\mathrm{T}}\cdot\boldsymbol{v}_2=\begin{bmatrix}1\\ -1\end{bmatrix}\cdot[1\quad 1]=(1\times1)+(-1\times1)=0$$

例 2　给定非对称矩阵 $\boldsymbol{\Sigma}=\begin{bmatrix}0 & 1\\ -2 & -3\end{bmatrix}$，求出其特征值。

解

特征值由以下等式给出：

$$\boldsymbol{\Sigma}-\lambda\boldsymbol{I}=\begin{bmatrix}0 & 1\\ -2 & -3\end{bmatrix}-\begin{bmatrix}\lambda & 0\\ 0 & \lambda\end{bmatrix}=0$$

可得 $\begin{bmatrix}-\lambda & 1\\ -2 & -3-\lambda\end{bmatrix}=0$。这个方程的行列式为

$$\det\begin{bmatrix}-\lambda & 1\\ -2 & -3-\lambda\end{bmatrix}=\begin{vmatrix}-\lambda & 1\\ -2 & -3-\lambda\end{vmatrix}=0$$

$$-\lambda(-3-\lambda)+2=0$$

$$\lambda^2+3\lambda+2=0$$

两个特征值是 $\lambda_1=-1$；$\lambda_2=-2$。较大特征值为 λ_1。通常将特征值降序排列，在这种情况下，特征值是 $\lambda_1\geqslant\lambda_2$。假设协方差矩阵是平方矩阵，则可以找到其特征向量。

例 3　使用例 2 的解，找到特征向量。

通过代入第一个特征值，我们将相应的特征向量计算为

$$\begin{bmatrix} -\lambda & 1 \\ -2 & -3-\lambda \end{bmatrix} \begin{bmatrix} x_1 \\ x_2 \end{bmatrix} = \begin{bmatrix} 0 \\ 0 \end{bmatrix}$$

$$\begin{bmatrix} 1 & 1 \\ -2 & -3+1 \end{bmatrix} \begin{bmatrix} x_1 \\ x_2 \end{bmatrix} = \begin{bmatrix} 0 \\ 0 \end{bmatrix}$$

$$\begin{bmatrix} 1 & 1 \\ -2 & -2 \end{bmatrix} \begin{bmatrix} x_1 \\ x_2 \end{bmatrix} = \begin{bmatrix} 0 \\ 0 \end{bmatrix}$$

我们有

$$x_1 + x_2 = 0$$

$$-x_1 - x_2 = 0$$

$$x_1 = -x_2$$

现在我们可以将特征向量分量的值设为 $x_1=1$，$x_2=-1$。对应于特征值-1 的特征向量为 $\boldsymbol{v}_1=[1,\ -1]$。

现在我们可以使用以下表达式来求解第二个特征向量：

$$\begin{bmatrix} -\lambda & 1 \\ -2 & -3-\lambda \end{bmatrix} \begin{bmatrix} x_1 \\ x_2 \end{bmatrix} = \begin{bmatrix} 0 \\ 0 \end{bmatrix}$$

$$\begin{bmatrix} 2 & 1 \\ -2 & -3+2 \end{bmatrix} \begin{bmatrix} x_1 \\ x_2 \end{bmatrix} = \begin{bmatrix} 0 \\ 0 \end{bmatrix}$$

$$\begin{bmatrix} 2 & 1 \\ -2 & -1 \end{bmatrix} \begin{bmatrix} x_1 \\ x_2 \end{bmatrix} = \begin{bmatrix} 0 \\ 0 \end{bmatrix}$$

$$2x_1 + x_2 = 0$$

$$-2x_1 - x_2 = 0$$

$$-2x_1 = x_2$$

令 $x_1=1$，$x_2=-2$。对应的特征向量为 $\boldsymbol{v}_2=[1,\ -2]$。

12.3.3 使用奇异值分解的 PCA

奇异值分解(SVD)是用于将矩阵分解为矩阵乘积的数学工具。给定大小为 $m\times n$ 的矩阵 $\mathbf{A}$，可以将其分解为以下三个矩阵：

$$\mathbf{A} = \boldsymbol{U}\boldsymbol{W}\mathbf{V}^{\mathrm{T}}$$

这里

(a) $\boldsymbol{U}$ 是一个 $m\times m$ 矩阵。$\boldsymbol{U}$ 的列是矩阵 $\mathbf{A}\mathbf{A}^{\mathrm{T}}$ 的特征向量。$\boldsymbol{U}$ 是正交的或 $\boldsymbol{U}^{\mathrm{T}}\boldsymbol{U}=\boldsymbol{I}$。

(b) $\mathbf{V}$ 是 $n\times n$ 矩阵。$\mathbf{V}$ 的列是矩阵 $\mathbf{A}^{\mathrm{T}}\mathbf{A}$ 的特征向量。$\mathbf{V}$ 是正交的，因此 $\mathbf{V}^{\mathrm{T}}\mathbf{V}=\mathbf{V}\mathbf{V}^{\mathrm{T}}=\boldsymbol{I}$。

(c) $\boldsymbol{W}$ 是一个 $m\times n$ 矩阵。$\boldsymbol{W}$ 是包含 $\mathbf{A}$ 的奇异值的对角矩阵，这样 $\boldsymbol{W}=\mathrm{diag}(\sigma_1,\ \sigma_2,\ \cdots,\ \sigma_r)$。奇异值是矩阵 $\mathbf{A}\mathbf{A}^{\mathrm{T}}$ 和 $\mathbf{A}^{\mathrm{T}}\mathbf{A}$ 的特征值($\lambda_1,\ \lambda_2,\ \cdots,\ \lambda_r$)的平方根，由关系 $\sigma_j=\sqrt{\lambda_j}$ 给出。

(d) 矩阵 $\mathbf{A}$ 的秩等于其非零奇异值的数量。

(e) 如果矩阵 $\mathbf{A}$ 的奇异值中的至少一个为零，则它是奇异的。

对于对称矩阵 $\boldsymbol{A}$，存在一个唯一的分解，使得

$$\boldsymbol{A}=\boldsymbol{Q}\boldsymbol{\Lambda}\boldsymbol{Q}^{\mathrm{T}} \tag{12.22}$$

其中 $\boldsymbol{Q}$ 是正交的，具有性质：

(a) $\boldsymbol{Q}^{-1}=\boldsymbol{Q}^{\mathrm{T}}$。

(b) $\boldsymbol{Q}$ 的列是正交的。

(c) $\boldsymbol{Q}$ 列是归一化特征向量。

要在 PCA 分析中使用 SVD 因子分解，可以遵循以下步骤：

(ⅰ) 计算过程的协方差矩阵。

(ⅱ) 将协方差矩阵分解为其分量矩阵。

(ⅲ) 利用矩阵的奇异值计算特征值。它们是奇异值的平方：$\lambda_j=\sigma_j^2$，$\forall_j$。

(ⅳ) 矩阵 $\boldsymbol{V}$ 的列被读出，作为协方差矩阵的特征向量。

SVD 的好处是显而易见的。它一次提供特征值、奇异值和特征向量。

12.3.4　PCA 的应用

主成分分析已在许多对象识别情况中得到应用，其中最突出的是人脸识别，面部表情识别和图像中的噪声过滤。PCA 还用于现代电信系统中的信道捕获。

人脸识别

要将 PCA 用于人脸识别，首先要从所有可用图像的总和中计算出平均人脸图像。图像具有相同的尺寸(行和列)。考虑大小为 256×256 的面部图像。

(ⅰ) 从 M 张面部图像中形成人脸的平均图像。

(ⅱ) 对于每个面部图像，将其从大小为 $N\times N$ 的二维图像转换为大小为 $N^2\times 1$ 的一维向量。

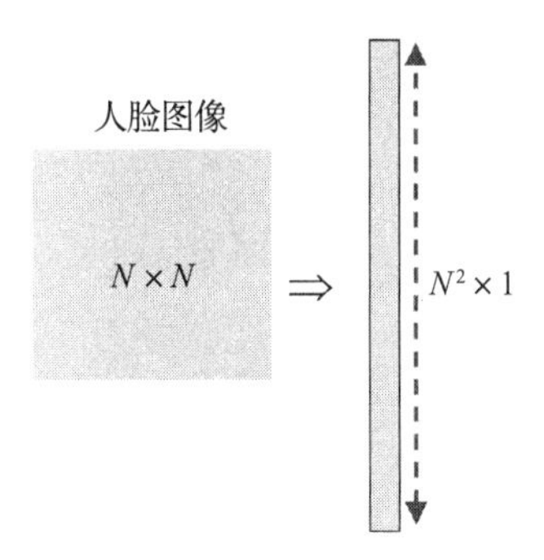

换言之，首先将 $N\times N$ 维的每个二维人脸图像矩阵转换为 $N^2\times 1$ 维的向量。因此，如果 N 很大，则这个向量也可以很长。然后，将所有长向量合并为一个矩阵，如上图所示。

(ⅲ) 形成由 M 个中心图像列构成的大矩阵(每个列 x_i 是尺寸为 $N\times N$ 的人脸图像，例如 256×256，如下图所示)。因此，矩阵 $\boldsymbol{X}$ 的大小为 $M\times P$，其中 $P=256\times 256$ 或 64k。

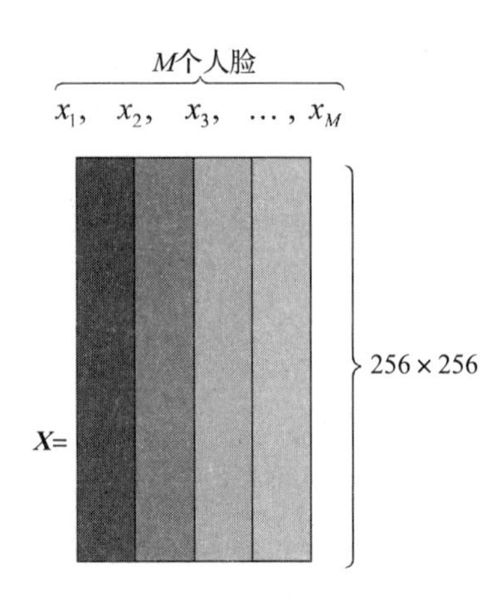

（ⅳ）计算协方差矩阵 $\boldsymbol{\Sigma}$。

（ⅴ）计算协方差矩阵的 SVD，得到特征值(特征脸)和特征向量。

因此，PCA 用于形成特征数据库，针对该特征数据库测试新的面部图像以进行识别。

参考文献

[1] M. Turk and, A. Pentland, “Eigenfaces for Recognition”, Journal of Cognitive Neuroscience, 3(1), pp. 71–86, 1991.

第13章 矩母函数

13.1 随机变量的矩

随机变量的统计和分析通常是用它们的矩来表示的，这些矩包括均值、方差、偏斜、峰度等。当离散随机变量的矩用总和表示时，连续随机变量的矩分别作为积分给出，如方程(13.1)和方程(13.2)所示。我们首先从定义随机变量的期望或期望值开始讨论。它被定义为随机变量在测量时假定的加权平均值，表示为离散情况：

$$E[g(X)]=\sum_{x}g(x)p(x)=\sum_{i}g(x_i)p(x_i) \tag{13.1}$$

其中 $p(x)$是概率质量函数，$g(X)$是 X 的某个函数，$g(x_i)$是随机变量 x 的第 i 个值的函数值，$p(x_i)$是第 i 个随机变量的概率值。对于连续随机变量 X，期望值是从负无穷大到正无穷大的积分。换句话说，积分取而代之的是随机变量的支持：

$$E[g(X)]=\int_{-\infty}^{\infty}g(x)f(x)\mathrm{d}x \tag{13.2}$$

其中 $f(x)$是随机变量的概率密度函数。X 的 k 阶矩用于表示均值(一阶矩，$k=1$)、方差(二阶矩，$k=2$)、偏斜(三阶矩，$k=3$)、峰度(四阶矩，$k=4$)等。本章使用这种形式的术语。令 X 的 k 阶矩由表达式(13.3)给出：

$$\mu_k=E(X^k)=\begin{cases}\displaystyle\sum_{x\in S}x^k p(x), & X\text{ 离散}\\ \displaystyle\int_{-\infty}^{\infty}x^k f(x)\mathrm{d}x, & X\text{ 连续}\end{cases} \tag{13.3}$$

随机变量 X 取支持(极限)S 内的值。$k=1$(均值)的矩对于估计随机变量的其他矩是有用的值。因此，首先通过从随机变量中除去均值或将这些值集中到均值来定义随机变量的中心矩。

13.1.1 随机变量的中心矩

用以下表达式定义随机变量 X 的第 k 个中心矩：

$$\mu_k^0=E[(X^k)]=\begin{cases}\displaystyle\sum_{x\in S}(x-\mu)^k p(x), & X\text{ 离散}\\ \displaystyle\int_{-\infty}^{\infty}(x-\mu)^k f(x)\mathrm{d}x, & X\text{ 连续}\end{cases} \tag{13.4}$$

随机变量的均值为 $\mu=\mu_1=E(X)$，它也被称为 X 的一阶矩。所有中心矩的定义都是先从随机变量的每个元素中减去均值，然后计算期望值。

13.1.2　矩特性

1）常数的期望就是常数。这表示为 $E(c)=c$，其中 c 是常数。

2）缩放和移位操作。期望是：

$$E(aX+b)=aE(X)+b=a\mu+b \tag{13.5}$$

a 和 b 都是常数。

3）随机变量 X 的方差由以下函数定义：

$$\begin{aligned}\sigma^2 &= \mathrm{Var}(X)=\mu_2^0=E(X-\mu)^2 \\ &= E(X^2)-[E(X)]^2=\mu_2-\mu_1^2\end{aligned} \tag{13.6}$$

随机变量的标准差是方差的平方根，即 $\sigma=\sqrt{\mathrm{Var}(X)}$。

证明　通过展开括号中的项，我们得到：

$$\begin{aligned}E((X-\mu)^2) &= E(X^2-2\mu X+\mu^2) \\ &= E(X^2)-2\mu E(X)+\mu^2 \\ &= E(X^2)-2\mu^2+\mu^2 \\ &= E(X^2)-\mu^2 \\ &= E(X^2)-E(X)^2\end{aligned}$$

当随机变量取离散值 x_1，x_2，…，x_N 时，方差由以下表达式给出：

$$\mathrm{Var}(X)=E((X-\mu)^2)=\sum_{i=1}^{N}p(x_i)(x_i-\mu)^2 \tag{13.7}$$

4）$\mathrm{Var}(aX+b)=a^2\mathrm{Var}(X)$。

练习 1

给定下表中的随机变量 z，绘制概率质量函数：

值 z	1	2	3	4	5
pmf $p(z)$	5/10	0	0	0	5/10

解

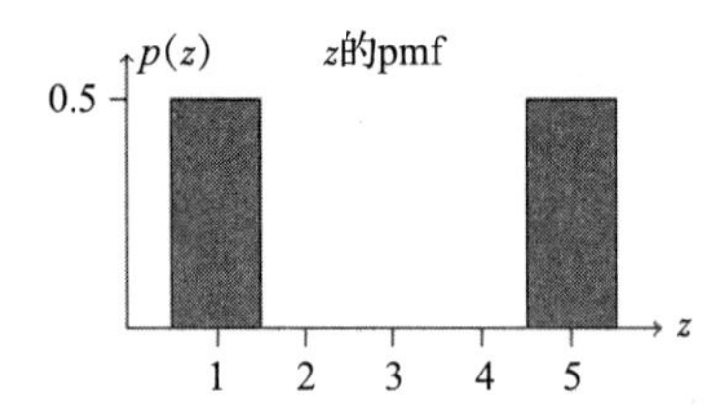

注意概率质量函数的和是 1。

练习 2

假定下列随机变量的均值为 $\mu=3$，求：(a)随机变量的方差；(b)随机变量的标准差。

值 x	1	2	3	4	5
pmf $p(x)$	1/5	1/5	1/5	1/5	1/5
$(X-\mu)^2$	4	1	0	1	4

(a) 随机变量的方差：

$$\mathrm{Var}(X)=E((X-\mu)^2)=\frac{4}{5}+\frac{1}{5}+\frac{0}{5}+\frac{1}{5}+\frac{4}{5}=2。$$

(b) 随机变量的标准差 $\sigma=\sqrt{\mathrm{Var}(X)}=\sqrt{2}$。

在下一节中，我们根据一元随机变量和多元随机变量的矩母函数定义它们的期望值。当矩的表达式比较复杂时，求矩是比较困难的，这时可以应用矩母函数。

13.2 一元矩母函数

当随机变量为指数函数时，矩母函数一般定义为随机变量 X 的期望值。对于一元变量的情况，用方程(13.8)将随机变量定义为时间函数：

$$M_X(t)=E\{e^{tx}\}=\begin{cases}\sum_{x\in S}e^{tx}p_X(x), & \text{离散情形}\\ \int_{x\in S}e^{tx}f(x)\mathrm{d}x, & \text{连续情形}\end{cases} \tag{13.8}$$

该定义超出了 x 或 S 的支持。请注意，$p_X(x)$是随机变量的概率质量函数。对于连续情况，$f(x)$是概率密度函数。在本章中，它们都将用于开发离散和连续随机变量的 MGF。

上述定义允许计算随机变量 X 的不同 n 个矩，其中 $n=1$ 的期望值是均值，$n=2$ 是方差，$n=3$ 是偏斜，$n=4$ 是随机变量的峰度。因此，可以为随机变量定义 n 阶期望。所以，下面是随机变量 X 的 k 阶矩的一般定义。这些矩是 $E(X)$，$E(X^2)$，$E(X^3)$，…，$E(X^k)$。MGF 在直接计算这些矩证明很复杂的情况下非常方便。因此，给定 MGF，当 $t=0$ 时，每个矩都由 MGF 的第 k 阶导数给出。一般来说，随机变量 X 的 k 阶矩是用矩母函数定义的：

$$E(X^k)=\left.\frac{\mathrm{d}^k M_X(t)}{\mathrm{d}t^k}\right|_{t=0} \tag{13.9}$$

这在可能存在关于时间的导数并且可以针对 $t=0$ 进行评估的情况下很有用。因此，一阶导数给出均值，二阶导数关于时间是方差，三阶导数给出时滞，四阶导数是分布的峰度。还要注意，指数函数 e^x 的本质特征之一是其导数等于其自身。因此，考虑指数函数，并将其展开为幂级数，如下所示：

$$e^x=1+x+\frac{x^2}{2}+\frac{x^3}{6}+\cdots=\sum_{i=0}^{\infty}\frac{x^i}{i!} \tag{13.10}$$

函数的导数可以精确地表示为函数本身：

$$\frac{\mathrm{d}e^x}{\mathrm{d}x}=0+1+\frac{2x}{2!}+\frac{3x^2}{3!}+\cdots=1+x+\frac{x^2}{2!}+\cdots=e^x \tag{13.11a}$$

按照这个过程，很容易证明指数函数的 n 阶导数就是本身：

$$\frac{\mathrm{d}^n e^x}{\mathrm{d}x^n}=0+1+\frac{2x}{2!}+\frac{3x^2}{3!}+\frac{4x^3}{4!}+\cdots=1+\frac{x}{1!}+\frac{x^2}{2!}+\frac{x^3}{3!}+\cdots=e^x \tag{13.11b}$$

因此，把指数函数的导数取为任意幂次是不必要的，因为它本身就是这样！因此，如果我们通过乘以 t 来改变函数的指数，使得 $Y=tX$，它并不会真正改变导数的性质，即

$$\left.\frac{\mathrm{d}e^{tX}}{\mathrm{d}t}\right|_{t=0}=0+X+\frac{2tX^2}{2!}+\frac{3t^2X^3}{3!}+\cdots\Big|_{t=0}$$

$$=X+tX^2+\frac{t^2X^3}{2!}+\cdots\Big|_{t=0}=X+0+0+\cdots=X$$

所以，

$$\frac{d^2e^{tX}}{dt^2}\Big|_{t=0}=0+X^2+tX^3+\cdots\Big|_{t=0}=X^2+0+\cdots=X^2 \tag{13.12}$$

因此，关于 t 的第 n 阶导数也是提高为 n 或 X^n 次方的变量。

例 给定一个离散随机变量 X，随机变量 X 的概率质量函数为 $p_X(x)=c\left(\frac{1}{3}\right)^X$，其中 c 是常数，则该分布的矩母函数是什么？分布在 $x=0$，1，2，3，…，∞处取值。

解

$$M_X(t)=E\{e^{tx}\}=\sum_{\gamma}e^{tx}p_X(x)$$

$$=\sum_{\gamma}e^{tx}\cdot c\left(\frac{1}{3}\right)^x=c\sum_{\gamma}\left(\frac{e^t}{3}\right)^x=c\sum_{x=0}^{\infty}\left(\frac{e^t}{3}\right)^x$$

观察到该解是一个几何级数，因此具有已知的和。几何级数的总和是

$$M_X(t)=c\sum_{x=0}^{\infty}\left(\frac{e^t}{3}\right)^x=c\sum_{x=0}^{\infty}(r)^x,\ r=\frac{e^t}{3}$$

$$M_X(t)=c\sum_{x=0}^{\infty}(r)^x=c.\ \frac{1}{1-r},\ r<1$$

因此，$M_X(t)=\dfrac{c}{1-\frac{e^t}{3}}$。

所以，我们可以通过使用导数找到随机变量的期望值。这是针对以上 MGF 给出的：

$$E(X)=M'_X(0)=\frac{dM_X(t)}{dt}\Big|_{t=0}=\frac{-c}{(1-e^t/3)^2}\cdot(-e^t/3)$$

$$=\frac{c(e^t/3)}{(1-e^t/3)^2}\Big|_{t=0}=\frac{c}{3\left(\frac{2}{3}\right)^2}=\frac{3c}{4}$$

13.3 矩母函数的级数表示

指数函数易于产生泰勒级数展开。因此，MGF 可以展开为泰勒级数，期望值可以接替该级数中的随机变量。这是本节中 MGF 的另一种表达方式：

$$\begin{aligned}M_X(t)=E\{e^{tx}\}&=E\left\{\frac{(tx)^0}{0!}+\frac{(tx)^1}{1!}+\frac{(tx)^2}{2!}+\frac{(tx)^3}{3!}+\cdots\right\}\\&=E(1)+E(tx)+E\left(\frac{(tx)^2}{2!}\right)+E\left(\frac{(tx)^3}{3!}\right)+\cdots\\&=1+tE(x)+\frac{t^2}{2!}E(x^2)+\frac{t^3}{3!}E(x^3)+\cdots=\sum_{k=0}^{\infty}\frac{t^k}{k!}E(x^k)\end{aligned} \tag{13.13}$$

之所以这样，是因为 t 是关于期望的常数。

13.3.1　概率质量函数的性质

在本节中，给出了概率质量函数的重要性质。讨论了三个性质。离散和连续 MGF 的方程(13.1)取决于概率质量函数。概率通常为正。因此，假设 pmf 也为正是合理的，合乎逻辑的。实际上，它们通常是正的。

1）随机变量 X 的概率质量函数对于定义域内所有随机变量的值 x 均为正。因此，$p_X(x)\geqslant 0$，$x\in S$。

当 S 是有限集时，$p_X(x)>0$。

2）随机变量所有值 x_i 的概率质量值之和为 1。即

$$\sum_{x_i\in S} p_X(x_i)=1 \tag{13.14}$$

3）给定随机变量的支持 S 的子集 B，该子集的概率是属于子集 B 的随机变量的所有值 x_i 的离散概率之和。即

$$\text{Prob}(B)=\sum_{x_i\in B} p_X(x_i)，\ B\subseteq S \tag{13.15}$$

13.3.2　概率分布函数 f(x)的性质

随机变量 x 的概率分布函数 $f(x)$由以下表达式定义：

$$f_X(t)=\text{Prob}(X\leqslant t)$$

本节给出了概率分布函数的几个性质：

1）对于 t 的负值，概率分布函数等于零，即 $\lim\limits_{t\to-\infty} f_X(t)=0$。

2）随着 t 趋于正无穷大，概率分布函数趋于 1，即$\lim\limits_{t\to\infty} f_X(t)=1$。

3）由于概率分布函数是一个逐渐增大的正分数，因此

$$f_X(r)\geqslant f_X(t)，\ r\geqslant t$$

此性质表明，随着随机变量支持的变长，概率分布函数也会增加，但始终小于 1。

13.4　离散随机变量的矩母函数

本节总结了常用分布的矩母函数。统计变量通常用各种类型的分布建模。本节讨论的是离散随机变量，包括伯努利分布、二项分布和几何分布。

13.4.1　伯努利随机变量

伯努利随机变量分别以概率 p（“成功”）和 $1-p$（“失败”）取值 0 和 1。因此，其矩母函数定义为

$$M_X(t)=M_X(\mathrm{e}^{tX})=\sum_{x=0}^{1}\mathrm{e}^{tx}p(x)=\mathrm{e}^{0.t}(1-p)+\mathrm{e}^{1.t}p \tag{13.16}$$

所以

$$M_X(\mathrm{e}^{tX})=(1-p)+\mathrm{e}^{t}p \tag{13.17}$$

在13.1节中我们已经表明，指数函数的 n 阶导数也是指数函数。对于伯努利分布，n 阶矩由矩母函数给出。因此可以很容易地证明它是

$$\chi_m = \frac{\mathrm{d}^m M(t)}{\mathrm{d}t^n}\bigg|_{t=0} = p\mathrm{e}^t\big|_{t=0} = p$$

因此，所有的矩都与成功的概率相等。

考虑一下随机变量 X 的矩母函数的定义：

$$M(t) = E(\mathrm{e}^{tX}) = \sum_{x \in S} \mathrm{e}^{tx} f(x) \tag{13.18}$$

S 是随机变量的定义域。如果定义域由序列 $\{a_1, a_2, a_3, \cdots\}$ 给出，那么我们可以将矩母函数定义为一个和，如下所示：

$$M(t) = \mathrm{e}^{ta_1} f(a_1) + \mathrm{e}^{ta_2} f(a_2) + \mathrm{e}^{ta_3} f(a_3) + \cdots \tag{13.19}$$

其中，质量函数是指当随机变量取定义域内的值时的系数或概率：

$$f(a_j) = p(X = a_j)$$

具有相同矩母函数的两个随机变量也具有相同的概率质量函数。

13.4.2　二项随机变量

二项随机变量 X 表示重复多次伯努利过程的过程，例如，在 n 次伯努利过程的试验中成功的次数。在 n 次试验中有 k 次成功的概率，其中 p 表示由以下表达式给出的成功：

$$p_X(k) = \mathrm{Prob}(X = k) = C_k^n p^k (1-p)^{n-k} \tag{13.20}$$

二项分布用 $b(n, p)$ 表示。过程的期望值由以下表达式给出：

$$E[X] = \sum_{k=0}^{n} k C_k^n p^k (1-p)^{n-k} = \sum_{k=0}^{n} \frac{n!}{(k-1)!\ (R-k)!} p^k (1-p)^{n-k} \tag{13.21}$$

过程的方差也可表示为

$$E[X^2] = \sum_{k=0}^{n} k^2 C_k^n p^k (1-p)^{n-k} = \sum_{k=0}^{n} \frac{n!\ k}{(k-1)!\ (n-k)!} p^k (1-p)^{n-k} \tag{13.22}$$

这两个表达式都包含许多要计算的项。利用二项分布的矩母函数可以避免这种复杂度。二项随机变量的矩母函数由以下表达式定义：

$$M(t) = [(1-p) + p\mathrm{e}^t]^n \tag{13.23}$$

此表达式可以通过以下表达式推导：

$$M(t) = E(\mathrm{e}^{tX}) = \sum_{x=0}^{n} \mathrm{e}^{tx} \left[\binom{n}{x} p^x (1-p)^{n-x}\right] \tag{13.24}$$

通过重新安排这些项，我们有

$$\begin{aligned} M(t) &= \sum_{x=0}^{n} \binom{n}{x} (p\mathrm{e}^t)^x (1-p)^{n-x} \\ &= \sum_{x=0}^{n} \binom{n}{x} a^x b^{n-x} \\ &= (a+b)^n \\ &= (p\mathrm{e}^t + (1-p))^n \end{aligned} \tag{13.25}$$

练习　计算二项随机变量的一阶矩和二阶矩。

例　如果随机变量 X 具有以下矩母函数：

$$M(t)=\left(\frac{3}{4}+\frac{e^t}{4}\right)^{20}$$

对于所有的 t，什么是 X 的 pmf $X(-\infty<t<\infty)$？给出的矩母函数与二项随机变量的矩母函数类似。这意味着随机变量 X 是二项的，$n=20$，而 $p=1/4$。因此，X 的概率质量函数为

$$f(x)=\binom{20}{x}\left(\frac{1}{4}\right)^x\left(\frac{3}{4}\right)^{20-x}, \quad x=0, 1, \cdots, 20$$

例　如果随机变量 X 具有以下矩母函数：

$$M(t)=\frac{1}{10}e^t+\frac{2}{10}e^{2t}+\frac{3}{10}e^{3t}+\frac{4}{10}e^{4t}$$

对于所有的 t，X 的 pmf 是多少？因此概率质量函数是

$$f(x)=\begin{cases}\dfrac{1}{10}, & x=1\\ \dfrac{2}{10}, & x=2\\ \dfrac{3}{10}, & x=3\\ \dfrac{4}{10}, & x=4\end{cases}$$

13.4.3　几何随机变量

在本节中，我们导出几何随机变量的矩母函数的表达式。根据定义，

$$M(t)=E[e^{tX}]=\sum_x e^{tx}(q^{x-1}p)=e^tp+e^{2t}qp+e^{3t}q^2p+e^{4t}q^3p+\cdots \tag{13.26}$$

我们将把它重新写成一个几何级数，然后用标准求和技术将这个几何级数求和为一个几何级数。这变为

$$\begin{aligned}M(t)&=e^tp(1+e^tq+e^{2t}q^2+e^{3t}q^3+\cdots)\\&=e^tp\sum_n(e^tq)^n=e^tp\left(\frac{1}{1-e^tq}\right)=\frac{pe^t}{1-qe^t}\end{aligned} \tag{13.27}$$

因此，我们可以通过取 $M(t)$关于时间的导数，并在 $t=0$ 时作为范数来计算它，可以更容易地生成矩。

练习　给出几何随机变量的 MGF 表达式，随机变量的一阶矩和二阶矩是多少？

13.4.4　泊松随机变量

泊松过程模拟一段时间内事件的发生。例如，旅客到达火车站是一个泊松过程。另一个例子是某一点的交通到达率，这是数据还是车辆流量都无关紧要。两个不同时间段的到达率也相互独立。在极限条件下，过程发生的概率取决于短时间间隔的到达率。虽然这个

过程的发生是不可预测的：

$$p(t \rightarrow t+\Delta t)=\lambda . \Delta t \tag{13.28}$$
$$\lim_{\Delta t \rightarrow 0}$$

例如，一个网页在下午4点到5点之间的访问次数是一个泊松过程。为了更好地对过程进行建模，将时间间隔划分为 n 个离散时间间隔，以估计每个时间间隔的到达人数。

请注意，λ 是该过程的到达率：

$$\begin{aligned} M(t) &= E(\mathrm{e}^{tY}) = \sum_{y=0}^{\infty} \mathrm{e}^{ty}\left[\frac{\mathrm{e}^{-\lambda}\lambda^{y}}{y!}\right] = \sum_{y=0}^{\infty} \frac{\mathrm{e}^{-\lambda}(\lambda \mathrm{e}^{t})y}{y!} \\ &= \mathrm{e}^{-\lambda}\sum_{y=0}^{\infty}\frac{(\lambda \mathrm{e}^{t})^{y}}{y!} = \mathrm{e}^{-\lambda}\mathrm{e}^{\lambda \mathrm{e}^{t}} = \mathrm{e}^{\lambda(\mathrm{e}^{t}-1)} \end{aligned} \tag{13.29}$$

电话话务量理论在很大程度上依赖于这种建模技术，并得到了广泛的应用。因此，使用矩母函数确定平均到达率和方差的更简单的方法是非常有用的

13.5 连续随机变量的矩母函数

本节总结常用连续分布的矩母函数。讨论包括正态分布、指数分布和伽马分布。

13.5.1 指数分布

指数事件描述泊松事件发生之间的等待时间。例如，一家医院发现平均每周记录一次出生。如果 T 是两胎之间的间隔，则它具有指数分布。如果随机变量 T 具有由表达式

$$f_T(t)=\begin{cases}\lambda \mathrm{e}^{-\lambda t}, & t>0 \\ 0, & t \leqslant 0\end{cases} \tag{13.30}$$

定义的概率密度函数，则称其具有指数分布。$\lambda>0$ 是分配率。在医院示例中，pdf 由以下表达式给出：

$$f_T(t)=\begin{cases}\frac{1}{7}\mathrm{e}^{-\frac{1}{7}t}, & t>0 \\ 0, & \text{其他}\end{cases} \tag{13.31}$$

$$\begin{aligned} M(t) &= E(\mathrm{e}^{tY}) = \int_0^{\infty} \mathrm{e}^{ty}(\lambda \mathrm{e}^{-\lambda y})\mathrm{d}y = \lambda\int_0^{\infty}\mathrm{e}^{-y(\lambda-t)}\mathrm{d}y \\ &= \lambda\int_0^{\infty}\mathrm{e}^{-y(\lambda(1-t/\lambda))}\mathrm{d}y = \lambda\int_0^{\infty}\mathrm{e}^{-y\lambda^{*}}\mathrm{d}y,\ \text{其中}\ \lambda^{*}=\lambda-t \end{aligned} \tag{13.32}$$

因此，矩母函数如方程(13.33)所示：

$$M(t)=\left(\frac{-\lambda}{\lambda^{*}}\right)\mathrm{e}^{-y\lambda^{*}}\Big|_0^{\infty}=\left(\frac{-\lambda}{\lambda^{*}}\right)(0-1)=\left(\frac{\lambda}{\lambda^{*}}\right)=\frac{\lambda}{\lambda-t} \tag{13.33}$$

13.5.2 正态分布

正态分布可以说是在各种应用和几乎所有领域中应用最广泛的统计分布。正态分布也称为高斯分布，广泛用于移动通信信道中的加性白噪声建模。方差为 σ^2 且均值为 μ 的随机变量 X 的正态分布用概率密度函数

$$p_X(x)=\frac{1}{\sqrt{2\pi\sigma^2}}\exp\left\{-\frac{1}{2}\frac{(x-\mu)^2}{\sigma^2}\right\} \tag{13.34}$$

表示。根据矩母函数的定义，正态分布的矩母函数由下式给出：

$$\begin{aligned} M(t)=E(\mathrm{e}^{tX})&=\int_{-\infty}^{\infty}\mathrm{e}^{tx}\left(\frac{1}{\sqrt{2\pi\sigma^2}}\exp\left\{-\frac{1}{2}\frac{(x-\mu)^2}{\sigma^2}\right\}\right)\mathrm{d}x \\ &=\frac{1}{\sqrt{2\pi\sigma^2}}\int_{-\infty}^{\infty}\exp\left\{-\frac{x^2}{2\sigma^2}+\frac{x\mu}{\sigma^2}-\frac{\mu^2}{2\sigma^2}+tx\right\}\mathrm{d}x \end{aligned} \tag{13.35}$$

利用表达式$(\mu+t\sigma^2)^2=\mu^2+2\mu t\sigma^2+(t\sigma^2)^2$，我们可以将上述积分进一步简化为方程(13.36)：

$$M(t)=\frac{1}{\sqrt{2\pi\sigma^2}}\int_{-\infty}^{\infty}\exp\left\{\begin{matrix}-\dfrac{x^2}{2\sigma^2}+\dfrac{x(\mu+t\sigma^2)}{\sigma^2}-\dfrac{\mu^2}{2\sigma^2} \\ -\dfrac{2\mu t\sigma^2+(t\sigma^2)^2}{2\sigma^2}+\dfrac{2\mu t\sigma^2+(t\sigma^2)^2}{2\sigma^2}\end{matrix}\right\}\mathrm{d}x \tag{13.36}$$

当我们将积分下不是变量 x 的函数的项分离出来，并将它们取到积分之外时，方程(13.37)被简化：

$$M(t)=\exp\left\{\frac{2\mu t\sigma^2+(t\sigma^2)^2}{2\sigma^2}\right\}\int_{-\infty}^{\infty}\frac{1}{\sqrt{2\pi\sigma^2}}\exp\left\{-\frac{1}{2}\left(\frac{[x-(\mu+t\sigma^2)]^2}{\sigma^2}\right)\right\}\mathrm{d}x \tag{13.37}$$

我们对从负无穷大到正无穷大的随机变量的概率密度进行积分，因此积分项的值为 1，即

$$\int_{-\infty}^{\infty}\frac{1}{\sqrt{2\pi\sigma^2}}\exp\left\{-\frac{1}{2}\left(\frac{[x-(\mu+t\sigma^2)]^2}{\sigma^2}\right)\right\}\mathrm{d}x=1 \tag{13.38}$$

积分中随机变量的概率密度函数的表达式通常写成 $X\sim N(\mu+t\sigma^2,\ \sigma^2)$。标准正态分布具有零均值和单位方差，即 $\mu=0$，$\sigma^2=1$。

通过简化，将正态分布随机变量 X 的矩母函数简化为表达式

$$M(t)=\exp\left\{\frac{2\mu t\sigma^2+(t\sigma^2)^2}{2\sigma^2}\right\}=\exp\left\{\mu t+\frac{t^2\sigma^2}{2}\right\} \tag{13.39}$$

该表达式在计算正态分布随机变量 X 的统计量时更容易使用。该表达式不是 x 的函数，而是 t 的函数。它在计算随机变量的统计信息时要容易得多。

13.5.3　伽马分布

在本节中，我们检查随机变量 X 的伽马分布。如果给定两个变量$(\alpha,\ \beta)>0$，随机变量 X 的分布为伽马函数，X 的概率密度函数为

$$p(x|\alpha,\ \beta)=\frac{\beta^\alpha}{\Gamma(\alpha)}x^{\alpha-1}\mathrm{e}-\beta x \tag{13.40}$$

$x\geqslant0$ 是连续的。伽马函数 $\Gamma(\alpha)$是连续情况下阶乘函数的推广，通常将其视为阶乘函数的连续模拟，由此将其定义为方程(13.41)：

$$\Gamma(\alpha)=\int_0^{\infty}t^{\alpha-1}\mathrm{e}^{-t}\,\mathrm{d}t \tag{13.41}$$

通过积分，可以得出 $\Gamma(1)=1$ 和 $\Gamma(2)=1\Gamma(1)=1$。同样，

$$\Gamma(3)=2\Gamma(2)=2$$

$$\Gamma(4)=3\Gamma(3)=3\times 2=6$$

因此，$\Gamma(\alpha)=(\alpha-1)!$，或者 $\Gamma(\alpha+1)=\alpha\Gamma(\alpha)$。

随机变量 x 的值可以看作是一个可数变量的平均测度。这是合理的，尤其是当均值为非整数但为正时。伽马函数被用作贝叶斯推断的先验函数，也被用作精度参数的先验。对于这种情况，我们将精度视为参数方差的倒数。

随机变量 X 的伽马分布的矩母函数由表达式(13.42)给出：

$$\begin{aligned} M(t)=E(\mathrm{e}^{tX})&=\int_0^{\infty}\mathrm{e}^{tx}\left(\frac{1}{\Gamma(\alpha)\beta^{\alpha}}x^{\alpha-1}\mathrm{e}^{-x/\beta}\right)\mathrm{d}x \\ &=\frac{1}{\Gamma(\alpha)\beta^{\alpha}}\int_0^{\infty}x^{\alpha-1}\mathrm{e}^{-x\left(\frac{1-\beta t}{\beta}\right)}\mathrm{d}x \end{aligned} \tag{13.42}$$

通过使用变量 $\beta'=\frac{\beta}{1-\beta t}$，我们可以证明积分

$$M(t)=\frac{1}{\Gamma(\alpha)\beta^{\alpha}}\int_0^{\infty}x^{\alpha-1}\mathrm{e}^{-x/\beta'}\mathrm{d}x \tag{13.43a}$$

等式(13.43a)中积分下的项实际上是伽马函数，没有如伽马函数的定义那样的归一化常数。也就是说，通过插入归一化常数，我们有

$$\int_0^{\infty}x^{\alpha-1}\mathrm{e}^{-x/\beta'}\mathrm{d}x=\Gamma(\alpha)(\beta')^{\alpha} \tag{13.43b}$$

$$M(t)=\frac{1}{\Gamma(\alpha)\beta^{\alpha}}\Gamma(\alpha)(\beta')^{\alpha}=(1-\beta t)^{-\alpha} \tag{13.44}$$

13.6　矩母函数的性质

从前面各节中获得的矩母函数的推导中，可以确定以下三个性质。

(1) $M_X(0)=1$

在 $t=0$ 时，矩母函数的值都等于 1。读者应该检查到目前为止给出的所有 MGF。

(2) $M_X^{(k)}(0)=\frac{\mathrm{d}^k}{\mathrm{d}t^k}M_X(t)\Big|_{t=0}=\mu_k$

通过将 MGF 的第 k 个导数评估为零来获得 k 阶矩。

(3) $M_X(t)=1+\mu_1 t+\frac{\mu_2}{2!}t^2+\frac{\mu_3}{3!}t^3+\cdots+\frac{\mu_k}{k!}t^k+\cdots$

其中 $\mu_k=E(X^k)$。矩母函数可以展开为幂级数，如上所示。

13.7　多元矩母函数

到目前为止，矩母函数的分析都是在一元随机变量分布上。这可以推广到多元随机变量。许多过程同时发生，导致多个随机变量同时发生。多个随机变量可以是独立的，也可以是相依的。考虑一组随机变量 X_1，…，X_k。假设它们是独立的。因此，随机变量的期望值为

$$
\begin{aligned}
M_{X_1+X_2+\cdots+X_K}(t) &= E(X_1+X_2+\cdots+X_K) \\
&= E(\mathrm{e}^{(X_1+X_2+\cdots+X_K)t}) \\
&= E(\mathrm{e}^{X_1 t}\mathrm{e}^{X_2 t}\mathrm{e}^{X_3 t}\cdots\mathrm{e}^{X_K t}) \\
&= E(\mathrm{e}^{X_1 t})E(\mathrm{e}^{X_2 t})\cdots E(\mathrm{e}^{X_K t}) \\
&= M_{X_1}(t)M_{X_2}(t)\cdots M_{X_K}(t)
\end{aligned}
\tag{13.45}
$$

这个结果是在考虑随机变量独立的情况下得到的。因此

$$
E(X_1+X_2+\cdots+X_K)=\prod_{k=1}^{K}M_{X_k}(t) \tag{13.46}
$$

大数定律

大数定律适用于由独立试验过程 $Y_k=X_1+X_2+\cdots+X_k$ 组成的多元分布。令试验过程的每个单元均具有均值和方差 $\mu=E(X_j)$ 和 $\sigma^2=E(X_j^2)$，大数定律指出，随着 n 趋于无穷大，该概率的值趋于 0：

$$
P\left(\left|\frac{Y_k}{k}-\mu\right|\geqslant\varepsilon\right)\to 0
$$

然而，当 n 趋于无穷大时，下面的值趋于 1：

$$
P\left(\left|\frac{Y_k}{k}-\mu\right|<\varepsilon\right)\to 1
$$

大数定律的证明来自以下简单的考虑。由于 Y 中的所有随机变量都是独立的，并且具有相同的分布，因此它们也具有相同的均值和方差，这意味着 Y 的方差是随机变量集的所有成员方差的总和。也就是说，Y 的方差为 $k\sigma^2$ 或 $\mathrm{Var}(Y)=k\sigma^2$，也有 $\mathrm{Var}\left(\frac{Y}{k}\right)=\frac{\sigma^2}{k}$。请注意，比率 Y/k 是该过程单位结果的平均值。任何值 $\varepsilon>0$ 的切比雪夫不等式可以用来证明

$$
P\left(\left|\frac{Y_k}{k}-\mu\right|\geqslant\varepsilon\right)<\frac{\sigma^2}{k\varepsilon^2}
$$

因此，对于 ε 的固定值，大数定律的两个表达式成立。

13.8　矩母函数的应用

MGF 可以应用的领域之一是经过一段时间后折旧产品的市场价值计算。

Birnbaum-Saunders 分布是从模型得出的疲劳寿命分布，该模型假定破坏是由于主裂纹的发展和增长引起的。事实表明，这种分布不仅适用于疲劳分析，而且适用于工程科学的其他领域。由于其用途越来越广泛，因此希望获得该分布的不同幂的期望值的表达式。

第 14 章　特征函数

14.1　简介

将问题从一个域转换到另一个域(例如，时间到频率)通常为观察信号的特征提供了新的视角。特征函数是一个典型示例，通过该函数可以将随机变量的概率密度函数(pdf)转换为新的空间，并为更好地研究 pdf 提供了途径。概率语言中的随机变量的特征函数是随机变量的概率分布函数的傅里叶变换。特征函数是将矩母函数扩展到复数空间的推广。

随机变量 X 的特征函数是唯一的。因此，如果通过创建两个随机变量 X 和 Y 的特征函数，并且它们相同，则过程 X 和 Y 表示相同的过程。

特征函数与矩母函数的定义非常接近，只有一个唯一的区别。指数函数是复杂的，因此提供了一个复指数函数和一个实际的概率密度函数相乘和积分的混合物。

通常，随机变量 X 的特征函数定义为：

$$\varphi_X(t)=E(\mathrm{e}^{jxt})=\int_{-\infty}^{\infty}\mathrm{e}^{jxt}f(x)\mathrm{d}x \tag{14.1}$$

这里，$j=\sqrt{-1}$。由于实数项和复数项在积分中的混合，因此需要某种形式的运算。在本节的其余部分，将给出有关如何完成此运算的示例。

特征函数的性质

考虑随机变量 X_1，X_2，…，X_K。如果它们是独立的随机变量，则

1) 独立随机变量之和的特征函数是其特征函数的乘积，其中

$$\varphi_{X_1,\ X_2,\ \cdots,\ X_K(t)}=\prod_{k=1}^{K}\varphi_{X_k} \tag{14.2}$$

2) $\varphi_{aX}(t)=\varphi_X(at)$。

3) 对于连续随机变量，特征函数是连续的。

这些结果直接来自随机变量 X 的特征函数的定义。

证明　令

$$\varphi_{aX}(t)=E(\mathrm{e}^{jaxt})=\int_{-\infty}^{\infty}\mathrm{e}^{jaxt}f_X(x)\mathrm{d}x=\varphi_X(at) \tag{14.3}$$

这是因为现在变量 t 乘以指数中的 a。

4) 对于所有 t，$\varphi_X(0)=1$，$|\varphi_X(t)|\leqslant 1$。

5) 对于所有的 t，$t_1<t_2<\cdots<t_n$，由特征函数的元素形成的矩阵 $\mathbf{A}=(a_{ij})_{1\leqslant i,j\leqslant n}$ 使得 $a_{jk}=\varphi_X(t_j-t_k)$是 Hermittian，也是正定的。这意味着对任意的 $\boldsymbol{\zeta}\in\mathbb{C}^n$，$\boldsymbol{\zeta}^{\mathrm{T}}\mathbf{A}\bar{\boldsymbol{\zeta}}\geqslant 0$，$\mathbf{A}^*=\mathbf{A}$。

14.2　离散单随机变量的特征函数

在本节中，我们推导离散随机变量 X 的特征函数，并举例说明最基本的离散随机变量。

14.2.1　泊松随机变量的特征函数

对于泊松随机变量，概率质量函数为

$$p(x_k)=p(X=k)=\mathrm{e}^{-\lambda}\frac{\lambda^k}{k!},\quad k=0,\ 1,\ 2,\ \cdots,\ \infty \tag{14.4}$$

因此，其特征函数由以下表达式定义：

$$\varphi_X(t)=\sum_{k=1}^{K}\mathrm{e}^{jkt}p(x_k) \tag{14.5}$$

因此，泊松随机变量的特征函数为

$$\begin{aligned}\varphi_X(t)&=\sum_{k=0}^{\infty}\mathrm{e}^{jkt}\mathrm{e}^{-\lambda}\frac{\lambda^k}{k!}\\&=\mathrm{e}^{-\lambda}\sum_{k=0}^{\infty}\frac{(\lambda\mathrm{e}^{jt})^k}{k!}=\mathrm{e}^{-\lambda}\sum_{k=0}^{\infty}\frac{x^k}{k!}\\&=\mathrm{e}^{-\lambda}\mathrm{e}^{\lambda jt}=\mathrm{e}^{\lambda(\mathrm{e}^{jt}-1)}\end{aligned} \tag{14.6}$$

这个结果来自 $\sum_{k=0}^{\infty}\frac{(\lambda\mathrm{e}^{jt})^k}{k!}$ 是变量 $x=(\lambda\mathrm{e}^{jt})$ 的泰勒级数的事实。为了求随机变量的矩，我们展开级数，取导数，并在 $t=0$ 时求导。因为

$$\varphi(\mathrm{e}^{jtX})=E\left(\sum_{k=0}^{\infty}\frac{(\lambda\mathrm{e}^{jt})^k}{k!}\right) \tag{14.7}$$

14.2.2　二项随机变量的特征函数

如果随机过程具有二项分布，则特征函数由二项式函数给出：

$$\begin{aligned}\varphi_X(t)&=\sum_{k=0}^{n}\mathrm{e}^{jkt}\binom{n}{k}p^kq^{n-k}\\&=\sum_{k=0}^{n}\binom{n}{k}(p\mathrm{e}^{jt})^kq^{n-k}\\&=(p\mathrm{e}^{jt}+q)^n\end{aligned} \tag{14.8}$$

概率 p 和 q 直接根据数据估算。例如，用方程(14.8)来建模当 p 代表成功的概率，q 代表失败的概率时的二项式过程。

14.2.3　连续随机变量的特征函数

我们从一个显然的例子——具有概率密度函数的普通随机变量的特征函数开始：

$$f_X(x)=\frac{1}{\sqrt{2\pi}}\mathrm{e}^{-x/2} \tag{14.9}$$

因此，特征函数由以下表达式给出：

$$\begin{aligned}\varphi_X(t)&=E(\mathrm{e}^{jxt})=\int_{-\infty}^{\infty}\mathrm{e}^{jxt}f_X(x)\mathrm{d}x\\&=\int_{-\infty}^{\infty}\mathrm{e}^{jtx}\ \frac{1}{\sqrt{2\pi}}\mathrm{e}^{-x/2}\mathrm{d}x\end{aligned}\tag{14.10}$$

为了简化积分，需要对积分中的项进行处理。这是通过将其与一个单位指数相乘来完成的，如下所示：

$$\begin{aligned}\varphi_X(t)&=\int_{-\infty}^{\infty}\frac{\mathrm{e}^{-t^2/2}\mathrm{e}^{t^2/2}}{\sqrt{2\pi}}\mathrm{e}^{jtx}\mathrm{e}^{-x^2/2}\mathrm{d}x\\&=\frac{\mathrm{e}^{-t^2/2}}{\sqrt{2\pi}}\int_{-\infty}^{\infty}\mathrm{e}^{-(x-jt)^2/2}\mathrm{d}x\end{aligned}\tag{14.11}$$

这个积分需要变量的改变。这是通过让 $z=x-jt\Rightarrow\mathrm{d}z=\mathrm{d}x$，然后整合到新的极限值上来完成的，即 $z_{\text{upper}}=+\infty-jt$；$z_{\text{lower}}=-\infty-jt$。这变成

$$\varphi_X(t)=\frac{\mathrm{e}^{-t^2/2}}{\sqrt{2\pi}}\int_{-\infty-jt}^{\infty-jt}\mathrm{e}^{-z^2/2}\mathrm{d}z\tag{14.12}$$

我们将使用留数在一个轮廓上积分这个函数。众所周知，闭合轮廓上的积分可以得到结果

$$\oint f(z)\mathrm{d}z=2\pi j\sum\text{留数}=0\tag{14.13}$$

因此，如果轮廓闭合，则留数为零。

第 15 章　概率生成函数

15.1　简介

在许多研究领域，没有一种数学工具可以满足大多数数据处理需求。因此，拥有一系列可用于解决问题的工具非常有用。当一个工具出现故障或这些工具变得难以使用时，处理器可能会使用其他工具。这是使用概率生成函数分析随机变量的众多原因之一。

本章探讨另一种计算期望值的方法。除了直接法、矩母函数(MGF)和特征函数外，它提供计算矩的第四种方法。在下一节中，我们考虑概率生成函数的离散情况。在分析MGF 和特征函数时，考虑流行分布来说明这种方法。“概率生成函数”一词用词不当。它是由基于整数的概率分布创建的序列。当方程(15.1)中的值被 s^k 代替时，函数本身不用于创建概率。这就是用词不当。

15.2　离散概率生成函数

考虑一个随机变量 X，其值在实数范围内。用以下表达式定义随机变量的概率生成函数：

$$G_X(s)=E(s^X)=\sum_k s^k P(X=x_k) \tag{15.1}$$

为了便于分析，我们用符号重写这个表达式：

$$G_X(s)=E(s^X)=\sum_k s^k P(X=k) \tag{15.2}$$

其中 k 是正数，通常是整数。我们对使用这个定义计算随机变量 X 的期望值感兴趣。这个定义没有假设 X 的支持，支持可以是大的，甚至是无限的。如果支持是有限的，就像许多随机变量一样，那么 X 取一组由方程(15.1)和方程(15.2)定义的支持内的有限值。

让我们进一步研究 X 取有限值 x_0，x_1，x_2，…，x_N 的情形，概率生成函数(PGF)是 s 中具有 $N+1$ 项的多项式，多项式可以用各种方法求解多项式函数：

$$\begin{aligned}G_X(S)&=E(s^X)=\sum_{k=0}^{N} s^k P(X=k)\\&=P(X=0)+P(X=0)s+\cdots+P(X=N)s^N\end{aligned} \tag{15.3}$$

当随机变量 X 取一组大的可数数值 x_0，x_1，x_2，…，x_N，…时，我们得到一个收敛到某个值的级数，该值总是小于 1，只要 s 小于或等于 1(当 $s\in[-1, 1]$时，$|s|\leqslant 1$)：

$$\begin{aligned}G_X(s)&=E(s^X)=\sum_{k=0} s^k P(X=k)\\&=P(X=0)+P(X=0)s+\cdots+P(X=N)s^N+\cdots\end{aligned} \tag{15.4}$$

这是因为以下关系成立：

$$G_X(s)=\sum_{k\geqslant 0}s^kP(X=k)\leqslant\sum_{k\geqslant 0}|s^k|P(X=k)\leqslant\sum_{k\geqslant 0}P(X=k)=1 \qquad (15.5)$$

为了显示如何使用概率生成函数，我们通过推导某些流行分布的 PGF 来说明该方法。我们从最简单的伯努利随机变量开始。

15.2.1　概率生成函数的性质

随机变量 X 的矩

如果随机变量 X 的概率生成函数的收敛半径 R 大于 1($R>1$)，则可以通过以下方法从概率生成函数中计算出随机变量的矩：取适当的导数并在 $s=1$ 处进行评估。

(a) 随机变量的均值或一阶矩为

$$E(s^X)=G'_X(s)=\frac{\mathrm{d}}{\mathrm{d}s}\left[\sum_{k=0}s^kP(X=k)\right]=\sum_{k\geqslant 1}ks^{k-1}P(X=k) \qquad (15.6)$$

观察导数之和取自 k 等于或大于 1。这是由于第一项在 $k=0$ 时的导数(常数)为零。

随机变量的均值或期望值为

$$E(X)=G'_X(1)=\sum_{k\geqslant 1}k\times s^{k-1}P(X=k)=\sum_{k\geqslant 1}k\times P(X=k) \qquad (15.7)$$

(b) 随机变量的 k 阶矩为

$$G_X^{(k)}(1)=\lim_{s\to 1}G_X^{(k)}(s) \qquad (15.8)$$

k 阶矩可以从以下表达式得出：

$$E(X(X-1)\cdots(X-k+1))=G_X^{(k)}(1)=\lim_{s\to 1}G_X^{(k)}(s) \qquad (15.9)$$

这意味着我们需要先得出期望 $E(X(X-1))$，然后才能得出随机变量的方差。因此，我们又有另一种计算随机变量矩的方法。

例　考虑下面的多项式，它为随机变量的概率生成函数建模：$G_X(s)=p_0+sp_1+s^2p_2+s^3p_3+s^4p_4$，求随机变量的一阶矩、二阶矩、三阶矩、四阶矩。

解

随机变量的一阶矩为$\frac{\mathrm{d}}{\mathrm{d}s}G_X(s)=p_1+2sp_2+3s^2p_3+4s^3p_4$。当在 $s=1$ 评估时，这变成 $E(X)=G_X(1)=p_1+2p_2+3p_3+4p_4$。

随机变量的二阶矩是

$$\left.\frac{\mathrm{d}^2}{\mathrm{d}s^2}G_X(s)\right|_{s=1}=2p_2+3\times 2sp_3+4\times 3s^2p_4=2p_2+6p_3+12p_4$$

随机变量的三阶矩母函数是

$$\left.\frac{\mathrm{d}^3}{\mathrm{d}s^3}G_X(s)\right|_{s=1}=3\times 2p_3+4\times 3\times 2sp_4=6p_3+24p_4$$

四阶矩母函数变为

$$\left.\frac{\mathrm{d}^4}{\mathrm{d}s^4}G_X(s)\right|_{s=1}=4\times 3\times 2p_4=24p_4$$

15.2.2　伯努利随机变量的概率生成函数

考虑一个概率为 p 和 q 的无偏硬币抛掷随机变量，使得 $p+q=1$。概率生成函数由以下表达式给出：

$$\begin{aligned} G_X(s) &= \sum_{k=0}^{1} s^k P(X=k) \\ &= P(X=0) + sP(X=1) = q + sp \end{aligned} \tag{15.10}$$

例　如果对于伯努利随机变量 X，我们有概率 $p=1/2$ 和 $q=1/2$，则为伯努利概率生成函数编写一个表达式。

解

由方程(15.6)，我们得到 $G_X(s)=\sum_{k=0}^{1} s^k P(X=k)=\frac{1}{2}+\frac{1}{2}s$。

练习　通常对于无偏硬币，s 限于 $s=1$。假设 s 的实数值小于 1，画出伯努利分布的概率生成函数作为 s 在 0 和 1 之间的函数。

15.2.3　二项随机变量的概率生成函数

二项随机变量 X 发生在离散试验中，其中 n 个试验中有 k 次成功的概率为 p。其余结果(即 $(n-k)$ 次失败)的概率为 q，$p+q=1$。

考虑 k 次成功发生时的概率质量函数。这是由以下表达式给出的：

$$P(X=k)=\binom{n}{k} p^k q^{n-k},\ k=0,\ 1,\ 2,\ \cdots,\ n \tag{15.11}$$

概率生成函数由 PGF 的定义给出：

$$\begin{aligned} G_X(s) &= \sum_{k\geqslant 0} s^k P(X=k) = \sum_{k\geqslant 0} s^k \binom{n}{k} p^k q^{n-k} \\ &= \sum_{k=0}^{n} \binom{n}{k} (sp)^k q^{n-k} = (q+sp)^n,\ s\in\mathbb{R} \end{aligned} \tag{15.12}$$

对二项随机变量，使用 PGF 的期望为

$$\begin{aligned} E(X) &= G_X'(1) = \frac{\mathrm{d}}{\mathrm{d}s}(q+sp)^n \Big|_{s=1} = np(q+sp)^{n-1}\big|_{s=1} \\ &= np(q+p)^{n-1} \end{aligned} \tag{15.13}$$

由于 $q+p=1$，因此期望简化为

$$E(X)=G_X'(1)=np \tag{15.14}$$

15.2.4　泊松随机变量的概率生成函数

给定泊松率 λ，PGF 由以下表达式给出：

$$P(X=k)=\mathrm{e}^{-\lambda}\frac{\lambda^k}{k!},\ k=0,\ 1,\ 2,\ \cdots \tag{15.15}$$

这得到方程(15.16)中的概率生成函数的表达式：

$$G_X(s)=\sum_{k\geqslant 0}s^kP(X=k)=\mathrm{e}^{-\lambda}\sum_{k\geqslant 0}s^k\frac{\lambda^k}{k!},\ k=0,\ 1,\ 2,\ \cdots$$
$$=\mathrm{e}^{-\lambda}\sum_{k=0}^{\infty}\frac{(s\lambda)^k}{k!}=\mathrm{e}^{-\lambda}\mathrm{e}^{s\lambda} \tag{15.16}$$
$$=\mathrm{e}^{(s-1)\lambda}$$

幂级数展开的结果的总和是 $\mathrm{e}^{s\lambda}$。现在，我们还将使用 PGF 得出泊松随机变量的期望值。期望值是在 $s=1$ 时评估的 PGF 的一阶导数。这在方程(15.17)中显示：

$$E(X)=G_X'(1)=\frac{\mathrm{d}}{\mathrm{d}s}\mathrm{e}^{(s-1)\lambda}\Big|_{s=1}=\lambda\mathrm{e}^{(s-1)\lambda}\big|_{s=1}=\lambda \tag{15.17}$$

二阶矩可以通过中间表达式相等地导出。中间期望是随机变量和随机变量减去 1 的乘积。它在方程(15.18)中给出，并在 $s=1$ 时进行计算：

$$E(X(X-1))=G_X''(1)=\frac{\mathrm{d}^2}{\mathrm{d}s^2}\mathrm{e}^{(s-1)\lambda}\Big|_{s=1}=\lambda^2\mathrm{e}^{(s-1)\lambda}\big|_{s=1}=\lambda^2 \tag{15.18}$$

假设随机变量的方差由以下表达式给出：

$$\mathrm{Var}(X)=E(X^2)-(E(X))^2 \tag{15.19}$$

根据方程(15.19)的分析，我们得出

$$E(X(X-1))=E(X^2)-E(X)=\lambda^2$$

利用方程(15.19)和方程(15.18)，泊松随机变量的方差为

$$E(X^2)=E(X(X-1))+E(X)=\lambda^2+\lambda \tag{15.20}$$

随机变量的方差和均值均由泊松随机变量的到达率定义。因此，知道到达率意味着我们从一开始就对这个过程了解很多。

15.2.5 几何随机变量的概率生成函数

几何随机变量甚至**几何分布**是负二项随机变量(分布)的特例。负二项分布用于分析获得成功之前的试验次数。因此，几何分布是 $r=1$ 次成功的负二项分布。

举个例子，在我们记录一次正面朝上被视为成功，之前，我们要抛掷多少次无偏硬币？几何随机变量的另一个很好的例子是，在女性患者怀孕之前，IVF 医生进行了多少次 IVF 植入。她怀孕即成功。假设 IVF 医生在该女性怀孕前尝试 k 次，我们可以将随机过程 X 的概率分布表示为

$$g(x;\ p)=q^{k-1}p \tag{15.21}$$

几何随机变量具有两个参数 p 和 q，分别是每种结果类型(成功或失败)出现一次的概率。概率质量函数由以下表达式定义：

$$P(X=k)=q^{k-1}p,\ k=0,\ 1,\ 2,\ \cdots;\ 0<p,\ q<1 \tag{15.22}$$

像所有其他分布一样，它也具有方程(15.23)中给出的唯一概率生成函数：

$$G_X(s)=\sum_{k=1}^{\infty}s^kq^{k-1}p=sp\sum_{k=1}^{\infty}s^{k-1}q^{k-1}p$$
$$=sp\sum_{k=1}^{\infty}(sq)^{k-1}=\frac{sp}{1-sq},\ |s|<\frac{1}{q} \tag{15.23}$$

求和下的项是一个几何级数，并得出结果。如果 q 小于 $1/q$，则结果有效。

使用 PGF 的期望是通过与已经讨论的其他分布相同的方式得出的，由表达式给出：

$$
\begin{aligned}
E(X) = G_X'(1) &= \frac{\mathrm{d}}{\mathrm{d}s}\frac{sp}{1-sq}\bigg|_{s=1} \\
&= \frac{p}{(1-sq)^2}\bigg|_{s=1} = \frac{1}{p}
\end{aligned}
\tag{15.24}
$$

分布的均值是成功概率 p 的倒数。分布的方差也可以通过首先导出期望值来获得：

$$
\begin{aligned}
E(X(X-1)) = G_X''(1) &= \frac{\mathrm{d}^2}{\mathrm{d}s^2}\frac{sp}{1-sq}\bigg|_{s=1} \\
&= \frac{2qp}{(1-sq)^3}\bigg|_{s=1} = \frac{2q}{p^2}
\end{aligned}
\tag{15.25}
$$

我们现在可以运算方程(15.19)和方程(15.25)，以获得方差的精确表达式：

$$
\begin{aligned}
E(X^2) = E(X(X-1)) + E(X) &= \frac{2q}{p^2} + \frac{1}{p} \\
&= \left(\frac{2qp+p^2}{p^2}\right)
\end{aligned}
\tag{15.26}
$$

方差是

$$
\begin{aligned}
E(X^2) - (E(X))^2 &= \frac{2q}{p^2} + \frac{1}{p} - \frac{1}{p^2} \\
&= \frac{2q+p-1}{p^2} = \frac{q+(q+p-1)}{p^2} = \frac{q+(1-1)}{p^2} \\
&= \frac{q}{p^2}
\end{aligned}
\tag{15.27}
$$

注意，在上面的简化中，$p+q=1$。

15.2.6　负二项随机变量的概率生成函数

考虑由 N 个重复试验组成的试验，其中每个试验都包含两个可能的结果。试验是独立的。结果要么是具有相同概率 p 的成功，要么是具有相同概率 q 的失败。重复该试验，直到记录到 r 次成功为止。r 的值是事先指定的。这种类型的试验涉及的随机变量 X 称为负二项分布的负二项随机变量。该分布有时也称为帕斯卡分布。

负二项分布的一个例子是当一枚硬币被反复抛掷时。假设我们事先指定了 7 次成功，或者我们需要硬币在试验过程中 7 次正面朝上。由于硬币是无偏的，每次抛掷都独立于前一次。前一次抛掷的结果不会影响下一次抛掷的结果(可能是正面朝上或背面朝上)。每次抛掷中出现正面朝上的概率为 0.5，每次抛掷中出现背面朝上的概率也为 0.5。我们继续试验，直到总共 7 次正面朝上。

通常，我们用概率 p 表示成功，用概率 q 表示失败(其中 $q=1-p$)，用 N 表示试验次数，用 r 表示成功次数。这意味着在 N 次试验中，有 $N-r$ 次失败。因此，在分析分布和概率生成函数时，我们得到的是 N 次试验的组合数，其中有 r 次成功。

以一个国家为例，该国法律规定每名 IVF 医生都可以在一年内实现 r 次怀孕。有些医生可能会尝试很多次(N_j)才能达到 r 次怀孕的成功概率(p_j)，而其他人达到同样的结果可能尝试的次数更少。我们用 $b(N_j, r, p_j)$表示负二项概率分布所涉及的随机过程。

此过程可用于根据成功和失败对 IVF 医生进行排名和评分，并就如何获得快速成功向公众提供建议。一般分布为

$$b(N_j;\ r,\ p_j)={}_{N_{j-1}}C_{r-1}\,p_j^r q_j^{N_j-r} \tag{15.28}$$

在本节的其余部分，仅涉及一个随机过程(一位 IVF 医生将植入单个女性)。现在让我们推进对负二项过程或随机变量的分析。每个负二项随机变量由几个几何随机变量组成。考虑负二项随机变量 $X=X_1+X_2+\cdots+X_k$，其中随机变量 X 的每个分量都是具有几何分布的几何随机变量。例如

$$X_i \triangleq Geom(p) \tag{15.29}$$

是在第 $i-1$ 次和第 i 次正面朝上(成功)之间抛掷有偏硬币的次数。抛掷硬币直到 k 次正面朝上(成功)。让过程的所有 X_i 几何分量独立。因此，随机变量(负二项)的概率生成函数是 k 个(几何)概率生成函数的乘积，使得

$$G_X(s)=\prod_{k=1}^{K}G_{X_k}(s)=\left(\frac{sp}{1-sq}\right)^k,\quad |s|<\frac{1}{q} \tag{15.30}$$

负二项概率定律

在本节中，我们寻求推导二项概率分布定律。我们将在微积分中应用一些众所周知的技术来进一步简化这个表达式。考虑众所周知的和的幂级数展开式$(1+x)^\alpha$，$x\in(-1,1)$，其中 α 是一个实数，且

$$1+\frac{\alpha x}{1!}+\frac{\alpha(\alpha-1)}{2!}x^2+\cdots+\frac{\alpha(\alpha-1)\cdots(\alpha-r+1)}{r!}x^r+\cdots$$

使得

$$\binom{\alpha}{r}=1+\frac{\alpha}{1!}+\frac{\alpha(\alpha-1)}{2!}+\cdots+\frac{\alpha(\alpha-1)\cdots(\alpha-r+1)}{r!} \tag{15.31}$$

然后，我们得到二项式级数：

$$(1+x)^\alpha=\sum_{r\geqslant 0}\binom{\alpha}{r}\cdot x^r \tag{15.32}$$

除符号变化外，此表达式类似于负二项分布的概率生成函数。因此，

$$\begin{aligned}G_X(s)&=\prod_{k=1}^{K}G_{X_k}(s)=(sp)^k(1-sq)^{-k}\\&=(sp)^k\sum_{r=0}^{\infty}\binom{-k}{r}(-sq)^r\end{aligned} \tag{15.33}$$

求和符号中的项可以重写为

$$\begin{aligned}\binom{-k}{r}&=\frac{-k(-k-1)\cdots(-k-r+1)}{r!}\\&=(-1)^r\binom{k+r-1}{k-1}\end{aligned} \tag{15.34}$$

现在我们有了所有的组成项，可以清楚地写出负二项分布的 PGF：

$$G_X(s)=\sum_{r=0}^{\infty}\binom{k+r-1}{k-1}p^k q^r s^{k+r}=\sum_{n=k}^{\infty}\binom{n-1}{k-1}p^k q^{n-k}s^n \tag{15.35}$$

$$P(X=n)=\begin{cases}0, & n<k\\ \binom{n-1}{k-1}p^k q^{n-k}, & n=k,\ k+1,\ \cdots\end{cases} \tag{15.36}$$

该表达式称为**负二项概率**定律。当 n 等于或大于 k 时，它是负二项随机变量的概率质量函数。

15.3　概率生成函数在数据分析中的应用

通常，概率生成函数与序列 c_0，c_1，c_2，$c_3\cdots$(一个基于随机变量 X 取值的序列)相关：

$$G(x)=c_0+c_1x+c_2x^2+\cdots$$

考虑一个随机变量 X，其值是由形式为 $P(X=n)=p_n$ 的概率定义的整数。称为概率生成函数的相关级数为

$$G(x)=p_0+p_1x+p_2x^2+p_3x^3\cdots$$

x 的指数表示随机变量采用的值。关联概率是随机变量在采用指数值时的概率。

15.3.1　离散事件应用

1. 抛硬币

在抛硬币试验中，一枚无偏的硬币可能“正面朝上”也可能“背面朝上”。我们将值 1 赋给正面朝上($p=1/2$)，将 0($q=1/2$)赋给背面朝上。两种结果的概率相等，分别为 $p=q=1/2$。概率生成函数是

$$G(x)=p_0+p_1x=\frac{1}{2}+\frac{x}{2} \tag{15.37}$$

练习

(a) 证明：抛两枚无偏硬币的概率生成函数为 $G(x)=\left[\frac{1}{2}+\frac{x}{2}\right]^2$。

(b) 假设抛了三枚硬币，列出可能的结果，证明：概率生成函数为 $2^{-3}(1+x)^3$。(提示：结果为 000、001 等。)

(c) 抛 N 枚无偏硬币的概率生成函数是什么？

2. 掷骰子

一个骰子有六个面。在无偏的骰子中，每个面出现的概率均为 1/6。掷骰子的概率生成函数是：

$$\begin{aligned}G(x)&=p_1x+p_2x^2+p_3x^3+p_4x^4+p_5x^5+p_6x^6\\&=\frac{x}{6}+\frac{x^2}{6}+\frac{x^3}{6}+\frac{x^4}{6}+\frac{x^5}{6}+\frac{x^6}{6}\end{aligned} \tag{15.38}$$

练习　掷两个无偏骰子，写出概率生成函数的表达式。

解

$$G(x)=G_1(x)G_2(x)=[G_1(x)]^2=\left[\frac{x}{6}+\frac{x^2}{6}+\frac{x^3}{6}+\frac{x^4}{6}+\frac{x^5}{6}+\frac{x^6}{6}\right]^2$$

$$=6^{-2}[x^2+2x^3+3x^4+4x^5+5x^6+6x^7+5x^8+4x^9+3x^{10}+2x^{11}+x^{12}]$$

注意，掷两个骰子会提供两个独立的事件，因此，概率生成函数是相等的概率生成函数 $G_1(x)=G_2(x)=G(x)$ 的乘积。

15.3.2　传染病建模

最近，J. C. Miller[1] 发表了“A Primer on the Use of Probability Generating Functions in Infectious Disease Modeling”。本节为 Miller 出色而及时的工作提供了信息。我们从研究早期所谓的“简单疾病的离散时间早期扩散”[1] 开始。这是在文献[1]中用概率生成函数定义的。在本节中，我们使用 $G(\cdot)$ 来表示本节中讨论的应用生成函数。离散时间早期扩散概率生成函数为：

$$G(y)=\sum_{i=0}^{\infty}p_i y^i \tag{15.39}$$

我们用 p_i 作为引起 i 感染的概率，即所谓的“后代”在患者康复之前。

由感染者在疾病暴发的早期阶段引起的预期感染数量由以下表达式给出：

$$E(y)=R_0=\frac{\mathrm{d}}{\mathrm{d}y}G(y)\bigg|_{y=1}=\sum_i ip_i=G'(1) \tag{15.40}$$

在图 15.1 中，10 种中有 3 种(0.3)感染 3 人。其中一种感染很快就消退了。第二种病毒持续了相当长一段时间，直到 10 代人被感染后才消退。第三种病毒持续两代感染，最后消退。

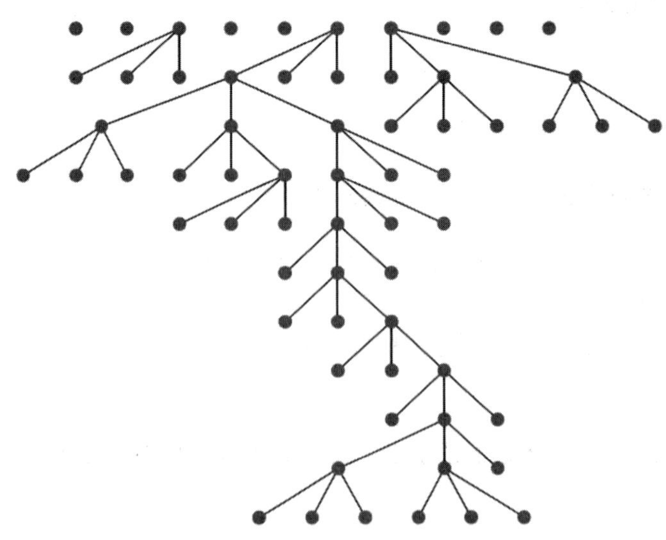

图 15.1　疾病暴发的样本。以双峰分布($R_0=0$：9)开始的 10 种暴发的样本，其中 3/10 的人口引起 3 种感染，其余的没有引起感染。最上面一行表示初始状态，显示了 10 种初始感染。从一行到下一行的边表示从高节点到低节点的感染。大多数暴发很快消退[1]

早期灭绝的可能性

灭绝理论(实际上是灭绝)的目的是发现一个或多个被感染者因暴发疾病而死亡的可能性。假设被感染的人创建了一个独立的后代 k 集合，该后代 k 选自具有概率生成函数 $g(y)$的分布的随机变量。如果流行病始于一个人，将 α 设为灭绝的概率，则

$$\alpha = \sum_k p_k \hat{\alpha}^k = G(\hat{\alpha}) \tag{15.41}$$

式中 $\hat{\alpha}$ 是指在隔离的情况下，被感染者的后代不会引起流行病的概率。

由一个被感染者引起的暴发灭绝的概率为 α，满足 PGF：

$$\alpha = G(\alpha) \tag{15.42}$$

如果在任何时候都知道 PGF 的实际值，就可以计算出 PGF 的系数。这在[1]中给出。令

$$G(x) = \sum_n G_n x^n \tag{15.43}$$

概率 p_n 是幂 n 的 x 中多项式的系数。可以通过取 PGF 的导数，在 $x=0$ 处对其进行评估并除以 $n!$（n 的阶乘)。正式是

$$p_n = \frac{1}{n!} \frac{\mathrm{d}^n G(x)}{\mathrm{d}x^n}\bigg|_{x=0} \tag{15.44}$$

如果函数 $G(x)$具有泰勒级数展开式，则该结果成立。

应当理解，并非 x 的每个值都满足该方程 $x=G(x)$[1]。x 的一个以上值将满足该方程，其中 $1=g(1)$是一个解。另一种解为$\mathfrak{R}_0 = G'(1) > 1$。

通常，极限的灭绝概率由以下表达式给出：

$$\alpha = \lim_{G \to \infty} \alpha_G，\ \alpha_G = G(\alpha_{G-1}) \tag{15.45}$$

当我们从 $\alpha_0 = 0$ 开始时，这将导致非零流行病概率。非零流行病概率为

$$\mathfrak{R}_0 = G'(1) = \sum_k k \cdot p_k > 1 \tag{15.46}$$

灭绝概率模型

在流行病学灭绝的概率研究中使用了两个概率生成函数模型。首先是对传染性个体的影响，产生了所谓的后代，从而产生了概率生成函数。从初始感染后的图 15.1 可以看出，第二个 PGF “在时间 t 应用于整个传染性 $I(t)$”[4]。后代 PGF 由以下表达式给出：

$$G(x) = \sum_{j=0}^{\infty} p_j x^j，\ x \in [0,\ 1] \tag{15.47}$$

这是一个个体 j 产生其他 j 感染的概率。

性质

这个模型的几个性质可以列出如下：

1) $G(1)=1$。

2) 一个感染者产生的后代的平均数量是

$$G'(1) = \sum_{j=1}^{\infty} j p_j$$

3) 以下表达式给出了后代感染者的概率生成函数：

$$G(x)=p_r+p_i x^2=\frac{\gamma}{\beta+\gamma}+\frac{\beta}{\beta+\gamma}x^2,\ x\in[0,\ 1]$$

式中定义 γ 为恒定恢复速率，β 为传输速率。式中 p_r 是恢复的概率，p_i 是被感染者感染另一个人的概率。$p_r+p_i=1$。x 的幂是一个被感染者的新感染人数。这个表达式的期望值是

$$G'(1)=\frac{\mathrm{d}}{\mathrm{d}x}G(x)\Big|_{x=1}=\frac{2\beta}{\beta+\gamma} \tag{15.48}$$

若 $R_0>1$，则 $G'(1)>1$。有关此模型的更多信息参见文献[4]。我们不会进一步研究第二种模型，因为它自然会导致马尔可夫模型。在文献[1]和[4]中可以找到关于该主题的更多信息。

参考文献

[1] Joel C. Miller, "A Primer on the Use of Probability Generating Functions in Infectious Disease Modeling", https://arxiv.org/abs/1803.05136, August 2018.

[2] Ping Yan, "Distribution theory, stochastic processes and infectious disease modelling", Mathematical Epidemiology, pp. 229–293, 2008.

[3] Herbert S. Wilf, Generating functionology, A K Peters, Ltd, 3rd edition, 2005.

[4] Linda J.S. Allen, "A primer on stochastic epidemic models: Formulation, numerical simulation, and Analysis", Infectious Disease Modelling, March, 2017, pp. 1–30.

第 16 章　基于人工神经网络的数字身份管理系统

Johnson I. Agbinya[㊀]，Rumana Islam[㊁]

16.1　简介

对网络安全的需求导致了一个高度复杂的身份管理环境。这种复杂性是由协议、网络和设备以及用户需求的多样性造成的。分布式属性和身份的组合通常不跨身份管理系统关联，并携带不同数量的安全数据。这会因多重身份而造成困难，并增强有效设计身份管理系统的需求。身份管理的方法和技术的多样性在应对当前挑战的同时也带来了新的问题，特别是对隐私的关注。如今，生物识别技术通常被认为是安全要求的重要组成部分，并与高度安全的身份识别和认证解决方案密切相关。本章介绍身份认证和身份管理系统的基本概念。我们也提出并实现一个基于人工神经网络的集成了伪度量、物理度量和生物特征识别技术的多模式数字身份管理系统(IDMS)。

16.2　数字身份度量

随着信息和网络技术的飞速发展，政府、大学和企业正在采用越来越多的信息系统。结果，他们面临一系列重要的技术挑战，其中之一就是对各种用户身份的管理。但是，身份融合增加了额外的安全性和隐私问题。显然，提供完整隐私的身份需求至关重要。

当通过计算机网络提供服务和资源时，数字身份是一个主要目标。了解数字网络识别与纸质识别系统的区别是必要的，并且是身份系统[1]设计中的重要元素。基于不同的用法，数字身份具有不同的含义。Subenthiran 将数字身份定义为“人类身份的表示，它使个人有权控制他们与其他机器或人的交互方式，以及通过互联网共享其个人信息的方式”[2]。

通过身份认证过程，个人可以访问不同的服务。有三种类型的度量结合了可用于认证的多种凭证[1,3]：

- 伪度量：“你知道的东西”，例如 PIN 或密码。
- 物理度量：“你拥有的东西”，比如护照。
- 生物识别：“你是什么”，就像语音或人脸识别。

成功的解决方案依赖于使用这些认证参数的复杂过程。使用伪度量或物理度量有一些缺陷，限制了它们的适用性[4]。主要问题是它们可能被遗忘或被未经授权的用户拿走和使用。然而，生物识别系统的特点是为用户提供更大的方便、舒适和安全。人的身体特征很

㊀ 澳大利亚墨尔本理工大学。
㊁ 澳大利亚悉尼科技大学。

难被伪造、被盗或放错地方，它们对每个人来说都是独一无二的[1,4,5]。尽管与任何技术一样，生物识别也有其缺点。个人可能会觉得扫描和其他生物识别方法侵犯了他们的隐私。例如，指纹与罪犯有很长一段时间的联系，因此采集他们的指纹可能会让一些人感到不舒服[1]。此外，如果公开执行不同生物特征数据库之间的交叉匹配，以使用其个人生物特征来跟踪登记的受试者，也可能侵犯用户的隐私[5]。因此，未经授权和公开访问存储的生物特征数据可能是关于用户隐私和安全的最危险的威胁之一。

目的是在分布式移动计算环境中协助实现一个多模式数字身份管理系统(DIMS)，该系统通过不同类型的认证组合实现精确的个人识别和安全性。

16.3　身份解析

在身份管理系统中认证个人的关键挑战是评估、比较和关联用户的所有可访问属性。在文献[6]中描述了一种称为身份解析的匹配技术。这种方法最初是为拉斯维加斯赌场的身份匹配问题而设计的。基于确定性规则的专家组合技术确定组件的概率值。

亚利桑那大学的人工智能试验室开发了自动识别假身份的算法，以帮助警方和情报部门进行调查。文献[7]提出了一种解决欺诈性犯罪身份识别问题的犯罪记录比较方法。采用有监督的训练过程来建立一个合适的不一致阈值，即两个记录之间的总不一致定义为它们的构造域之间的量化差异的总和。因此，这种方法需要一组训练数据，在 Facebook、Twitter 和 Instagram 等在线社交网站上伪造身份。假身份与假新闻结合在一起，在犯罪侦查、全国选举中的准确民调以及在公共场所(如入境口岸，包括机场)对出示的身份的信任程度，都会带来严重问题。

为了解决同样的问题，在文献[8]中提出了一个概率朴素贝叶斯模型。该模型利用与文献[7]中相同的特征来匹配身份，但是改用了半监督学习方法，这减少了标记训练数据的工作量。Phiri 和 Agbinya 在文献[9]中提出了一种使用信息融合技术来管理数字身份的系统。我们的实现利用了该技术。

指纹和面部验证挑战

生物识别技术在数字身份管理系统中具有强大的吸引力，因为用户不再需要担心记不住密码或塑料卡丢失。这些类型的认证通常是永久性的，很难伪造。

通常，使用任何类型的生物特征识别系统进行识别的过程都需要几个步骤，包括捕获原始生物特征识别数据、预处理和特征提取、识别或匹配算法以及性能指标。本节将介绍这些过程，但仅着重于如何进行指纹和面部验证。

1. 指纹

在自动指纹识别系统(AFIS)中，指纹匹配是最重要的问题。在 AFIS 中，通常有两种方法用于其匹配算法：基于细节的匹配和基于纹理的匹配[10]。

基于细节的指纹识别算法广泛用于指纹认证，它注重于脊和分叉的末端。因此，指纹图像的中心区域非常重要，该算法强烈依赖于输入图像的质量[10-11]。例如，在非理想情况下，指纹图像可能具有由墨水、疤痕等引起的定义不充分的特征。因此，在这种方法中，卓越的图像对匹配性能的影响最大，所以有必要用图像增强算法[12-13]将其结合起来。

关于参数优化已经进行了许多研究。最近的一些研究是使用遗传算法[14]、模糊系统[15]、小波统计特征[16]、几何预测[17]、径向基函数神经网络(RBFNN)[18]、主成分分析(PCA)[11]和凸包[19]。在这项工作中，假设可以访问相当清晰的指纹，则使用基于细节的算法进行指纹匹配。

2. 人脸

人脸识别作为图像分析和理解最成功的应用之一，近年来受到广泛的关注，尤其是在过去的几年里。造成这一趋势的原因至少有两个：广泛的商业和执法应用和经过大约 30 年的研究，有了可行的技术。

尽管当前的机器识别系统已经达到一定的成熟度，但是它们的成功受到许多实际应用所施加条件的限制。例如，在室外环境中获取的面部图像的识别随着光照、姿势、比例、面部表情和背景的变化而变化[20-21]。

基本的人脸识别过程包括两个计算阶段。第一阶段是特征提取，第二阶段是根据选择的特征对面部图像进行分类[22]。

人脸特征提取技术有很多种，主要分为两类：分割和非分割。第一种是基于几何特征的方法，这种方法非常耗时，主要用于大型数据库，但需要较少的数据输入[20,22]。主成分分析(PCA)和小波系数法是非分词范畴的典型方法。在我们的实现中，为了提取特征，我们采用了一种基于几何特征的方法。

16.4　生物识别系统架构

生物识别系统架构包括四个模块(图 16.1)：注册阶段、特征提取、验证和识别。在本章中，我们主要考虑了验证，识别不在考虑范围之内。

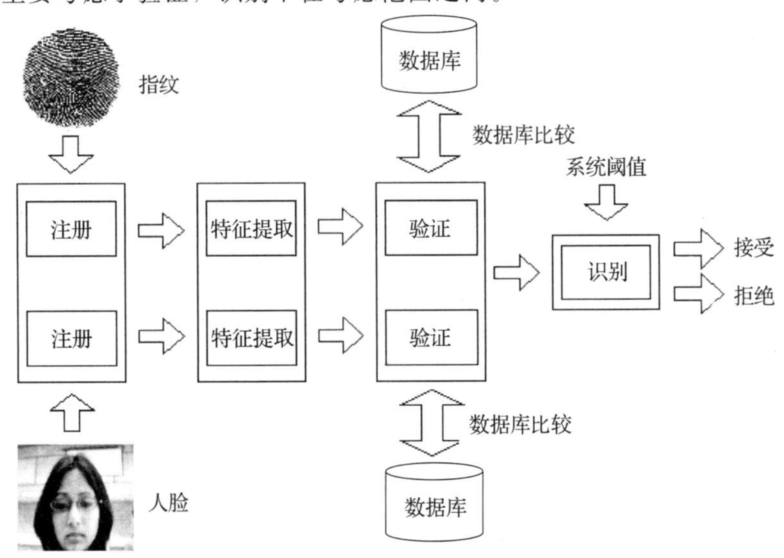

图 16.1　生物识别系统架构

16.4.1 指纹识别

许多公司已经创建了许多指纹识别软件开发套件(SDK)，以允许开发人员和集成商从指纹扫描仪获取并验证指纹数据。对于图 16.1 中的实现，我们使用了 GrFinger Fingerprint SDK，它是基于细节的算法，对于我们的数字身份管理系统，具有高达每秒 35 000 个指纹的匹配速度。

根据手指两端的特征和关系，识别指纹的唯一性。为了对两个指纹进行比较，从指纹图像中提取一组不变特征和鉴别特征。大多数具有高安全性的验证系统都是基于细节匹配的。在基于细节的算法中，模板是从这些点创建并存储为相对较小的模板数据，只需要对手指图像的一小部分进行验证。指纹分类是指对指纹进行粗层次匹配。第一次指纹分类是由爱德华·亨利爵士(Sir Edward Henry)完成的，当时他制定了亨利分类方案[17]。它将特征分为五类：螺纹、右环、左环、拱和帐篷拱(见图 16.2)。由于每次匹配都需要一些时间，所以数据库的最大大小是有限的。解决这一问题的方法是对指纹进行分类，首先对使用小特征的指纹进行匹配。

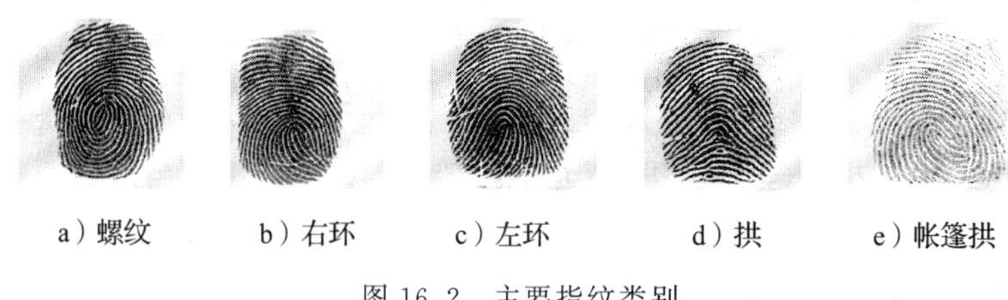

a）螺纹　b）右环　c）左环　d）拱　e）帐篷拱

图 16.2 主要指纹类别

16.4.2 人脸识别

如之前所讨论的，在面部识别中使用的主要技术有两种：分割和非分割。在本章中，选择了第一个基于特征的算法进行人脸识别。基于特征的算法依赖于提取、推导和分析、以获得所需的有关面部特征的信息，这些信息不受光照条件、姿势和大多数人脸识别系统所面临的其他因素变化的影响。基于特征的技术提取并标准化生物特征化面部表情的几何描述向量，例如眉毛粗细、鼻子锚点、下巴形状等[23]。然后，将向量与存储的模型面部向量映射或匹配。

市场上有许多由不同公司有偿提供的人脸识别软件开发套件(SDK)。它们都提供相似的功能，但是它们都提供的主要功能是允许开发人员和集成人员注册和验证面部图像。在本章中选择的人脸识别 SDK 被一家名为 Cognitec 的公司称为 FaceVACS。它与用于数字身份管理系统的 GrFinger Fingerprint SDK 兼容并集成。SDK 软件执行的用于处理图像的主要功能如图 16.3 所示。

人脸和眼睛取景器： 为了在图像上定位人脸，在原始图像上创建一个金字塔状的结构。图像金字塔是由不同比例的原始图像的副本组成的，因此以不同的分辨率表示图像。在金字塔中的每个图像上，一个掩码从一个像素移动到另一个像素，然后在掩码下的每个特定部分传递一个函数，该函数访问数据库中面部图像的相似性。如果分数通过某个相似点，则会自动假设在该特定位置存在一张脸。根据给定的信息，可以计算出人脸的位置和大小、原始图像的位置和分辨率。你可以通过评估人脸的定位和位置来估计眼睛的位置。在这个估计的位置及其区域内，开始搜索眼睛的确切位置。对眼睛和人脸的搜索是相似的，除了金字塔中图像的分辨率高于之前找到的人脸的分辨率。最后，从金字塔映射函数和最终估计的眼睛位置中获取眼睛的最高分数[24]（见图16.4）。

图像质量检查：通过以下过程检查面部图像的质量：

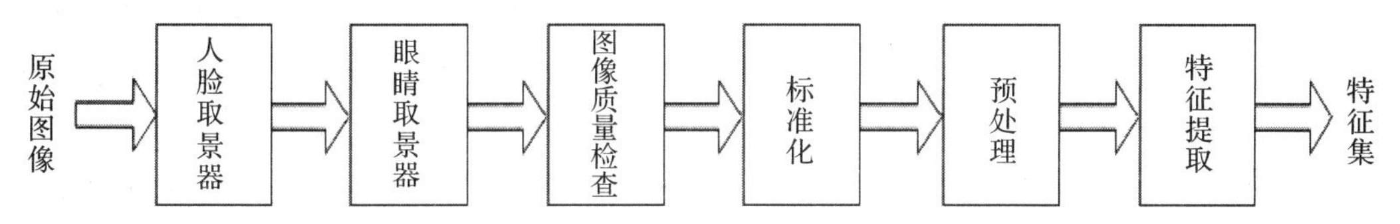

图16.3　特征集的创建[24]

图16.4　通过FaceVACS算法[24]找到的眼睛位置

标准化：通过提取图像，使眼睛的中心位于图像中的固定位置，然后旋转图像，以使结果变得固定。

处理：通过各种标准技术（如均衡化、直方图、强度标准化和其他许多技术）对标准化图像进行预处理。

特征提取：从预处理后的图像中提取对区分两个或两个以上个体具有重要意义的特征。

构建参考集：在注册阶段从图像中提取面部特征的生物特征模板。

比较：用于验证目的，对图像中个人的参考集进行识别处理，将图像与所有存储的参考集进行比较，并选择比较值最大的个体，在所有情况下都认为验证成功，然后分数超过某个阈值。

16.5　信息融合

数字身份认证系统的当前管理在很大程度上取决于PIN码、用户名和密码，这导致在线欺诈行为增加，因为这些凭证很容易被黑客猜中[25]。多模式认证（涉及组合多个属性，以对用户或设备进行认证）被认为是此问题的可能解决方案。组合这些属性的过程称为信息或数据融合[26]。信息融合技术系统的应用需要来自统计、人工智能、运筹学、数字信号处理、模式识别、认知心理学、信息论和决策论等领域的数学和启发式技术[27]。信息融合引擎的目的是在多模式认证期间组合提交的属性的组合强度和相关性。在有效的决策系统中，信息融合至关重要。但是，这可能具有挑战性，因为利用单独来源的技术并不总是适合或不足以从融合数据中发现价值和智能[28]。人工神经网络、模糊逻辑、贝叶斯方法、演化计算、混合智能系统和数据挖掘技术被视为可用于实现信息融合技术的技术示例[29]。在下一节中，我们将详细讨论用于实现信息融合的人工神经网络。

16.6 人工神经网络

人工智能的一部分称为人工神经网络(ANN)，旨在模拟生物神经系统的功能，而生物神经系统构成了地球上几乎所有高等生命形式的大脑[29]。神经网络是由神经元组成的，神经元是由一个核心细胞和几个长连接体组成的，这些连接体称为突触[27]。这些突触显示神经元之间是如何连接的。生物和人工神经网络都是通过突触将信号从一个神经元传递到另一个神经元。因此，人工神经网络是一种“信息处理范式，灵感来源于像大脑这样的生物神经系统处理信息的方式”[29]。这一概念的关键要素是信息处理系统的新颖结构。它是由大量高度互联的处理单元(称为神经元)组成，它们协同工作，以解决特定问题。

通常被称为感知的人工神经元是一种具有多个输入和一个输出的设备[29]。神经元有两种操作模式，即训练模式和使用模式[30]。在训练模式下，对于特定的输入模式，神经元可以被训练为被激发或不被触发。在使用模式下，当在输入端检测到一个设定的输入模式时，其相关输出变成当前输出。如果输入模式不属于设定的输入模式训练列表，则使用触发规则来确定是否触发[30]。

一个经过训练的人工神经网络是一个专家，在信息类别中它被给予分析，然后可以用来提供给定新情况的预测[29]。这使得它在实现信息融合时更加有用。一旦对网络进行训练，并使用给定的训练数据范围生成网络权值和阈值，以获得给定的目标数据集，它就可以作为专家根据给定的值计算信息融合的输出。使用人工神经网络的难点在于如何计算神经元的权值和阈值。神经网络具有从复杂或不精确的数据中获取意义的非凡能力可用于提取模式和检测人类或其他计算机技术无法察觉的复杂趋势[30]。

人工神经网络实现

由于人工智能技术的复杂性，决定采用多层人工神经网络来实现信息融合引擎。MATLAB已经用于神经元的训练。

所实现的数字识别系统使用物理度量、伪度量和生物特征这三组的六个属性作为输入向量。拥有合理数量的属性是很重要的，因为太多的属性可能会减慢系统的速度，人们不太愿意使用它。虽然使用过多的属性会减慢系统的速度，阻碍必须提交大量凭据才能访问服务的用户，但是属性太少可能会损害系统所需的安全性[31]。在该系统中，电子邮件号码、全名和种族作为物理度量。密码作为伪度量，面部图像和指纹作为生物特征。信息融合引擎使用一组来自三个输入源的六个输入向量：

- 输入变量 $x1$、$x2$、$x3$ 构成物理度量的向量。然后将其传递到第一个隐藏层，该层表示物理度量，由神经元 7 描述。
- 输入变量 $x4$ 构成伪度量的向量。该输入变量被传递到第二个隐藏层，该层表示由神经元 8 描述的伪度量。

- 输入变量 **x**5 和 **x**6 构成生物特征的向量。该输入变量被传递到第三个隐藏层，该层表示设备度量，由神经元 9 描述。
- 神经元 10 是表示输出层的输出神经元，它接收来自四个隐藏层的输入，以计算网络输出。

$y10$ 表示提交属性的总组合权重。这是多模式认证系统中使用的信息融合引擎的值。

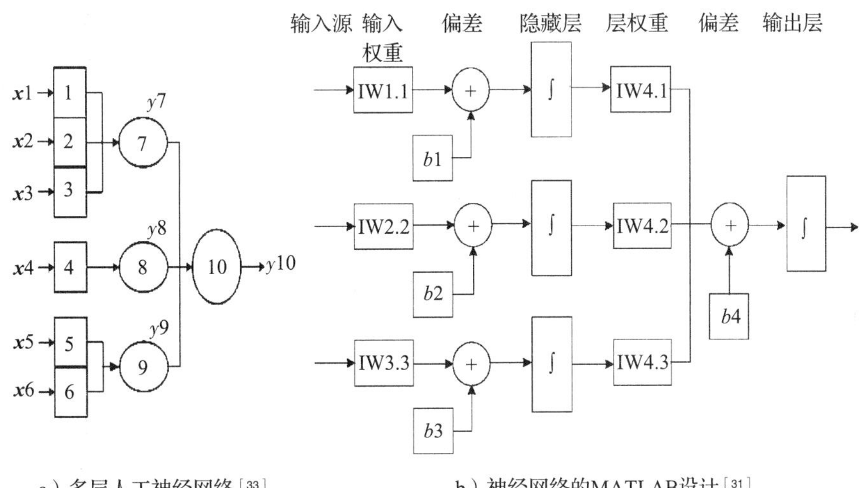

a）多层人工神经网络[33]　　b）神经网络的MATLAB设计[31]

图 16.5　多层人工神经网络和神经网络的 MATLAB 设计

图 16.5b 显示了更详细的表示 MATLAB 设计的图。图左侧的数字表示输入向量的数量。它显示了具有三个输入源、三个输入权重(IW)、阈值/偏差(b)、三个隐藏层(∫)、层权重(LW)和一个输出层的设计的人工神经网络[31]。

16.7　多模式数字身份管理系统实现

DIMS 将由多个物理和概念组件组成，配置为优化资源和最大化效率。图 16.6 显示系统的概念数字身份建模和分析架构，物理组件位于模型的客户端层。本节描述功能需求方面的 DIMS 的主要组件。

16.7.1　终端、指纹扫描仪和摄像头

终端用于访问 DIMS，这允许用户向系统提交凭证，并允许系统自动从终端检测设备信息。允许一个或多个终端与相应的扫描仪和摄像头一起访问系统。

手指扫描设备用于从用户处获取指纹，并与终端和摄像头一起将属性集提交给 DIMS 进行认证。扫描仪和系统之间的通信是通过终端的 USB 端口进行的。

摄像头设备用于用户的面部识别，并且与终端和指纹扫描仪一起将属性集提交给 DIMS 进行认证。摄像头和系统之间的通信是通过终端的 USB 端口进行的。

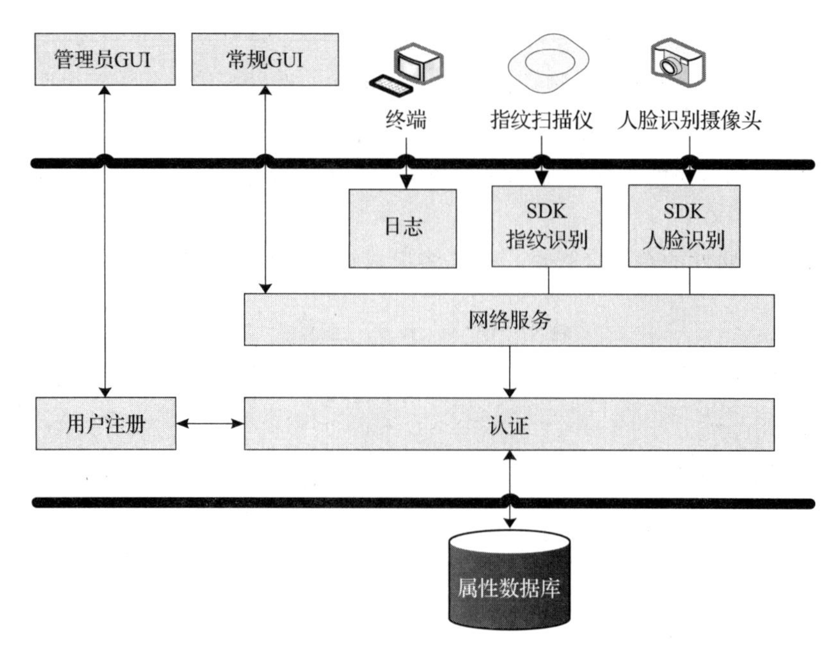

图 16.6 DIMS 的概念架构

16.7.2 指纹和人脸识别 SDK

Griaule 的 GrFinger 指纹 SDK 生物识别库是一个组件包，负责检索、验证、注册和指纹识别。该组件由 DIMS 使用的类库组成。

Cognitec 的 FaceVACS 人脸识别 SDK 负责人脸的检索和验证。该组件由 DIMS 使用的类库组成。

16.7.3 数据库

一个安全的数据库是在 MySQL 中开发的，它需要四个用户输入，并存储在数据库中。当前系统是 DIMS 的第一阶段，在该阶段中将开发安全数据库。

16.7.4 验证：连接到主机并选择验证

用户连接到主机，并在数字身份管理系统中选择验证。用户单击连接，转到一个页面，该页面验证用户是否可以访问服务。

1. 验证用户

在注册时，系统用户需要提交主题的完整详细信息，包括全名、电子邮件地址、种族和密码。然后，系统用户扫描对象的手指，并通过单击验证捕获图像。根据注册阶段已存储的用户的详细信息，验证要访问服务的用户。

2. 成功验证

常规系统用户单击验证，所有用户输入均与数据库中的详细信息匹配。如果输入无效，则会显示一条弹出消息，指出哪些属性无效/或丢失，如图 16.7 所示。根据管理员在注册阶段设置的安全性阈值，该主题将被接受/拒绝为经过验证的人员。

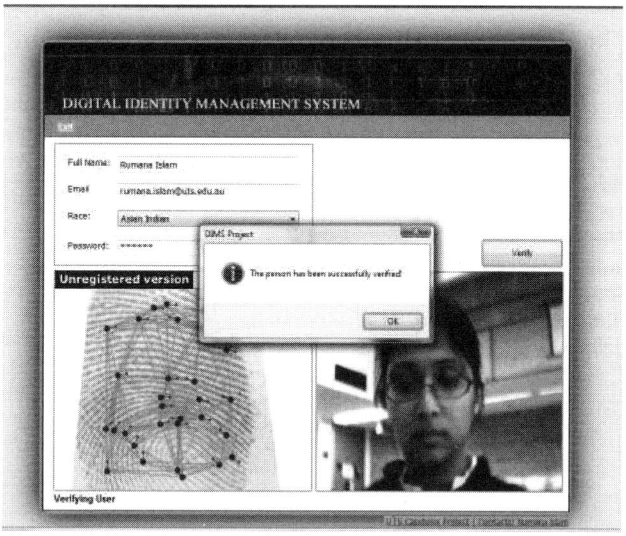

图 16.7 输入无效时会显示一条弹出消息

16.8 结论

本章已提出并实现了基于两种生物特征(即指纹和人脸识别)以及伪度量和物理度量融合的多模式 DIMS。选择了六个属性，然后使用多层神经网络组合这些属性，以在多模式认证期间获得用户的准确识别。

为了提高安全性，可以将更多属性添加到当前系统。但是，由于需要从用户那里收集更多的信息，因此增加了社会/隐私因素。DIMS 的目的是在非侵入性和不受控制的环境下提供准确、有效的个人识别。

参考文献

[1] Chenggang, Z. and S. Yingmei 2009, 'Research about human face recognition technology', Test and Measurement, 2009. ICTM 09. International Conference.
[2] Subenthiram Sittampalam, "Digital Identity Modelling and Management", MEng. Thesis, 2005, UTS, Australia.
[3] Bala, D. 2008. 'Biometrics and information security', Proceedings of the 5th annual conference on Information security curriculum development, Kennesaw, Georgia.
[4] Wayman, J. L. 2008, 'Biometrics in Identity Management Systems', Security and Privacy, IEEE conference.
[5] Bhattacharyya, D., R. Ranjan, et al. 2009, 'Biometric authentication techniques and its future possibilities'.
[6] J. Jonas, "Threat and fraud intelligence, las vegas style," Security and Privacy Magazine, IEEE, vol., pp. 28–34, 2006.
[7] G. A. Wang, H. Atabakhsh, T. Petersen, and H. Chen, "Discovering identity problems: A case study." in LNCS: Intelligent and Security Informatics. Spring Berlin/Heidelberg, 2005.

[8] G. A. Wang, H. Chen, and H. Atabakhsh, "A probabilistic model for approximate identity matching," in Proceedings of the 7th Annual International Conference on Digital Government Research, DG.O 2006, San Diego, California, USA, May 21–24, 2006, J. A. B. Fortes and A. Macintosh, Eds. Digital Government Research Center, 2006, pp. 426–463.
[9] J. Phiri and J. Agbinya, "Modelling and Information Fusion in Digital Identity Management Systems," in Networking, International Conference on Systems and International Conference on Mobile Communications and Learning Technologies, 2006. ICN/ICONS/MCL 2006. International Conference on, 2006, pp. 181–187.
[10] Bey, K. B., Z. Guessoum, et al. 2008, 'Agent based approach for distribution of fingerprint matching in a metacomputing environment' Proceedings of the 8th international conference on New technologies in distributed systems, Lyon, France.
[11] Wang, Y., X. Ao, et al. 2006, 'A fingerprint recognition algorithm based on principal component analysis', TENCON 2006. 2006 IEEE Region 10 Conference.
[12] Changlong, J., K. Hakil, et al. 2009, 'Comparative assessment of fingerprint sample quality measures based on minutiae-based matching performance, Electronic Commerce and Security, 2009. ISECS '09, Second International Symposium.
[13] Zhi, Y., W. Jiong, et al. 2009, 'Fingerprint image enhancement by super resolution with early stopping', Intelligent Computing and Intelligent Systems, 2009. ICIS 2009. IEEE International Conference.
[14] Scheidat, T., A. Engel, et al. 2006, 'Parameter optimization for biometric fingerprint recognition using genetic algorithms', Proceedings of the 8th workshop on Multimedia and security, Geneva, Switzerland.
[15] Lopez, M. and P. Melin 2008, 'Topology optimization of fuzzy systems for response integration in ensemble neural networks: The case of fingerprint recognition', Fuzzy Information Processing Society, 2008. NAFIPS 2008, Annual Meeting of the North American.
[16] Nikam, S. B. and S. Agarwal 2008, 'Level 2 features and wavelet analysis based hybrid fingerprint matcher', Proceedings of the 1st Bangalore Annual Compute Conference, Bangalore, India, ACM.
[17] Ghosh, S. and P. Bhowmick 2009, 'Extraction of smooth and thin ridgelines from fingerprint images using geometric prediction', Advances in Pattern Recognition, 2009. ICAPR '09, Seventh International Conference.
[18] Jing, L., L. Shuzhong, et al. 2008, 'An Improved fingerprint recognition algorithm using EBFNN', Genetic and Evolutionary Computing, 2008. WGEC '08, Second International Conference.
[19] Chengming, W. and G. Tiande 2009, 'An efficient algorithm for fingerprint matching based on convex hulls', Computational Intelligence and Natural Computing, 2009. CINC '09. International Conference.
[20] Singh, S. K., V. Mayank, et al. 2003, 'A comparative study of various face recognition algorithms (feature based, eigen based, line based, neural network approaches)', Computer Architectures for Machine Perception, 2003 IEEE International Workshop.
[21] O'Toole, A. J., H. Abdi, et al. 2007, 'Fusing face-verification algorithms and humans' systems, Man, and Cybernetics', Part B: Cybernetics, IEEE Transactions on 37(5): 1149–1155.
[22] Jie, L., L. Jian-Ping, et al. (2007). Robust face recognition by wavelet features and model adaptation. Wavelet Analysis and Pattern Recognition, 2007. ICWAPR '07. International Conference.
[23] S. S. Mohamed, Aamer, et al. 2006. Face Detection based on Skin Color in Image by Neural Networks. [Online] 2006. [Cited: November 15,

2007.] http://www.istlive. org/intranet/school-of-informatics-university-of-bradford001-2/face-detection-basedon-skin-color-in-image-by-neural-networks.pdf.

[24] Cognitec. 2007. [Online] 2007. http://www.cognitec-systems.de/.Consor tium, The Unicode. 2003.

[25] Sabena, F., A. Dehghantanha, et al, 'A review of vulnerabilities in identity management using biometrics', Future Networks, 2010. ICFN 10. Second International Conference.

[26] Hall D., "Mathematical Techniques in Multisensor Data Fusion", Artech House, Boston, MA, 1992.

[27] Silk Roadpublications,"IDSDataFusion",SilkRoad Inc. http://www.silk road.com/papers/html/ids/node3.html, 2005.

[28] CSI. 2007. Advanced Technologies for Multi-Source Information Fusion. [Online] 2007. [Cited: May 10, 2007.] http://www.essexcorp.com/ fusion.pdf.

[29] Micheal Negnevitsky, "Artificial Intelligence", Addison Wesley, www.booksites.net, ISBN 0-201-71159-1, 2002.

[30] Christos Stergiou and DimitriosSiganos, "NeuralNetworks", http://www. doc.ic.ac.uk/~nd/surprise_96/journal/vol4/cs11/report.html, 2005.

[31] Phiri, Jackson. 2007. Digital Identity Management System. South Africa: University of Western Cape, 2007. Unicode Standard, Version 4. [Online] 2003.

第 17 章　物联网数据分类的概率神经网络分类器

Tony Jan ㊀

17.1　简介

物联网(IoT)有望通过高度互连的小型设备开创通信和商机的新时代。根据官方说法，仅移动网络运营商(包括医疗保健、汽车、公用事业和消费电子产品)的垂直细分市场就有机会创造 1.3 万亿美元的收入[1]。

由于物联网将成为新数据的最大来源之一，因此数据科学将为使物联网应用变得更加智能做出巨大贡献。数据科学是利用数据挖掘、机器学习和其他技术从数据中发现模式和新见解的不同科学领域的结合[2]。

物联网设备生成大量数据，需要实时汇总和分析[3]。物联网数据的异构性、高速性和动态性对机器学习和模式识别社区提出了重大挑战[4]。

从样本数据中识别模式是一项永恒而有用的练习。大多数模式识别算法都基于概率密度函数(PDF)的估计，该函数使用输出类成员资格的概率估计来建模输出空间[5]。如果参数模型不能很好地表示基础模式(在 IoT 数据建模中可能就是这种情况)，则 PDF 的估计可能是一个挑战。对于此类情况，以数据为中心的非参数基于核的逼近(例如概率神经网络(PNN))可能会有用[6]。

Specht[6-7]的 PNN 基于公认的统计原理，而不是启发式方法。PNN 与贝叶斯决策策略和基于非参数核的 PDF 估计器密切相关[7]。

PNN 的数学技巧和更简便的可视化引起了人们对其在现代数据挖掘应用中的应用的新兴趣[12-13]。PNN 的变体在异构数据模型和动态数据模型中都经过了很好的测试，它们被认为适合于物联网数据模型[22-23]。

在本章中，我们回顾用于物联网数据建模的 PNN 及其变体的基本机制。

17.2　概率神经网络

PNN 基于完善的统计原理，例如贝叶斯决策策略和基于非参数核的 PDF 估计器[7]。

PNN 既有优点也有缺点。PNN 的优势包括快速训练(比反向传播快大约五个数量级)；确保接近贝叶斯最优边界和单个平滑因子[8]。而且，由 PNN 生成的输出以类成员资格的概率表示形式提供对输出的有意义的解释。PNN 的缺点是它要求很高的内存消耗，

㊀ 澳大利亚墨尔本理工大学，邮箱为 tjan@mit. edu. au。

因为它实际上包括与训练点数一样多的 RBF。

由于 PNN 的变体利用其输入空间的向量量化的最新发展，因此这种计算复杂度可能不再是问题。智能分割再加上 Adaboosting 的使用已经表明，PNN 的有用性能是对具有合理计算复杂度的复杂和动态问题进行建模[11,13]。此外，我们还拥有功能更强大的计算系统。

PNN 的主要思想是将高概率密度区域内的点分组。更具体地说，诸如球形高斯函数之类的简单函数与每个训练点相关联，并相加在一起，以估计总体 PDF。从理论上讲，足够数量的训练点可以为真实的 PDF 带来良好的估计。

假设在输出空间中有 p 个训练向量 $\boldsymbol{x}_j$ 和 N 个类 C_i。在此问题中，PNN 的任务是为每个输出类计算 PDF$g_i(\boldsymbol{x})$。选择最高的 $g_i(\boldsymbol{x})$值来确定未知向量 $\boldsymbol{x}$ 的类决策。具体而言，方程(17.1)中给出了类 C_i 的估计 PDF：

$$g_i(\boldsymbol{x})=\sum_{j=1}^{M}\exp\left(\frac{Z_{ij}-1}{\delta^2}\right) \tag{17.1}$$

这里：

- δ：在网络训练期间选择的单个平滑参数。
- M_i：每个类 C_i 中代表性样本向量的数量。
- Z_{ij}：关于类 C_i 的输入向量 $\boldsymbol{x}_j$ 的标准化。

在图 17.1 中，输入单位是输入向量的分布点。对于输出空间中的每个类 C_i，我们有 M_i 个模式单元和求和单元。每个模式单元代表训练向量 $\boldsymbol{x}_{ij}$(关于类 C_i 的输入向量 $\boldsymbol{x}_j$)，并执行运算 $\exp\left(\frac{Z_{ij}-1}{\delta^2}\right)$。将来自模式单位的这些值相加，以为每个类产生 $g_i(\boldsymbol{x})$。

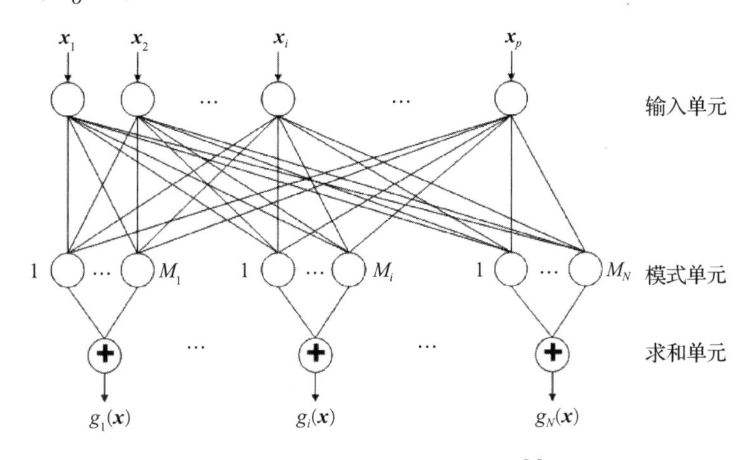

图 17.1　概率神经网络的架构[6]

在训练阶段唯一需要调整的参数是单个平滑因子 δ，它是所有高斯函数的公共径向偏差[6]。需要选择该参数，以便在相邻的 RBF 之间获得合理的重叠度。有两种可能找到合适的 δ 的方法。

第一种方法假设训练数据中的类成员资格概率与总体中的实际概率(称为先验概率)[6]相同。如果给出了先验概率，则网络可以通过调整权重以产生接近于这些值的类概率来更快地训练。实际上，噪声数据可能会导致错误分类，并且其中一些错误比其他错误更严重。

第二种方法是基于反映错误分类成本的损失因子[6]。在输出层之后，将包含成本矩阵的第四层添加到PNN中。将选择成本最低的网络参数。

17.3 广义回归神经网络

Specht提出了广义回归神经网络(GRNN)[7]，其工作方式与PNN(基于贝叶斯估计技术)相似，但用于分类而不是回归。例如，给定一组具有已知分布的输入向量，分类的任务是为相应的输出空间生成分布函数。根据贝叶斯定理，对于给定的输入空间x，输出空间y的条件分布由方程(17.2)给出：

$$p(y|x)=\beta p(\gamma)p(x|y) \tag{17.2}$$

这里：

- $p(y)$：y的先验分布。
- $p(x|y)$：给定y，x的条件概率分布。
- β：仅取决于x而不取决于y的系数。

如果密度$p(x|y)$未知，则必须从一组样本观察值x和y估计后验。可以使用高斯Parzen估计器或内核[7-8]来非参数地计算该密度。

类似于PNN，GRNN使用在学习阶段调整的单个公共径向偏差函数内核带宽δ。特别是，最优δ将产生最低的学习均方误差(MSE)。以下是GRNN的一般形式，类似于Nadaraya[14]和Watson[15]提出的方程：

$$\hat{y}(\underline{\boldsymbol{x}})=\frac{\sum_{n=1}^{NV} y_n f_n(\underline{\boldsymbol{x}}-\underline{\boldsymbol{x}}_n,\ \delta)}{\sum_{n=1}^{NV} f_n(\underline{\boldsymbol{x}}-\underline{\boldsymbol{x}}_n,\ \delta)} \tag{17.3}$$

高斯函数$f_n(\underline{\boldsymbol{x}})=\exp\left(\frac{-(\underline{\boldsymbol{x}}-\underline{\boldsymbol{x}}_i)^{\mathrm{T}}(\underline{\boldsymbol{x}}-\underline{\boldsymbol{x}}_i)}{2\delta^2}\right)$。这里：

- $\underline{\boldsymbol{x}}$：输入向量(下划线表示向量)。
- $\underline{\boldsymbol{x}}_n$：输入空间中的所有其他训练向量。
- δ：在网络训练期间选择单个平滑参数。
- y_n：与$\underline{\boldsymbol{x}}_n$相关的标量输出。
- NV：训练向量总数。

高斯函数可以用更紧凑的形式重写：

$$f_i(d_i,\ \delta)=\exp\left(\frac{-d^2}{2\delta^2}\right) \tag{17.4}$$

这里$d_i=\|\boldsymbol{x}-\underline{\boldsymbol{x}}_i\|=\sqrt{(\boldsymbol{x}-\underline{\boldsymbol{x}}_i)^{\mathrm{T}}(\boldsymbol{x}-\underline{\boldsymbol{x}}_i)}$是向量$\boldsymbol{x}$和$\underline{\boldsymbol{x}}_i$之间的欧几里得距离。

从上面的GRNN架构来看，每个输入向量都有一个相关的等大小高斯函数和一个相应的标量输出。高斯函数应用于输入向量到输入空间中所有其他向量的欧几里得距离。这个任务由输入和模式单元完成。实际上，在整个输入空间中考虑所有向量，会导致系统的高计算成本。

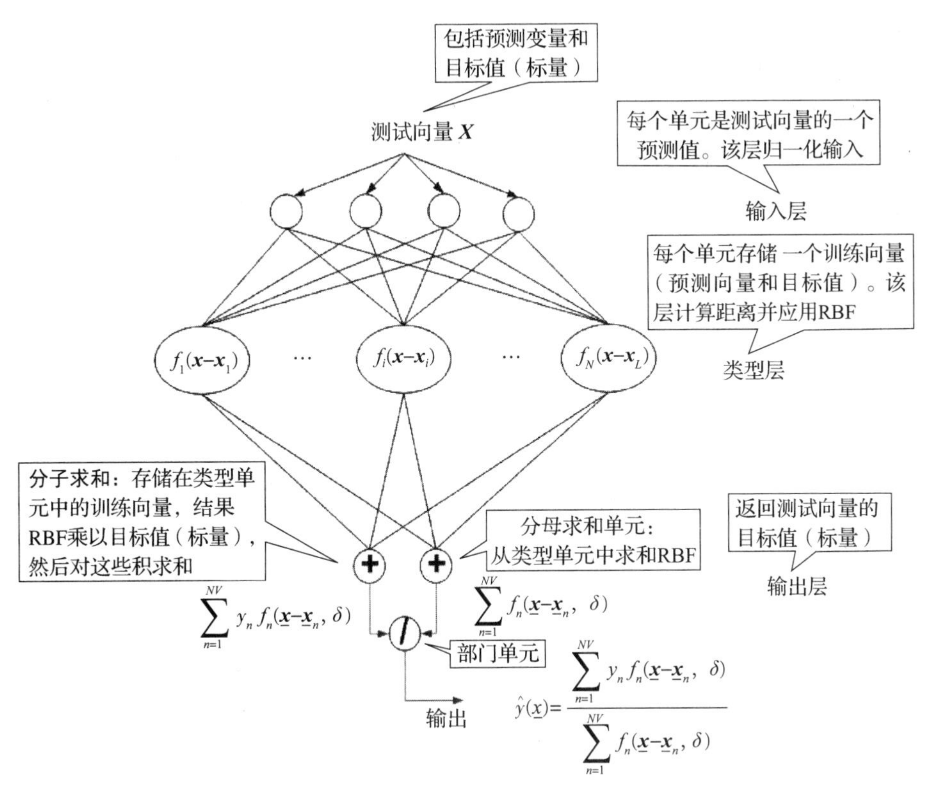

图 17.2 广义回归神经网络的架构[7]

方程(17.3)实际上是一种基于大量数据和贝叶斯 PDF 估计的统计非参数回归方法。当数据点的数目趋于无穷大时，该方法独立于基函数，因此是非参数的。但是，如果使用小数据集，基函数的类型和特性会对回归产生影响。因此，在这种情况下，GRNN 可以被认为是半参数的[7]。我们将在后面讨论 GRNN 的半参数性质。

在许多应用中，GRNN 具有相当高的精度。然而，它的计算成本很高，而且对高斯函数的方差选择很敏感[8]。

17.4 向量量化 GRNN

对于某些现实生活中复杂的分类问题，人工神经网络(ANN)与其他方法相比表现良好。但是，人工神经网络通常需要很大的计算能力。因此，为了简化当前的人工神经网络而不丢失其非线性，可以采用一些方法以可接受的预测精度近似非线性模型，同时将计算复杂度降低到合理水平。Zaknich[8]引入了向量量化的通用回归神经网络(VQ-GRNN)，也称为改进的概率神经网络(MPNN)，用于一般信号处理和模式识别问题。VQ-GRNN 是 Specht 的概率神经网络(PNN)[6]的推广，与 Specht 的一般回归神经网络(GRNN)[7]分类器有关。特别是，此方法通过将输入向量的集群而不是每个单独的训练案例分配给径向单元来推广 GRNN。事实证明，通过降低网络复杂度，学习速度和效率可以被提高[8-9]。

当训练集中数据点的数量远大于基础过程的自由度的数量时，我们将不得不具有与所提供的数据点一样多的径向基函数。因此，分类问题被认为是过度确定的。所以，网络可能会由于输入数据中的噪声而导致拟合误导性变化，从而导致泛化性能下降[8]。GRNN 通常会遇到此问题。实际上，GRNN 的计算量非常大，因为它将每个训练示例（$\underline{x}_i \rightarrow y_i$）合并到其架构中。为了克服此问题，VQ-GRNN 通过将数据空间量化为集群，并对每个集群分配特定的权重来对 GRNN 进行推广。图 17.3 是 VQ-GRNN 的架构[8]。

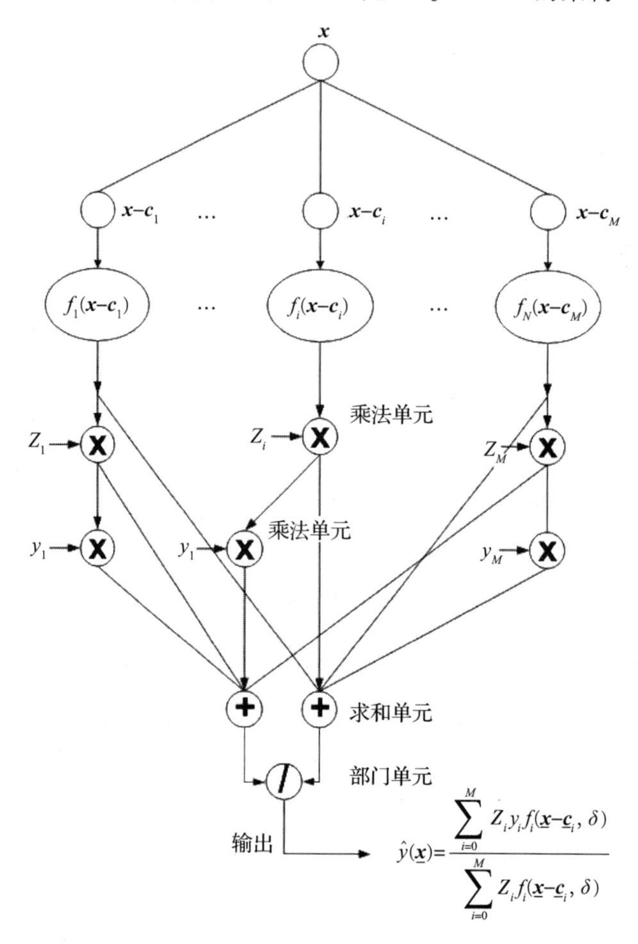

图 17.3 向量量化 GRNN（VQ-GRNN）的架构[8]

在这种结构中，计算从输入向量 $\underline{\boldsymbol{x}}$ 到输入空间（$\boldsymbol{c}_1$，…，$\boldsymbol{c}_M$）内集群的欧几里得距离。然后将高斯函数应用于这些距离。之后，计算两个求和单元。第一个是高斯函数的求和，第二个是将集群大小 Z_i、相关标量输出和高斯函数的乘积相加得到的。最后，这些术语被输入到部门单元。以下是 VQ-GRNN 模型的概述。

如果每个局部区域（集群）有一个对应的标量输出 y_n，用中心向量 $\underline{\boldsymbol{c}}_i$ 表示，则 GRNN 可以用公式化的 VQ-GRNN 来近似[8-9]：

$$\hat{y}(\underline{x}) = \frac{\sum_{i=0}^{M} Z_i y_i f_i(\underline{\boldsymbol{x}} - \underline{\boldsymbol{c}}_i, \delta)}{\sum_{i=0}^{M} Z_i f_i(\underline{\boldsymbol{x}} - \underline{\boldsymbol{c}}_i, \delta)} \tag{17.5}$$

高斯函数 $f_i(\underline{\boldsymbol{x}})=\exp\dfrac{-(\underline{\boldsymbol{x}}-\underline{\boldsymbol{c}}_i)^{\mathrm{T}}(\underline{\boldsymbol{x}}-\underline{\boldsymbol{c}}_i)}{2\delta^2}$。这里：

- $\underline{\boldsymbol{c}}_i$：输入空间中集群 i 的中心向量。
- y_i：与 $\underline{\boldsymbol{c}}_i$ 相关的标量输出。
- Z_i：集群 $\underline{\boldsymbol{c}}_i$ 内输入向量 $\boldsymbol{x}_j$ 的数量。
- δ：网络训练时选择的单一平滑参数。
- M：唯一中心数 $\underline{\boldsymbol{c}}_i$。

方程(17.5)可以看作是 GRNN 和 VQ-GRNN 的通用公式。换句话说，可以通过假设每个集群仅包含一个输入向量($Z_i=1$)，y_i 是实值(输出空间未量化)，通过单独训练替换中心向量 $\underline{\boldsymbol{c}}_i$ 被单个训练向量 $\boldsymbol{x}_i$ 替换，并且簇的数目等于单个输入向量的数目($M=NV$)，可以从该方程计算 GRNN[8-9]。比较方程(17.3)和方程(17.5)，唯一的不同是 VQ-GRNN 将其计算应用于由中心向量 $\boldsymbol{c}_i$ 表示的较少数量的输入向量集群，而不是处理各个输入向量 $\underline{\boldsymbol{x}}_n$[8]。此聚类依赖于高斯特性，其中一个集群中多个高斯函数的总和可以由一个具有 Z_j 大小的高斯近似，只要单个函数在数据空间的中心附近很好地集中(聚类)即可：

$$\sum_{i=0}^{Z_j} f_i(\underline{\boldsymbol{x}}-\underline{\boldsymbol{x}}_i,\ \delta)\approx Z_j f_j(\underline{\boldsymbol{x}}-\underline{\boldsymbol{c}}_j,\ \delta) \tag{17.6}$$

图 17.4 说明了这一估计。

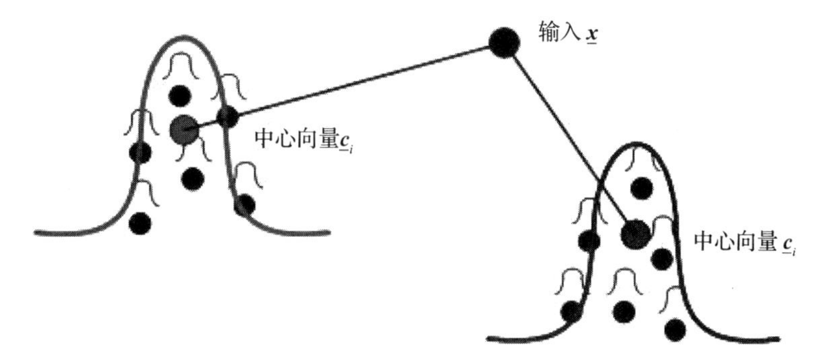

图 17.4 在已修改的概率神经网络中聚类输入空间

有两种用于训练 VQ-GRNN 的向量量化方法。第一种方法(方法 A)依赖于在输出空间中对相似的 y_i 进行分组，然后将它们与输入向量的本地组的均值 c_i 关联。特别是，它涉及均匀地量化无噪声的期望 y_i，将波形中具有正斜率和负斜率的 y_i 分别分组，并将它们与映射到每个组的输入向量的均值相关联[8]。这种方法产生的网络规模较小，但只能在保证输入空间和输出空间中的局部区域之间一一对应的情况下使用(如果不能保证此假设，则输入向量 $\boldsymbol{x}_j$ 的均值 c_i 将不足以表示这些向量的局部区域)。为了克服这个问题，开发了方法 B，该方法涉及通过仅选择合适的量化参数，仅对输入向量空间的局部超立方体区域中映射到给定量化输出的向量进行唯一聚类[8]。可以使这些参数更粗略，以进一步减小网络规模，但是它们不应太粗略，以使量化误差变得明显大于网络输出中的预期残留噪声。后一种方法简化为 GRNN 量化版本的有效实现。

除高斯函数外，还有许多其他径向基函数可供选择，如分别由方程(17.7)和方程(17.8)定义的top-hat和三角形径向基函数：

$$f_i(d_i, \delta)=\begin{cases}1, & d_i\leqslant\delta\\0, & \text{其他}\end{cases} \tag{17.7}$$

$$f_i(d_i, \delta)=\begin{cases}1-\dfrac{d_i}{\delta}, & d_i\leqslant\delta\\0, & \text{其他}\end{cases} \tag{17.8}$$

在实践中，通常会发现高斯函数是许多问题的选择函数，除非要考虑计算约束。通常根据硬件实现中的最小计算考虑因素选择基函数[8]。

通过使用向量量化技术，生成的VQ-GRNN模型始终是GRNN的半参数版本，与GRNN相比，它倾向于使噪声数据更平滑。通过调整单个参数δ，VQ-GRNN保留了GRNN在泛化能力和易于训练方面的优势，但VQ-GRNN的网络规模始终较小。

17.5 试验工作

从有限的一组物联网训练数据中对物联网数据分类进行了大量的研究。文献[16]提出了基于语义的物联网数据分类，文献[17]提出了物联网流数据分类。有关物联网数据分类的机器学习的全面综述见[18]。其他先进的机器学习模型也被用于物联网数据挖掘，但由于物联网环境的实时性要求，结果一般[19-20]。

我们测试了我们的VQ-GRNN，该VQ-GRNN具有半参数性质，并且对可用IoT数据的动态建模(适用于IoT环境)具有适应性。

首先，从物联网设备收集和过滤数据。清除数据，并对其进行初始分类，以确保数据确实来自物联网设备。然后将过滤后的数据根据IoT使用的已知模式进行分类。未分类的数据仅限于对其恶意签名进行进一步分析。如果发现不是恶意的，则进一步分析数据，以定义新的IoT服务模式。

在此试验中，我们针对使用Mohammadi等人提供的行业基准数据对手持设备中基于位置的服务进行分类[21]。

该数据集是使用西密歇根大学沃尔多图书馆一楼的13个iBeacons(见图17.5)阵列的RSSI读数创建的。数据是使用iPhone 6S收集的。该数据集包含两个子数据集：一个标记的数据集(1420个实例)和一个未标记的数据集(5191个实例)[21]。

测试环境的描述摘录如下：

> 记录是在图书馆工作时间进行的。对于带标签的数据集，输入数据包含位置(label列)、时间戳以及13个iBeacons的RSSI读数。RSSI测量值为负值。较大的RSSI值表示与给定的iBeacon更接近(例如，与RSSI＝－85相比，RSSI＝－65表示与给定iBeacon的距离更接近)。对于超出范围的iBeacons，RSSI用－200表示。与RSSI读数相关的位置被组合在一列中，由一个字母表示该列，一个数字表示该位置的行。图2描述了iBeacons的布局以及位置的排列[21]。

数据被输入到Matlab Simulink中，模拟选择的机器学习工具。试验是比较分类性能的一个简单过程。对任何服务都没有任何影响。结果表明，该模型在物联网服务分类和安全检测方面都取得了良好的分类效果。

试验结果表明，与其他机器学习模型相比，所提出的技术在物联网使用分类中是有用的[19-20]。

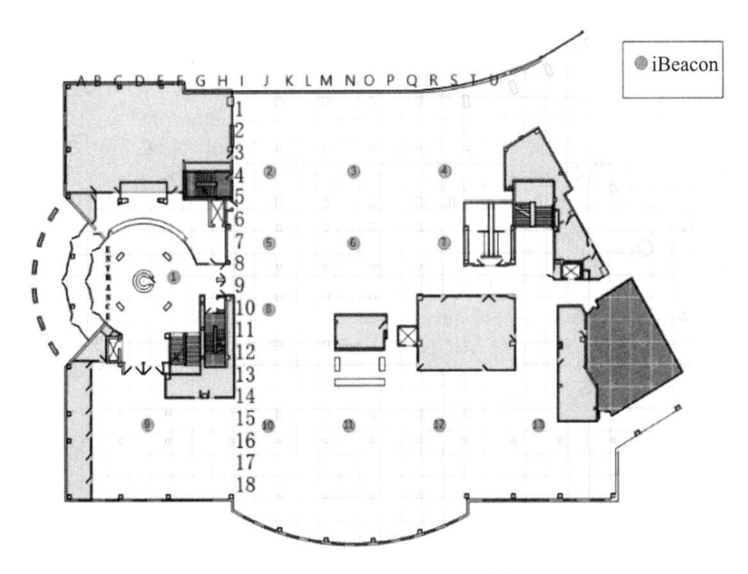

图 17.5　iBeacon 的布局[21]

17.6　结论与未来工作

本章提出了一种紧凑且具有创新性的机器学习工具，用于实时物联网使用分类。结果表明 PNN 在适用于 IoT 环境的动态建模中得到了很好的利用。这项工作为大规模物联网数据分类试验提供了机会。

物联网环境的动态性质要求对特定服务类型进行逐案优化。未来的工作包括使用简单分类器的集合，这些分类器可以以半参数方式进行调整，以适应物联网网络不断变化的需求。

参考文献

[1] S. Vashi, J. Ram, J. Modi, S. Verma and C. Prakash, "Internet of Things (IoT): A vision, architectural elements, and security issues," 2017 International Conference on I-SMAC (IoT in Social, Mobile, Analytics and Cloud) (I-SMAC), Palladam, pp. 492–549, 2017.

[2] Mohammad Saeid Mahdavinejad, Mohammadreza Rezvan, Mohammadamin Barekatain, Peyman Adibi, Payam Barnaghi, Amit P. Sheth, Machine learning for Internet of Things data analysis: A survey, Digital Communications and Networks, 2017.

[3] In Lee, Kyoochun Lee, The Internet of Things (IoT): Applications, investments, and challenges for enterprises, Business Horizons, Volume 58, Issue 4, 2015, pp. 431–440.

[4] J. Manyika, M. Chui, B. Brown, J. Bughin, R. Dobbs, C. Roxburgh and A. H. Byers, Big Data: the Next Frontier for Innovation, Competition, and Productivity.

[5] E. Parzen, "On estimation of a probability density function and mode," Ann. Math. Stat., vol. 33, pp. 1065–1076, 1962.
[6] D. F. Specht, "Probabilistic neural networks," Neural Networks, vol. 3, pp. 109–118, 1990.
[7] D. F. Specht, "A general regression neural network," IEEE Transactions on Neural Networks, vol. 2, pp. 568–576, 1991.
[8] A. Zaknich, "Introduction to the modified probabilistic neural network for general signal processing applications," IEEE Transactions on Signal Processing, vol. 46, pp. 1980–1990, 1998.
[9] A. Zaknich and Y. Attikiouzel, "An unsupervised clustering algorithm for the modified probabilistic neural network," in IEEE International Workshop on Intelligent Signal Processing and Communications Systems, Melbourne, Australia, pp. 319–322, 1988.
[10] D. F. Specht, "Enhancements to the probabilistic neural networks," in Proceedings of the IEEE International Joint Conference on Neural Networks, Baltimore, MD, pp. 761–768, 1992.
[11] A. Zaknich, "An adaptive sub-space filter model," in International Joint Conference on Neural Networks (IJCNN), Portland, Oregon, USA, 2003, pp. 1464–1468.
[12] P. A. Kowalski and P. Kulczycki, 2017. Interval probabilistic neural network. Neural Computing and Applications, 28(4), pp. 817–834.
[13] T. Jan, Ada-boosted locally enhanced probabilistic neural network for IoT Intrusion Detection, 12th International Conference on Complex, Intelligent, and Software Intensive Systems (CISIS), Matsue, Japan, July 4–6th, 2018.
[14] E. A. Nadaraya, "On estimating regression," Theory Probability Applications, vol. 9, pp. 141–142, 1964.
[15] G. S. Watson, "Smooth regression analysis," Sankhya Series, vol. 26, pp. 359–372, 1964.
[16] M. Antunes, D. Gomes and R. L. Aguiar, Towards IoT data classification through semantic features. Future Generation Computer Systems, 2017.
[17] G. De Francisci Morales, A. Bifet, L. Khan, J. Gama and W. Fan, August. Iot big data stream mining. In Proceedings of the 22nd ACM SIGKDD International Conference on Knowledge Discovery and Data Mining (pp. 2119–2120), ACM, 2016.
[18] S. Bhatia and S. Patel, Analysis on different data mining techniques and algorithms used in IOT. Int. J. Eng. Res Appl, 2(12), pp. 611–615, 2015.
[19] Friedemann Mattern and Christian Floerkemeier, "From the Internet of Computers to the Internet of Things," in Lecture Notes In Computer Science (LNCS), Volume 6462, pp. 242–259, 2010.
[20] F. Chen, P. Deng, J. Wan, D. Zhang, A. V. Vasilakos and X. Rong, Data mining for the internet of things: literature review and challenges. International Journal of Distributed Sensor Networks, 11(8), p. 431047, 2015.
[21] M. Mohammadi and A. Al-Fuqaha, "Enabling Cognitive Smart Cities Using Big Data and Machine Learning: Approaches and Challenges," IEEE Communications Magazine, vol. 56, no. 2, 2018.
[22] T. Jan, "Neural Network Based Threat Assessment for Automated Visual Surveillance," in Proc. of International Joint Conference on Neural Networks IJCNN Budapest, Hungary, 2004.
[23] T. P. Tran and T. Jan, Boosted Modified Probabilistic Neural Network for Network Intrusion Detection, Proc. of IEEE International Joint Conference in Neural Networks (IEEE-IJCNN), Vancouver, BC, Canada, 2006.

第18章 分层概率有限状态机的MML学习与推断

Vidya Saikrishna[㊀]，D. L. Dowe[㊁]，Sid Ray[㊁]

18.1 简介

概率有限状态机(PFSM)是包含文本数据的规律性和模式的模型。产生此类文本数据的各种来源包括自然语言语料库，DNA序列和电子邮件文本语料库。这些模型(PFSM)用于分析文本数据，例如分类和预测。

这项研究工作的重点是在监督学习环境下从两类文本数据中学习PFSM模型。该模型是一个假设，信息理论上的最小消息长度(MML)原理用于判断在不同情况下相对于预测或分类的假设的优缺点。简而言之，MML已被用作在竞争PFSM模型中进行选择的技术。我们提出一种新颖的分类和预测方法，将其应用于两个不同的问题。

在两类学习环境下提出的用于对文本数据进行分类的方法是学习分层PFSM或HPFSM。这是这项研究由于其新颖性和试验证明的良好结果而产生的重要贡献。我们讨论一种编码HPFSM的方法，并将HPFSM模型的代码长度与传统PFSM模型进行比较。对于文本数据，如果以某种方式找到或假定了固有的层次结构，则为该文本数据学习HPFSM模型要比为相同数据学习PFSM模型便宜。我们在至少两个人工生成的HPFSM模型以及一些公开可用的数据集上进行了这种比较。

本章将学习非分层PFSM或简单PFSM的常规方法扩展到学习分层PFSM或HPFSM的情况。HPFSM通过标识作为令牌序列的数据中的固有层次结构，更简洁地表示PFSM的行为。我们将在本章中讨论通过扩展使用MML原理的传统编码方案来编码HPFSM的方法。编码方案与PFSM模型的两部分编码一致，我们将在以下各节中讨论。第一部分编码HPFSM模型，第二部分编码由模型生成的数据。两部分的MML代码长度是HPFSM模型的第一部分和第二部分的代码长度之和。从人为创建的HPFSM模型中，将生成随机字符串或数据令牌，我们将对这些令牌的HPFSM模型进行编码的成本与传统PFSM模型进行比较。

然后，我们讨论在UCI收集的“日常生活活动(ADL)”数据集上进行的试验。该数据集是两个人在其家庭环境中通过传感器捕获的日常活动的集合。我们讨论一种以HPFSM模型形式对数据集进行编码的方法。然后使用“模拟退火”推断学习到的初始模型，然后使用这些模型进行分析。分析是使用模型对个人的预测。我们对将近一半的数据集进

㊀ 澳大利亚墨尔本理工大学主校区。
㊁ 澳大利亚莫纳什大学克雷顿校区。

行训练，将另一半用于测试。在这里，我们使用预测的准确性作为模型的评估标准。

将模型的两部分代码长度与传统的 PFSM 模型以及单状态模型进行比较。结果表明，与其他模型相比，HPFSM 模型具有最佳压缩效果。

本章按照以下方式进行介绍。18.2 节介绍概率有限状态机的概念，18.3 节介绍 MML 编码和 PFSM 的推断，18.4 节介绍 HPFM 模型。关于人工数据集的试验在 18.5 节中展示，最后的 18.6 节中总结我们的主要内容。

18.2 有限状态机和 PFSM

有限状态机(FSM)是一种数学计算模型，可以有效地描述语言的语法。这种计算模型描述的语法称为常规语法。该模型在计算机科学的多个应用领域中发挥着重要作用，其中，文本处理、编译器和硬件设计是少数几个常见的领域[20]。有限状态机可以有效地表示规则和模式。因此，可以使用有限状态机对自然语言语料库中生成的单词或令牌进行有效建模，因为该语料库包含许多单词重复项。

在有限字母表中生成或表示字符串(句子)集合的假设语法(FSM)可能包含形式语法没有完全捕捉到的规则。我们可以扩展简单的有限状态机模型，在语法中加入一些概率结构。该模型现在称为概率有限状态机(PFSM)。由 PFSM 表示的语法称为概率正则语法。PFSM 连同生成一组可能的字符串，还定义了集合上的概率分布(参见文献[21]的 7.1.2 节)。

18.2.1 有限状态机的数学定义

有限状态机 M 定义为 5 元组，其中 $M=\langle Q, \Sigma, \delta, q_0, F\rangle$。元组的定义如下[11]：

- Q 是 M 的状态集。
- Σ 是输入字母符号的集合。
- δ 是转换函数映射 $Q\times\Sigma\rightarrow Q$。
- q_0 是初始状态。
- F 是 M 的最终状态集。

18.2.2 状态图中的 FSM 表示

有限状态机的数学定义可以轻松地转换为状态图，如图 18.1 所示。图 18.1 中的 FSM 对应于语言 L，其中 $L=\{$CAB，CAAAB，BBAAB，CAAB，BBAB，BBB，CB$\}$。该语言是从参考文献[7]中采用的。

图 18.1 中的有限状态机接受了语言 L 中的所有字符串。FSM 从状态 0 开始，通过进行状态转换按顺序读取属于语言 L 的字符串。图 18.1 的 FSM 中显示的最终状态在状态编号上用双圆圈标记。读取完整的字符串后，FSM 再次从状态 0 开始读取下一个字符串。这种用不同的状态标记不同字符串的公共前缀的 FSM 称为语言 L[19] 的字符串的前缀树接受器(PTA)。

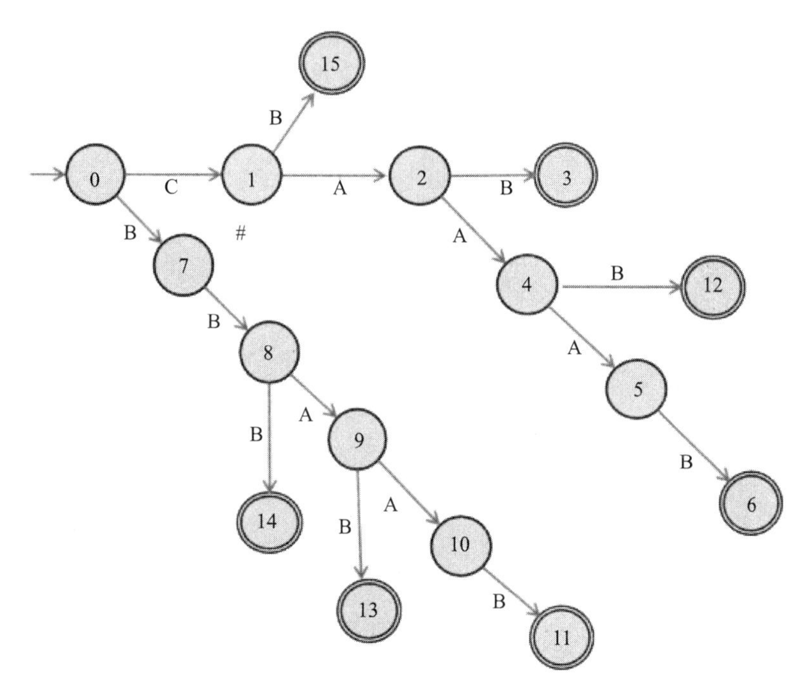

图 18.1 有限状态机接受语言 L

让我们再次考虑语言 L，其中 $L=\{$CAB，CAAAB，BBAAB，CAAB，BBAB，BBB，CB$\}$。语言 L 被视为数据或观察值，而数据中的字符串可以被视为令牌或单词，甚至句子。让我们假设语言 L 的这些令牌是从 FSM 生成的，该 FSM 的真实结构未知。属于语言 L 的令牌以与序列中提到的相同顺序到达，我们用分隔符符号 # 分隔它们以将令牌彼此区分开。相同的语言 L 现在看起来像 $L=\{$CAB # CAAAB # BBAAB # CAAB # BBAB # BBB # CB #$\}$。

为了对此序列建模，我们再次从一些初始 FSM 开始，初始 FSM 是语言 L 的前缀树接受器(PTA)。在逐个读取令牌的过程中，每当读取符号 # 时，机器再次以 FSM 的初始状态开始。换句话说，当前状态上的符号 # 会强制机器执行从当前状态到初始状态的转换。图 18.2 显示了一个假设的有限状态机，它生成语言 L 的令牌。

图 18.2 中的 FSM 缺乏以某些结构出现的概率的频率来表示规律性的表达。因此，有限状态机无法表示形式语法无法完全捕获的规则。因此，FSM 模型被扩展为在语法中包括一些概率结构。扩展模型现在称为概率有限状态机(PFSM)。

在图 18.2 的 FSM 中，还用转换概率标记转换弧，以将表示形式转换为 PFSM 表示形式(参见文献[21]的 7.1.2 节)。

因此，对于相同的语言 $L=\{$CAB # CAAAB # BBAAB # CAAB # BBAB # BBB # CB #$\}$，图 18.3 所示为 PFSM。

当我们从一组样本字符串构造一个 FSM 时，我们可以通过对图形的每条弧线遍历的次数进行计数来估计转移概率[19]。通过将每个计数除以该状态下所有弧的总计数，可以将计数转换为概率估计。这会将 FSM 转换为 PFSM。由 PFSM 可本质上得知从有限字母集中看到特定符号后从一种状态转换到另一种状态的可能性。

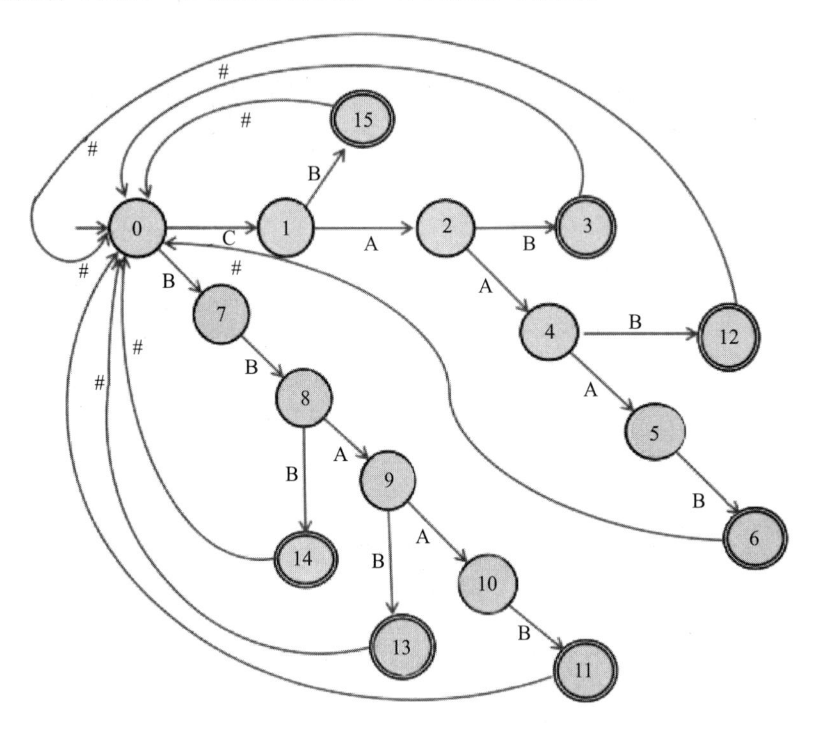

图 18.2　生成 L 的假设有限状态机

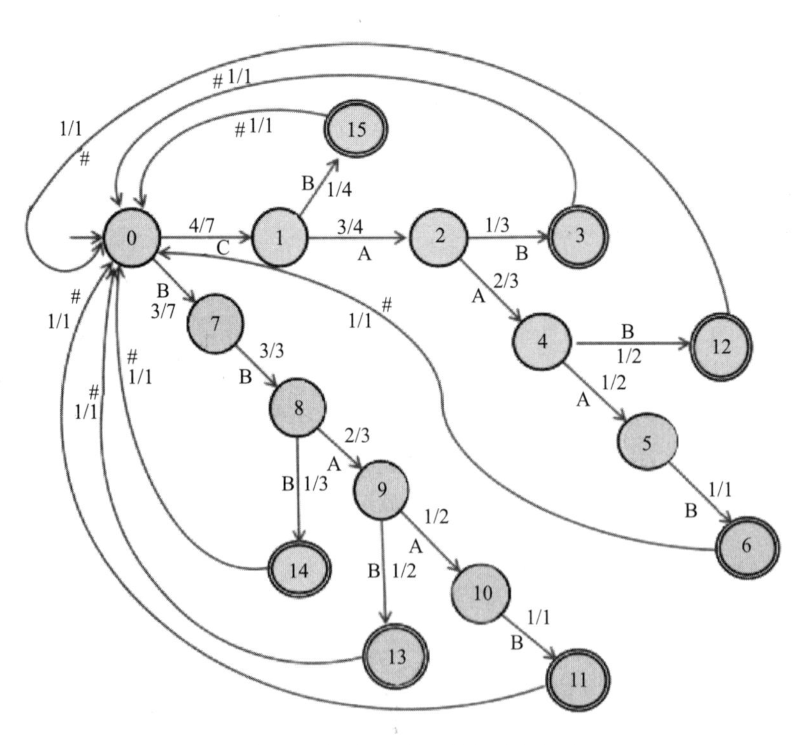

图 18.3　生成 L 的概率有限状态机

18.3　PFSM 的 MML 编码和推断

MML 的工作原理是计算给定数据的假设的后验概率，以及基于 Huffman 编码的基本信息论概念，将概率值转换为以比特为单位的码长形式[21]。

在概率论和统计学中，贝叶斯定理是条件概率的结果，它指出对于两个事件 A 和 B，给定 B 的条件概率是 B 的概率，给定 A 的条件概率是 A 相对于 B 的相对概率。

贝叶斯定理在数学上由以下等式表示：

$$\Pr(A \mid B)=\frac{\Pr(A \& B)}{\Pr(B)}=\frac{\Pr(B/A)\Pr(A)}{\Pr(B)} \tag{18.1}$$

其中 A 和 B 是事件，$\Pr(B)\neq 0$：

- $\Pr(A)$和 $\Pr(B)$是观察事件 A 和 B 彼此无关的概率。
- $\Pr(A\&B)$是观察事件 A 和 B 的概率。
- $\Pr(A \mid B)$是条件概率，即知道事件 B 为真时事件 A 的概率。
- $\Pr(B \mid A)$是在给定 A 为真的情况下观察事件 B 的概率。

MML 已经成为一种强大的工具，不仅在提供一种编码机制来查找 PFSM 的代码长度方面，而且在诸如 PFSM 之类的离散结构的归纳推断中也发挥着重要作用。本章讨论如何根据从有限字母集抽取的有限句子来对归纳假设(PFSM)建模。归纳假设被认为是对一组句子的抽象，但是假设的推断告诉我们模型在生成这些句子中的可能性。因此，本节还将讨论使用 MML 进行推断的方法。

18.3.1　建模 PFSM

PFSM 形式的抽象是使用最小消息长度(MML)建模的。MML 原理起源于经典的计算假设 H 的后验概率的贝叶斯理论。计算后验概率等效地是指计算假设的先验概率与根据假设生成的数据 D 的概率的乘积[2,12]。这等效地意味着要计算以下代码长度的总和：

- 假设 H 的代码长度。
- 使用此假设编码的数据 D 的代码长度。

从给定的一组观察值中建模归纳假设的问题成为在竞争模型之间进行选择的问题。Georgeff 和 Wallace[18]提出了 MML 原理来帮助做出决定。最小化上述代码长度之和的假设被认为是最好的。从数量上讲，总和可以作为以下公式来计算，该公式以比特为单位计算假设的两部分代码长度：

$$\begin{aligned}\text{CodeLength}(H \mid D)&=\text{CodeLength}(H)+\text{CodeLength}(D \mid H)\\&=-\log_2 Pr(H)-\log_2 Pr(D \mid H)\end{aligned} \tag{18.2}$$

1. 假设 *H* 的断言代码

如果假设以 PFSM 的形式陈述，则可以计算得出的编码位数。让我们考虑图 18.2 的 PFSM，它是 Gaines[7]数据的前缀树接受器(PTA)。现在让我们将集合称为观测数据 D。因此，$D=\{$CAB＃CAAAB＃BBAAB＃CAAB＃BBAB＃BBB＃CB＃$\}$。下面列举了在查找 PFSM 的代码长度的上下文中使用的定义：

1）S 是 FSM 中的状态数。

2）Σ 是输入字母集。

3）V 是输入字母集的基数。

4）n_{ik} 是从状态 i 到符号 k 的转换数，其中 $k \in \Sigma$。

5）M 是所有状态的弧总数。

6）a_i 是离开当前状态 i 的弧的数量。

7）t_i 是状态已经离开的总次数。

这里 $\sum_{i=1}^{S} a_i = M$。

考虑到 PFSM 中的状态数，离开 PFSM 每个状态的弧的数量，弧上的标签和目的地，对假设 H 进行编码。Wallace[21] 描述了一种更好的编码方案，该编码方案的工作方式如下：

- 该代码首先说明 PFSM 中的状态数。由于状态数由 S 指定，因此需要用 $\log_2 S$ 个位数来表示 PFSM 中的状态数。对于图 18.3 中的 PFSM，状态数为 16，声明该状态的代价为 $\log_2 16$ 位。
- 接下来，说明离开每个状态的弧。通过考虑来自每个状态的符号的均匀分布，来自每个状态的弧数的可能性数为 V。因此，从每个状态起，离开每个状态的弧都以 $\log_2 V$ 位编码。离开每个状态的弧的数量被量化为 a_i，其中 i 是一个状态，$0 \leqslant i \leqslant S-1$。$a_i$ 的不同可能性的数量在 $1 \sim V$ 之间。
- 接下来，对离开任何状态 i 的符号集进行编码。从一组 V 个符号中选择 a_i 个符号的不同方式的计算方式为 $\binom{V}{a_i}$。

因此，从状态 i 表示这组符号所需的位数为 $\log_2 \binom{V}{a_i}$。

PFSM 规范包括在当前状态 i 上输入符号时达到的目标状态。当前状态 i 上不同的 a_i 符号使 PFSM 在 a_i 状态下转换。由于目标属于从 0 到 $S-1$ 的状态之一，因此从当前状态 i 指定目标状态所需的位数为 $a_i \log_2 S$。但是，对于标记为＃的弧，则隐含了目标状态。因此，在这种情况下所需的位数为 $(a_i - 1)\log_2 S$。

使用上面的编码方案，可以说明任何 PFSM，但是上面的代码效率低下。可以以任意方式声明状态 0 以外的状态编号，表示同一 PFSM 的 $(S-1)!$ 等长代码长度。因此，通过从 PFSM 的计算代码长度减去 $(S-1)!$ 来获得上面代码中的校正来去除冗余。该代码仍然是冗余的，因为它允许描述 PFSM，其中某些状态无法从开始状态到达。但是，这种冗余量很小，因此可以忽略（参见文献[21]的 7.1.3 节）。

对于图 18.3 中的 PFSM，表 18.1 计算了每个状态的弧数、标签和目的地的断言成本。

表 18.1　从图 18.3 中接受 D 的 PFSM 代码长度

状态	a_i	成本	标签(s)	成本	目的地(s)	成本
0	2	$\log_2 V$	(C, B)	$\log_2\binom{V}{2}$	(1, 7)	$2\log_2 S$
1	2	$\log_2 V$	(A, B)	$\log_2\binom{V}{2}$	(2, 15)	$2\log_2 S$
2	2	$\log_2 V$	(B, A)	$\log_2\binom{V}{2}$	(3, 4)	$2\log_2 S$
3	1	$\log_2 V$	(#)	$\log_2\binom{V}{1}$	(0)	0
4	2	$\log_2 V$	(A, B)	$\log_2\binom{V}{2}$	(5, 12)	$2\log_2 S$
5	1	$\log_2 V$	(B)	$\log_2\binom{V}{1}$	(6)	$\log_2 S$
6	1	$\log_2 V$	(#)	$\log_2\binom{V}{1}$	(0)	0
7	1	$\log_2 V$	(B)	$\log_2\binom{V}{1}$	(8)	$\log_2 S$
8	2	$\log_2 V$	(A, B)	$\log_2\binom{V}{2}$	(9, 14)	$2\log_2 S$
9	2	$\log_2 V$	(A, B)	$\log_2\binom{V}{2}$	(10, 13)	$2\log_2 S$
10	1	$\log_2 V$	(B)	$\log_2\binom{V}{1}$	(11)	$\log_2 S$
11	1	$\log_2 V$	(#)	$\log_2\binom{V}{1}$	(0)	0
12	1	$\log_2 V$	(#)	$\log_2\binom{V}{1}$	(0)	0
13	1	$\log_2 V$	(#)	$\log_2\binom{V}{1}$	(0)	0
14	1	$\log_2 V$	(#)	$\log_2\binom{V}{1}$	(0)	0
15	1	$\log_2 V$	(#)	$\log_2\binom{V}{1}$	(0)	0

添加表中的成本列，并且在不应用修正的情况下对假设 H 进行编码的成本由如下等式表示：

$$\begin{aligned}&\sum_{i=1}^{S}\log_2\binom{V}{a_i}+\sum_{i=1}^{S}a_i\log_2 S+\sum_{i=1}^{S}\log_2 V+\log_2 S\\&=\sum_{i=1}^{S}\log_2\binom{V}{a_i}+M\log_2 S+S\log_2 V+\log_2 S\end{aligned}\tag{18.3}$$

在对上述代码进行修正后，令上述等式减去$(S-1)!$，图 18.3 中对 PFSM 假设 H 的代码长度由如下等式给出：

$$\text{CodeLewth}(H)=\sum_{i=1}^{S}\log_2\binom{V}{a_i}+M\log_2 S+S\log_2 V+\log_2 S-\log_2(S-1)!\tag{18.4}$$

等式(18.4)中的公式还用于计算任何 PFSM 的第一部分代码长度。在此之后的小节中讨论第二部分代码长度，该第二部分代码长度假设为真，对数据 D 进行编码。

2. 假设 H 生成的数据 D 的断言代码

这部分代码长度断言由假设 H 生成的数据 D。从 PFSM 的每个状态来看，在离开该状态的弧上有多次转移。因此，每个状态的分布似乎是多项式的。

由假设 H 生成的数据 D 的代码长度由如下等式给出：

$$\text{CodeLength}(D \mid H) = \sum_{i=1}^{S} \log_2 \frac{(t_i + a_i - 1)!}{(a_i - 1)! \prod_k (n_{ik}!)} \tag{18.5}$$

如果希望将概率作为推论模型的基本特征，则可以将(参见文献[21]的 5.2.13 节)的较小修正值添加到上述表达式中，从而对每个状态得到约$(1/2(\pi(a_i - 1)) - 0.4)$。对于只有一个出口弧的状态，无须计算转移概率。

PFSM 的总的两部分代码长度写为 CodeLength(H)+CodeLength$(D \mid H)$，大约等于以下表达式：

$$\text{共有两部分的代码长度} = \sum_{i=1}^{S} \left\{ \log_2 \frac{(t_i + a_i - 1)!}{(a_i - 1)! \prod_k (n_{ik}!)} + \log_2 \binom{V}{a_i} \right\} + M\log_2 S + S\log_2 V + \log_2 S - \log_2 (S-1)! \tag{18.6}$$

18.3.2　使用 MML 推断 PFSM

对于给定的数据序列，可能存在的 PFSM 的数量在计算上难以解决[17]。对于 PFSM 中的 S 个状态，所有可以解释相同数据序列的 PFSM 的数目在 S 中是指数的。根据 Gold[9]、Angluin[1] 和 Feldman[6]，搜索来自给定数据序列的最小 PFSM 是 NP 完全问题。因此，在寻找最佳 PFSM 以解决给定的数据序列以及使搜索问题变得容易处理时，要考虑到易处理性，在解决方案的最优性保证之间进行权衡，这是通过启发式方法实现的。

为了推断具有最佳反映给定数据序列的转移概率的随机 PFSM，Raman[15]、Raman 和 Patrick[14]、Clelland[3]、Clelland 和 Newlands[4]、Raman 和 Patrick[14]、Collins 和 Oliver[5] 以及 Hingston[10] 提出了各种方法。推断的方法沿着建立最小或最大标准 PFSM 的思路工作。最小的 PFSM 开始是一个状态 PFSM，其中状态在每次迭代中被分割，直到不再可能进行进一步的分割。最大的 PFSM 首先是数据序列的前缀树接受器(PTA)。PTA 中的状态逐渐合并，直到不能再合并为止。

在本节中，我们讨论两种推断 PFSM 的方法，表示为数据序列的 PTA。该方法沿 PFSM 中状态的有序合并和随机合并的路线工作。有序合并的方法是完全新颖的，由我们提出。该方法使用贪婪搜索启发式算法来找到接近最佳的 PFSM，并且最适合于可能会因为求解速度快而影响最佳性的应用。Raman 和 Patrick[14] 提出的第二种方法使用模拟退火启发法来找到最佳解。通过适当设置温度和冷却速率，该方法可以保证精确的解。我们通过以适合我们需求的方式对原始算法进行了最小的修改，以自己的方式重新实现了该方法。所谓最优解，是指最小的两部分代码长度 PFSM，而获得最优解的目标函数是最小消息长度(MML)原理。

1. 通过有序合并推断 PFSM

为了使用有序合并(OM)进行推断，归纳过程首先考虑数据序列 PTA 形式的输入。节点对在满足以下两个主要约束的阶段进行合并：

- 合并始终是确定性的。也就是说，当两个状态被合并时，合并状态上任何输入符号上的转换都应该是明确的。来自合并状态的任何符号都不应导致转换到多个状态。如果不满足此条件，则永远不会尝试第二个条件。
- 合并后的新 PFSM 的两部分代码长度小于合并前 PFSM 的两部分代码长度。由于该方法遵循贪婪搜索启发式的搜索路线，因此只有当合并后的 PFSM 的两部分代码长度小于合并前的 PFSM 的两部分代码长度时，才尝试合并。

节点对合并的阶段在下面的小节中详细给出。

第一阶段合并

在合并过程的第一阶段，将合并初始 PFSM 的最终状态。最终状态是 PFSM 中在输入符号 # 上具有转移的那些状态。输入符号 # 上的这种转移导致返回到 PFSM 的初始状态。

为了查看这种合并的效果，我们重新考虑图 18.3 中的 PFSM，它是 Gaines 数据的 PTA。使用等式(18.6)为此 PTA 计算的两部分代码长度为 181.205 位。合并具有输入符号 # 的最终状态，并合并最终状态后所得的 PFSM 如图 18.4。新 PFSM 的两部分代码长度为 136.365 位。

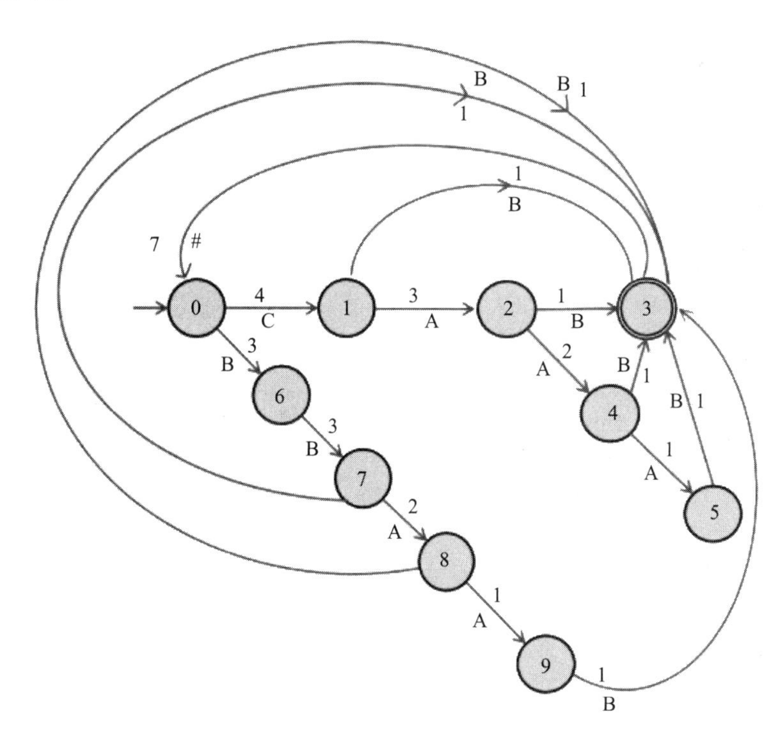

图 18.4 PFSM 与图 18.3 合并的最终状态

需要注意一个重要观察，没有必要通过应用第一阶段合并过程将所有最终状态合并为一个。因此，在第一阶段合并结束后，仍有可能获得多个最终状态。这是由于合并所受到的限制。

第二阶段合并

在合并过程的第二阶段，将直接连接到最终状态的状态相互合并。在此不进行与最终状态的合并。继续进行与最终状态直接连接的状态列表的合并过程，直到无须合并为止。图 18.5 显示了应用第二阶段合并的效果。该 PFSM 的两部分代码长度为 66.6234 位。

第三阶段合并

在合并过程的第三阶段，合并成对的状态，其中一个状态是最终状态，另一个状态是与其连接的状态。我们遍历该列表，直到到达代码长度最小的 PFSM。现在可以将此 PFSM 称为 MML PFSM。与波束搜索算法[14]中的随机合并对相反，这种阶段式合并更加系统化。推断过程第三阶段中的合并状态生成与图 18.5 中有相同的 PFSM。

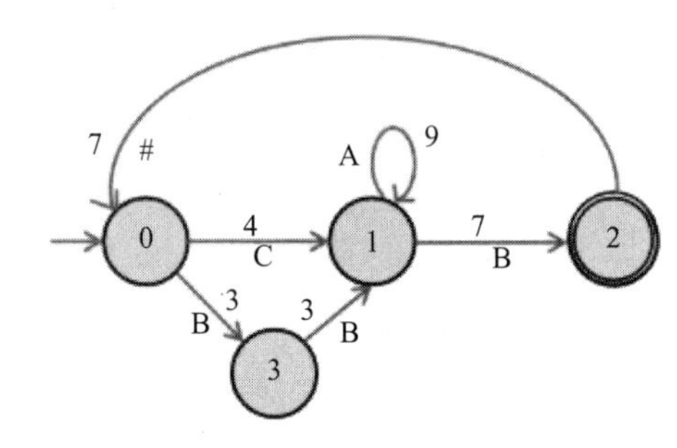

图 18.5　PFSM 与图 18.4 中合并的第二阶段状态

有序合并算法

我们以算法的形式正式编写通过有序合并进行推断的方法。在不同阶段实现的合并称为三种单独的算法。算法 2 与算法 1 非常相似。这两种算法之间的唯一区别是，在两种情况下，合并均应用于不同的列表。算法 1 考虑用于合并状态的最终状态列表，而算法 2 考虑与合并状态的最终状态直接连接的状态列表。使用 MML 计算的两部分代码长度用作目标函数，以获得最小代码长度 PFSM。

算法 1　有序合并第一阶段

```
Input: PTA
Output: Reduced PFSM after First Stage Merge
1:  ListOfFinalStates ← List of Final States
2:  NoOfFinalStates ← Number of Final States
3:  old_MML ← CodeLengthOfCurrentPFSM
4:  for i ← 1 to NoOfFinalStates − 1 do
5:      for j ← i + 1 to NoOfFinalStates do
6:          if (CanBeMerged(ListOfFinalStates[i],ListOfFinalStates[j])) then
7:              new_MML ← Merge(ListOfFinalStates[i],ListOfFinalStates[j])
8:              if (new_MML ≤ old_MML) then
9:                  old_MML = new_MML
10:                 i ← i − 1
11:                 break
12:             else
13:                 UndoMerge()
14:             end if
15:         end if
16:     end for
17: end for
```

算法 2 有序合并第二阶段

```
Input: PFSM resulting from First Stage Merge
Output: Reduced PFSM after Second Stage Merge
1: ListOfStates ← List of states directly connected to Final States
2: NoOfStates ← Number of states directly connected to Final States
3: old_MML ← CodeLengthOfCurrentPFSM
4: for i ← 1 to NoOfStates − 1 do
5:     for j ← i + 1 to NoOfStates do
6:         if (CanBeMerged(ListOfStates[i],ListOfStates[j])) then
7:             new_MML ← Merge(ListOfStates[i],ListOfStates[j])
8:             if (new_MML ≤ old_MML) then
9:                 old_MML = new_MML
10:                i ← i − 1
11:                break
12:            else
13:                UndoMerge()
14:            end if
15:        end if
16:    end for
17: end for
```

算法 3 有序合并第三阶段

```
Input: PFSM resulting from Second Stage Merge
Output: Minimum Code Length PFSM or the Inferred PFSM
1: old_MML ← CodeLengthOfCurrentPFSM
2: new_MML ← 0
3: ListOfFinalStates ← List of Final States
4: NoOfIterations ← Initial Number Of Iterations
5: i ← 0
6: while (new_MML < old_MML OR i ≤ NoOfIterations) do
7:     state1 ← Random State from ListOfFinalStates
8:     state2 ← Random State from States connected to state1
9:     if CanBeMerged(state1,state2) then
10:        new_MML ← Merge(state1,state2)
11:        if (new_MML ≤ old_MML) then
12:            old_MML = new_MML
13:            new_MML ← 0
14:        else
15:            UndoMerge()
16:            i ← i + 1
17:        end if
18:    else
19:        i ← i + 1
20:    end if
21: end while
```

2. 使用模拟退火推断 PFSM

通过遵循考虑节点的随机合并而不是有序合并的路径，我们基于使用模拟退火(SA)进行 PFSM 的推断。Raman 和 Patrick[14] 使用 SA 推断方法来获得最小代码长度 PFSM，我们在本节中简要解释该方法。

为了了解使用SA进行推断的方法，我们首先尝试解释什么是退火。退火是一个物理过程，其中金属被加热到很高的温度，然后逐渐冷却。高温导致金属的电子发射光子，在此过程中，金属逐渐从高能态下降到低能态。发射的光子可能撞到另一个电子，使其移动到高能态，但是随着冷却，发生这种情况的可能性降低。概率 p 量化为 $P=\mathrm{e}-\frac{\Delta E}{kT}$，其中 ΔE 是电子能级的正变化，T 是温度，k 是玻尔兹曼常数。冷却速率称为退火程序，它在最终产品的形成中起着非常重要的作用。快速冷却将阻止电子下降到较低的能量状态，结果，将形成稳定的高能量区域。太慢的冷却会浪费时间。因此，必须根据经验确定退火方案的最佳选择。

模拟退火

在模拟退火程序中，玻尔兹曼常数无关紧要，因为它与物理过程有关。因此，概率公式现在变为 $P=\mathrm{e}-\frac{\Delta E}{kT}$。由于 ΔE 是指退火过程中电子的能量状态变化，因此在模拟退火中它是指目标函数的变化。因此，在这种情况下，ΔE 是当前PFSM的两部分代码长度的变化。退火时的温度设置为开尔文(Kelvin)，在SA中设置为一定的值，该值是位数。再次如退火中那样根据经验确定该值。

现在，修改后的概率为 $p'=\mathrm{e}^{\frac{-(\mathrm{new}_{\mathrm{CodeLength}}-\mathrm{old}_{\mathrm{CodeLength}})}{T}}$，其中 $\mathrm{new}_{\mathrm{CodeLength}}$ 是应用节点合并之后更改的PFSM的代码长度，而 $\mathrm{old}_{\mathrm{CodeLength}}$ 是应用节点合并之前更改的PFSM的代码长度。由于仅在 $\mathrm{new}_{\mathrm{CodeLength}}$ 大于 $\mathrm{old}_{\mathrm{CodeLength}}$ 时才尝试概率验收，因此保证目标函数的变化为正数。对于目标函数中的负变化(其中 $\mathrm{new}_{\mathrm{CodeLength}}$ 始终小于 $\mathrm{old}_{\mathrm{CodeLength}}$)，始终考虑合并，因为这会得到更好的解。

推断的模拟退火方法被正式定义为下面的算法：

算法4　模拟退火

```
1:  old_MML ← Code Length of Current PFSM
2:  Temperature ← Initial Temperature
3:  CurrentState ← Initial State of current PFSM
4:  while Temperature = 0 do
5:      RandomState1 ← Random state of current PFSM
6:      RandomState2 ← Random state of current PFSM
7:      while RandomState1 = RandomState2 do
8:          RandomState1 ← Random state of current PFSM
9:          RandomState2 ← Random state of current PFSM
10:     end while
11:     if CanBeMerged(RandomState1,RandomState2) then
12:         new_MML ← Merge(RandomState1,RandomState2)
13:         if new_MML ≤ old_MML then
14:             old_MML = new_MML
15:         else
16:             p = e^(−(new_MML − old_MML)/Temperature)
17:             RandomNumber = Random(0, 1)
```

```
18:             if RandomNumber ≤ p then
19:                 old_MML = new_MML
20:             end if
21:         end if
22:     end if
23:     Temperature ← Temperature − 1
24: end while
```

18.4 分层概率有限状态机

较早进行的对假设的 PFSM 进行编码的研究工作认为 PFSM 在结构上是非分层的。已经提出了使用 MML 的各种归纳方法，它们都旨在产生最小的 PFSM，这在结构上也是非分层的。但是，仔细观察数据会发现，某些子集可以由小型内部 PFSM 生成，而无须从大型单个 PFSM(非分层)中生成。小型 PFSM 在外部结构中被捆绑在一起，形成某种层次。

这种观点对于理解地面现实中发生的事情至关重要。如果我们考虑一个例子，我们有一组观察结果，这些观察结果是属于不同语言的单词。在这些观察结果集中，如果我们尝试构建最能描述这些观察结果的 PFSM，则代码长度将是巨大的，因为它必须包括所有语言的词汇表。同样，如果观察结果导致一种语言的使用比另一种语言的使用更多，则从一种语言到另一种语言的转换很少。因此，在这种情况下，构建单个非分层 PFSM 将会变得更加昂贵。我们可以通过为观察值构建分层的 PFSM，以更便宜的方式实现此目的。对于数据序列的大量枚举，编码假设 H 和由假设生成的数据 D 的成本将比编码非分层 PFSM 的成本低。但是，如果枚举数量很少(这是非常不可能的)，那么我们就不必为复杂的层次结构付费。

另一个例子——为什么在层次结构中编码是有益的——可以这样理解。假设我们有一台大机器，它以状态转移的形式，从一个地方到另一个地方，代表我们一天中的活动。广义地说，我们可以参观的地方是“大学或工作场所”“家”和“城市”。表示这种情况的机器如图 18.6 所示。我们从一个地方开始，比如说家。家代表一个小的内部 PFSM。在

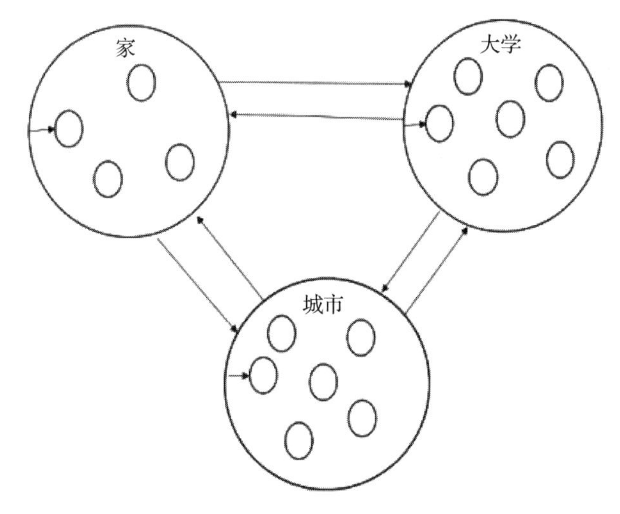

图 18.6 分层 PFSM 的示例

“家”里，我们通过访问“家”的不同地方，更经常地在本地进行状态转移。“家”有一个入口点(启动状态)，同一个点可以用作“家”本地计算机的出口点。然后，我们从“家”转移到另一个内部 PFSM，即“大学”。我们进入“大学”本地 PFSM 的起始状态，再次通过在“大学”中的不同位置移动来执行状态转换。“大学”内部 PFSM 的起始状态也是它的退出状态，正如我们在“家”内部 PFSM 中所做的那样。如果我们要以位为单位，以码长的形式，指定一个涉及在不同地点移动的每日移动的记录，那么将整个画面视为非分层 PFSM，然后计算代码长度将变得非常昂贵。然而，如果我们通过分层编码机制来做同样的事情，那么我们肯定会得到一个人的日常活动的更便宜编码。

18.4.1 定义 HPFSM

分层 PFSM 由外部 PFSM 组成，外部 PFSM 的状态可以在内部包含内部 PFSM(或内部 HPSM)。为了简化起见，我们将分层 PFSM 称为 HPFSM。这种 HPFSM 的示例如图 18.7 所示。没有显示图 18.7 的 HPFSM 中从任何状态开始的特定符号转移的概率，但是从每种状态来看，不同符号上的转移具有相同的可能性。即从所有符号的每个状态考虑具有均匀先验的多项式分布。

就 HPFSM 而言，可以很简洁地理解简单 PFSM 模型的行为，显而易见的好处是，两部分代码长度较短的机器仍代表着相同的语法。我们参考图 18.7 中的 HPFSM 模型，这是一个特例，其中存在三个外部状态，每个外部 PFSM 内部都包含内部具有三个状态的 PFSM，但是通常，我们可以拥有尽可能多的外部和内部状态。结构是这样解释的。HPFSM 在外部结构中具有三个状态，分别标记为 S1、S2 和 S3。外部状态内部包含 PFSM，每个 PFSM 中具有三个状态。外部 PFSM 具有初始状态 S1，这是 HPFSM 中的字符串生成点。每个内部包含的 PFSM 都有一个起始状态，并且相同的状态用作退出状态以转移到外部结构中的其他 PFSM。每个内部包含的 PFSM 可以独立生成由分隔符符号＃分隔的字符串，也可以通

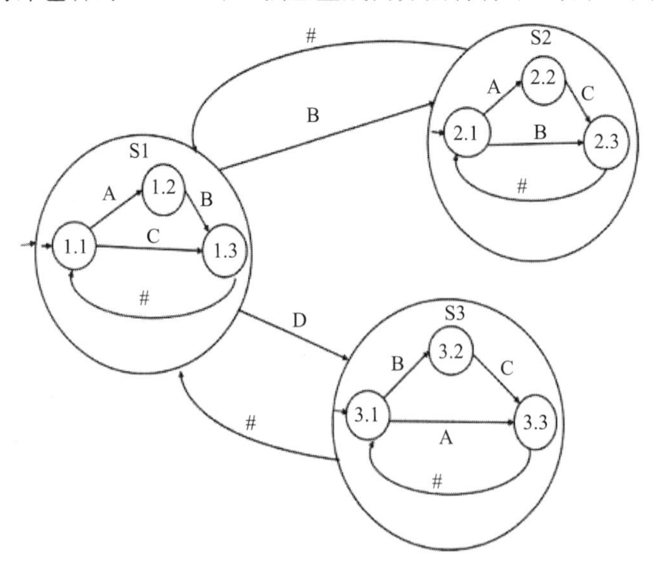

图 18.7 分层 PFSM

过外部转移与其他 PFSM 通信，并可以生成包含外部符号的字符串。例如，图 18.7 的 HPFSM 生成的字符串的类型可能看起来像 $D=\{$AB#BAC##C#DBC#BC#A##…$\}$。每个内部包含的 PFSM 都有自己的输入字母符号，类似地，外部结构也有一个。

18.4.2 HPFSM 假设 *H* 的 MML 断言代码

在开始对 HPFSM 进行两部分代码长度计算之前，我们先参考以下定义：

- S_{outer} 是外部 PFSM 中状态的数量。
- V_{outer} 是在外部 PFSM 中设置的输入字母集的基数，其中包括分隔符符号 #。
- 外部 PFSM 中的状态标记为 S1，S2，…，$S_{S_{outer}}$。
- 内部 PFSM 中的状态数分别表示为 $S_{internal1}$，$S_{internal2}$，…，$S_{internalS_{outer}}$。
- 内部 PFSM 中输入字母的基数表示为 $V_{internal1}$，$V_{internal2}$，…，$V_{internalS_{outer}}$。
- 在内部 PFSM Sj 中离开任何状态的弧数量用 a_{sji} 表示，其中 $1\leqslant j\leqslant S_{outer}$ 和 $1\leqslant i\leqslant S_{internalj}$。
- 从任何内部 PFSM Sj 中任何当前状态 i 到符号 k 的转移数都表示为 n_{jik}，其中 k 可以是来自 Sj 的输入字母集或外部 PFSM 的输入字母集的符号。

下面参考 S1 内部 PFSM 解释下面描述的编码方案。其他 PFSM 以类似的方式编码。

1）代码以内部 PFSM 中的状态数 $S_{internal1}$ 开头，并且代码长度计算为 $\log_2 S_{internal1}$ 位。

2）对于内部 *P*FSM S1 中的每个状态，对离开该状态的弧数量进行编码。离开任何状态的弧数取决于输入字母集的基数。由于内部 PFSM S1 的状态 1 具有到内部 PFSM S1 的弧，也具有到外部结构中其他状态的弧。因此，从 1 到 $V_{outer}+V_{internal1}$ 进行选择，给出码长为 $\log_2(V_{outer}+V_{internal1})$位。我们通过考虑两个字母集中唯一的输入字母来计算由表达式 $V_{outer}+V_{internal1}$ 表示的组合基数。因此，如果#出现在内部和外部结构的输入字母集中，则将其计为 1，并且除#外其他任何字符被计为 1。

3）对于每种状态，弧上的标签均已编码。这是通过从$(V_{outer}+V_{internal1})$符号集中选择 a_{sj1} 符号来完成的，如果状态是内部 PFSM 的起始状态，则给出 $\log_2(V_{outer}+V_{internal1})a_{sj1}$ 位的代码长度。否则，对于其他状态，代码长度为 $\log_2 V_{internal1}$ 位。在这里，$1\leqslant j\leqslant S_{outer}$。

4）从每个状态计算出目标状态的代码。从起始状态开始，目标可以是该 PFSM 的任何内部状态，也可以是外部结构中的状态。在外部结构中，目的地始终是其他内部 PFSM 的初始状态。因此，对于起始状态，编码目标的代码长度为 $a_{sj1}\log_2(S_{outer}+S_{internal1})$位。对于除起始状态以外的状态，可以使用 $\log_2 S_{outer}$ 位完成编码。对于标有分隔符符号#的弧，目标位置已经知道，可以在$(a_{sj1}-1)\log_2 S_{internal1}$ 位中进行编码。

上面的编码方案生成表 18.2，该表显示 S1 内部 PFSM 的第一部分代码长度的编码。其他内部 PFSM 的编码方式类似，如表 18.3 和表 18.4 所示。

表 18.2　图 18.7 中内部 PFSM S1 的代码长度

状态	a_{sj1}	成本	标签(s)	成本	目的地(s)	成本
1.1	4	$\log_2(V_{outer}+V_{internal1})$	(A，B，C，D)	$\log_2\binom{V_{outer}+V_{internal1}}{4}$	(1.2，1.3，S2，S3)	$4\log_2(S_{outer}+S_{internal1})$

（续）

状态	a_{sj1}	成本	标签(s)	成本	目的地(s)	成本
1.2	1	$\log_2 V_{\text{internal1}}$	(B)	$\log_2\binom{V_{\text{internal1}}}{1}$	(1.3)	$\log_2 S_{\text{internal1}}$
1.3	1	$\log_2 V_{\text{internal1}}$	(#)	$\log_2\binom{V_{\text{internal1}}}{1}$	(1.1)	0

表 18.3　图 18.7 中内部 PFSM S2 的代码长度

状态	a_{sj2}	成本	标签(s)	成本	目的地(s)	成本
2.1	3	$\log_2(V_{\text{outer}}+V_{\text{internal2}})$	$(A, B, \#)$	$\log_2\binom{V_{\text{outer}}+V_{\text{internal2}}}{3}$	(2.2, 2.3, S1)	$2\log_2(S_{\text{outer}}+S_{\text{internal2}})$
2.2	1	$\log_2 V_{\text{internal2}}$	(C)	$\log_2\binom{V_{\text{internal2}}}{1}$	(2.3)	$\log_2 S_{\text{internal2}}$
2.3	1	$\log_2 V_{\text{internal2}}$	(#)	$\log_2\binom{V_{\text{internal2}}}{1}$	(2.1)	0

表 18.4　图 18.7 中内部 PFSM S3 的代码长度

状态	a_{sj3}	成本	标签(s)	成本	目的地(s)	成本
3.1	3	$\log_2(V_{\text{outer}}+V_{\text{internal3}})$	$(B, A, \#)$	$\log_3\binom{V_{\text{outer}}+V_{\text{internal3}}}{3}$	(3.2, 3.3, S1)	$2\log_2(S_{\text{outer}}+S_{\text{internal3}})$
3.2	1	$\log_2 V_{\text{internal3}}$	(C)	$\log_2\binom{V_{\text{internal3}}}{1}$	(3.3)	$\log_2 S_{\text{internal3}}$
3.3	1	$\log_2 V_{\text{internal3}}$	(#)	$\log_2\binom{V_{\text{internal3}}}{1}$	(3.1)	0

等式(18.7)中给出了编码 HPFSM 的第一部分代码长度的最终公式。每个内部包含的 PFSM 的开始状态都将转换为外部状态，因此在等式中进行单独处理，这就是变量 i 在等式(18.7)中以 2 开头的原因：

$$\begin{aligned}\text{CodeLength}(H) = \sum_{j=1}^{S_{\text{outer}}}\Bigg(&\sum_{i=2}^{S_{\text{internal}j}}\log_2\binom{V_{\text{internal}j}}{a_{sji}} + \\ &\log_2\binom{V_{\text{outer}}+V_{\text{internal}j}}{a_{sji}} + \\ &(S_{\text{internal}j}-1)\log_2 V_{\text{internal}j} + \\ &\log_2(V_{\text{outer}}+V_{\text{internal}}) + \sum_{i=2}^{S_{\text{internal}j}} a_{sji}\log_2 S_{\text{internal}j} + \\ &a_{sji}\log_2(S_{\text{outer}}+S_{\text{internal}j}) + \log_2 S_{\text{internal}j}\Bigg) + \log_2 S_{\text{outer}}\end{aligned} \tag{18.7}$$

18.4.3　HPFSM 转移的编码

同样，假设多项式分布情况下的均匀先验，在任何内部 PFSM Sj 中从当前状态 i 到

任何符号 k 的转移概率表示为$\frac{(n_{ji_k}+1)}{(n_{ji}+a_{n_{ji}})}$，其中，$n_{ji_k}$ 表示符号 k 上当前内部 PFSM Sj 中当前状态 i 的转移次数，n_{ji} 表示当前状态下所有符号上的转移总数。对符号 k 上的转移进行编码所需的位数是转移概率的负对数。如果我们对当前状态下所有符号的概率求和，则对转移进行编码所需的总位数由以下等式给出：

$$\frac{(n_{ji}+a_{s_{ji}})!}{\prod_{k}(n_{ji_k})!} \tag{18.8}$$

其中 $1\leqslant j\leqslant S_{\text{outer}}$，$1\leqslant i\leqslant S_{\text{internal}j}$ 和 k 是来自 $S_{\text{internal}j}$ 和 S_{outer} 的输入字母集的符号。

公式(18.9)计算图 18.7 中 HPFSM 的第二部分代码长度。

$$\text{CodeLength}(D\,|\,H)=\sum_{j=1}^{S_{\text{outer}}}\left(\sum_{i=1}^{S_{\text{internal}j}}\log_2\frac{(n_{ji}+a_{s_{ji}})!}{\prod_{k}n_{ji_k}!}\right) \tag{18.9}$$

通过添加等式(18.7)和等式(18.9)，可以计算出 HPFSM 的完整的两部分代码长度。

18.5　试验

对图 18.7 的 HPFSM 生成的人工数据集和 UCI 收集的日常生活活动(ADL)数据集进行了试验。在两种试验情况下，我们将分层模型的成本与非分层模型和单状态模型进行比较。在使用 ADL 数据集进行的试验中，我们首先描述一种从个体数据集中学习初始 HPFSM 模型的方法。学习之后，使用模拟退火搜索进行归纳以获得最佳 HPFSM 模型。然后，我们最终根据从所学习的 HPFSM 模型中的运动序列对个体进行预测。

18.5.1　人工数据集试验

1. 示例 1

我们使用图 18.7 中的 HPFSM 生成随机数据字符串或可变字符串长度的令牌。总而言之，图 18.7 中的 HPFSM 有三个外部状态，每个外部状态都有一个包含四个字符的内部词汇表，包括分隔符符号 #。外部 PFSM 的输入字母表大小为三个字符。通过在 HPF-SM 模型的所有转移弧上设置初始转移概率来生成串。在第一个例子中，这个数据生成过程的概率在本质上是一致的。例如，我们考虑 HPFSM 模型中的状态 1.1。状态 1.1 有 4 个到其他状态的转移。即对于字符 A 和 C，在同一内部 PFSM S1 中，状态 1.2 和状态 1.3 分别从状态 1.1 到达。在字符 B 和 D 上，外部状态 S2 和 S3 分别从状态 1.1 到达。如果在字符串生成过程中，认为所有的概率都是相等的，那么所有的转移弧从状态 1.1 开始被设置为概率 0.5。同样，在 HPFSM 模型中设置了其他转移弧的概率，最终生成了字符串。这构成了一个人工数据集，它是从分层结构生成的。我们生成的最小字符串数为 5，最多可达 5000 个字符串。从 HPFSM 模型生成的字符串长度通常为 1 或 2。这是因为，每个内部 PFSM 内部有三个状态，内部 PFSM 中的最终状态从内部 PFSM 的开始状态要么读取单个字符，要么读取两个字符。

图 18.8～图 18.10 显示了不同模型之间使用 MML 计算的两部分代码长度的比较。我

们将 HPFSM 模型与图中简单表示为 PFSM(PTA)的初始非分层 PFSM 进行了比较。推导了 PFSM(PTA)模型，得到的是推断的 PFSM 模型。与预期的一样，推断的 PFSM 模型比 PFSM(PTA)模型短。我们也将其与单状态模型进行了比较。

图 18.8 显示了从 2 个数字到 80 个字符串的随机字符串数量的比较。对于图 18.8 中 2～20 的随机字符串数，单状态 PFSM 模型与其他模型相比，压缩效果最佳。另外，对于如此少的字符串数，HPFSM 模型导致最高的两部分代码长度。这是显而易见的，因为结构编码对于这么少的字符串来说是昂贵的。但是随着字符串数量进一步增加，与其他模型相比，HPFSM 模型开始显示最小的两部分代码长度。

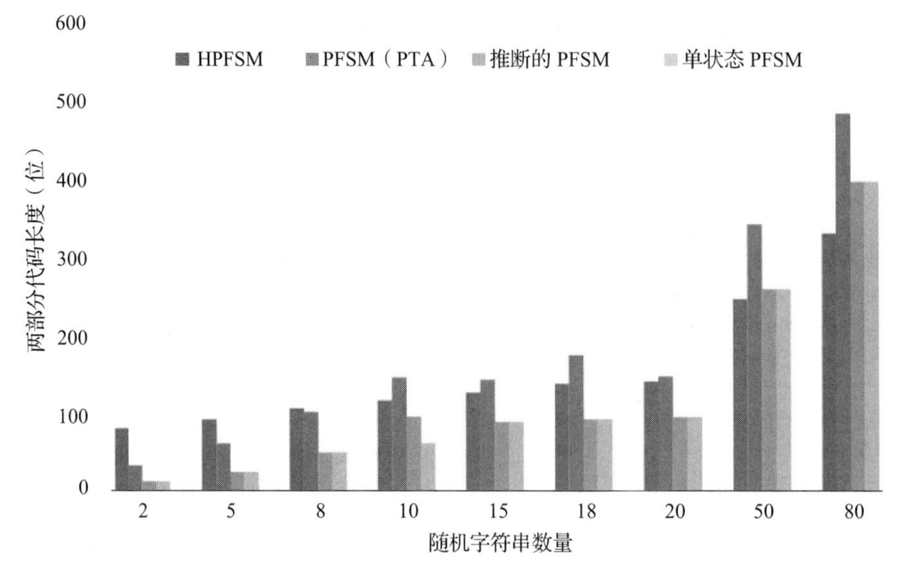

图 18.8　针对随机字符串 2～80 的 HPFSM、PFSM(PTA)、推断的 PFSM 和单状态 PFSM 之间的代码长度比较

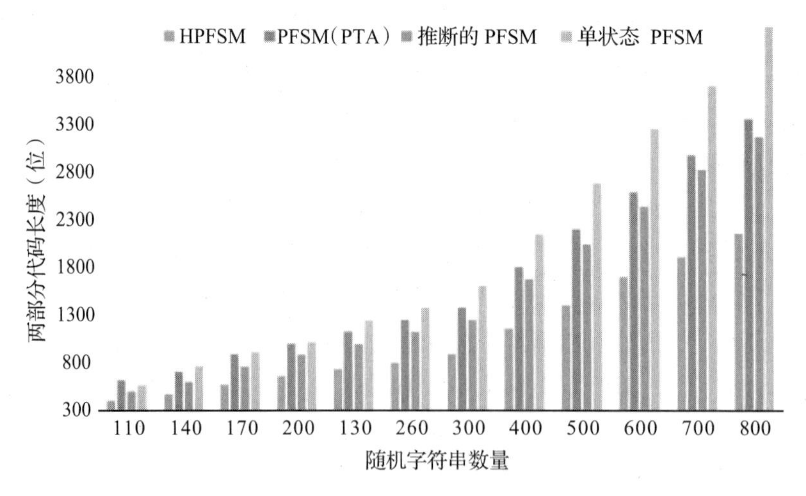

图 18.9　针对随机字符串 110～800 的 HPFSM、PFSM(PTA)、推断的 PFSM 和单状态 PFSM 之间的代码长度比较

图 18.9 显示了 110～800 之间的随机字符串的比较，图 18.10 显示了 900～5000 之间的随机字符串的比较。这两个图显示了一种常见趋势：在所有情况下，对于包含随机字符串的数据集，HPFSM 模型显示出最佳压缩率，而单状态模型显示出最差压缩率。HPFSM 模型对 5000 个随机字符串的压缩量比推断的 PFSM 模型高 28.54%。相同的 HPFSM 模型显示的 5000 个随机字符串的压缩率比单状态模型高 43.57%。我们通过计算 HPFSM 模型的两部分代码长度与其他模型的比较得出的百分比来计算这些百分比。然后，将代码长度的差值除以比较模型的两部分代码长度，并显示为百分比。

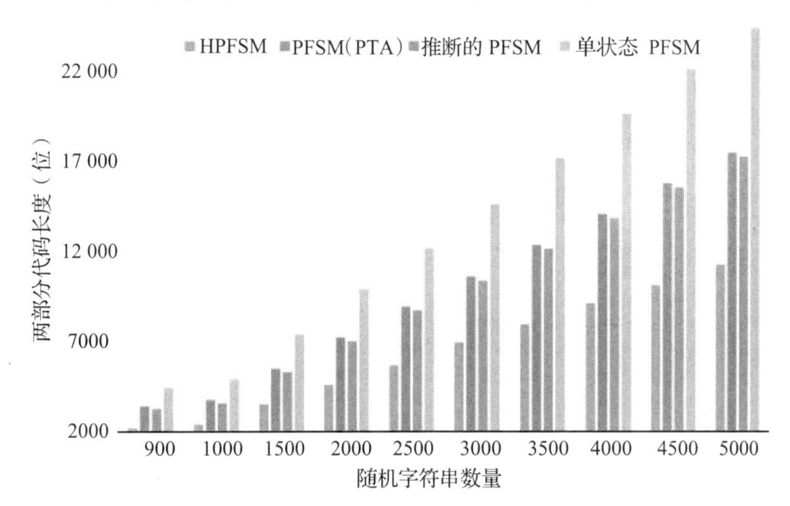

图 18.10 针对随机字符串 900～5000 的 HPFSM、PFSM(PTA)、推断的 PFSM 和单状态 PFSM 之间的代码长度比较

2. 示例 2

我们考虑 HPFSM 的另一个示例，如图 18.11 所示。在此示例中，HPFSM 模型的外部结构在其内部 PFSM 中具有两个外部状态，并且两个外部状态内部分别包含 5 个和 4 个

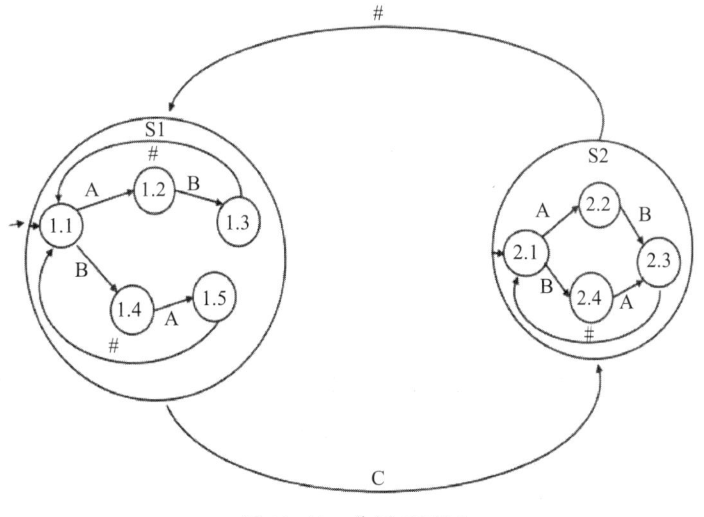

图 18.11 分层 PFSM

状态。两个内部 PFSM 的内部词汇是相同的。这次，我们设置转移非统一概率，而不是在转移弧中设置统一的先验概率。这样做的原因来自促使我们考虑 HPFSM 概念的动机。我们将内部弧中的转移概率设置为高，同样，在外部弧中，将概率值设置为低值。这是因为内部转移比外部转移更频繁。从图 18.11 的 HPFSM 模型中生成了可变数量的随机字符串，我们对生成的随机字符串的模型两部分代码长度进行了类似的分析。然后，将 HPFSM 模型的两部分代码长度与推断的 PFSM 和单状态模型进行比较。

图 18.12 和图 18.13 显示了 HPFSM 模型与其他模型的两部分代码长度的比较。

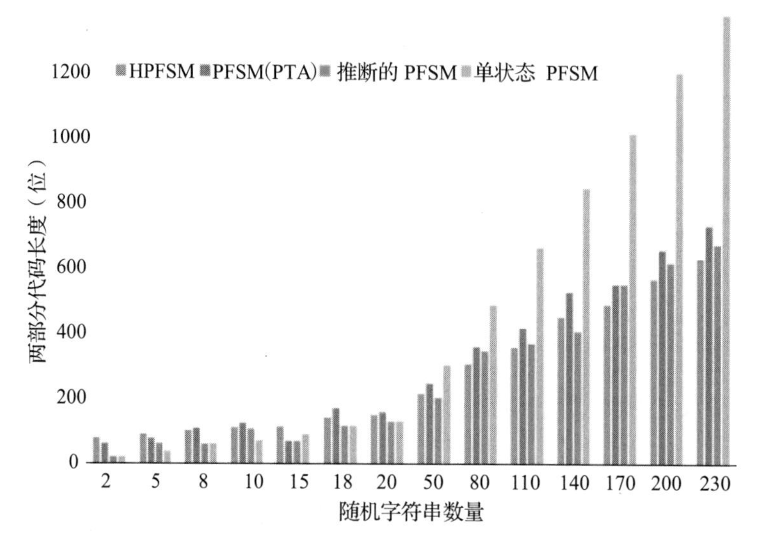

图 18.12 对于图 18.11 的 PFSM，针对随机字符串 2～230，HPFSM、PFSM(PTA)、推断的 PFSM 和单状态 PFSM 模型之间的代码长度比较

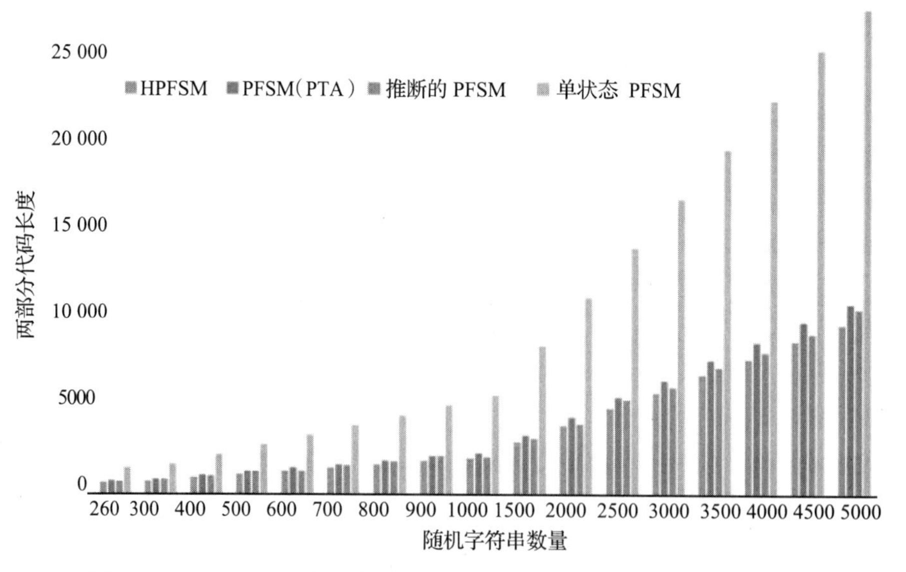

图 18.13 对于图 18.11 的 PFSM，针对随机字符串 260～5000，HPFSM、PFSM(PTA)、推断的 PFSM 和单状态 PFSM 模型之间的代码长度比较

在图 18.12 中，我们显示了 2～230 的随机字符串数量的比较。HPFSM 模型显示了小于 8 的随机字符串数量的最大两部分代码长度。这可以理解，因为对于如此少的字符串的结构，该模型相当复杂。另外，单状态模型显示了这样少数量的随机字符串的最小两部分代码长度。但是随着字符串数量进一步增加，这种趋势完全相反。HPFSM 模型给出最少的两部分代码长度，而单状态模型得出最大两部分代码长度模型。

在图 18.13 中，比较显示了 260～5000 的随机字符串的数量，类似的观察结果如下。从 HPFSM 模型获得的 5000 个随机字符串的两部分代码长度为 8728.45 位，而对于推断的 PFSM 模型，两部分代码长度为 9534.76 位。另外，单状态模型对同一数据集的两部分代码长度为 25 421.8 位。因此，对于 5000 个随机字符串，与推断的 PFSM 模型相比，HPFSM 模型生成这些字符串的概率被量化为 $\frac{29\,534.76}{(29\,534.76+28\,728.45)}$。同样，在生成 5000 个字符串的数据集时，概率为 $\frac{225\,421.8}{(225\,421.8+28\,728.45)}$ 的 HPFSM 模型比单状态模型更有可能。

18.5.2　ADL 数据集试验

我们还使用从 UCI 机器学习存储库中收集的日常生活活动(ADL)数据集来计算结果(请参见表 18.5)。表 18.5 给出了该数据集的简短版本。

该数据集包含有关两个用户每天在自己的家庭设置中执行的 ADL 的信息，并汇总了长达 35 天的全标记数据[13]。我们称个人为 “Person-A” 和 “Person-B”。每个单独的数据集都描述了事件的开始时间和结束时间、使用传感器捕获的事件的位置以及发生的位置。最初将五个不同的地方(浴室、厨房、卧室、起居室和入口)视为 HPFSM 中的五个外部状态，每个状态都有自己的内部 PFSM。转移序列被捕获为字符串，并使用 HPFSM 进行编码。通过将唯一的符号分配给表 18.5 中的不同位置，可以将转移序列转换为字符串，并将表中位置的变化记为句子的结尾。这种位置的改变将定界符插入目前为止形成的序列中。推断的出 HPFSM，我们以图 18.14 为例显示具有三个外部状态的 “Person-A” 的推断的 HPFSM 模型。如图 18.14 的 HPFSM 所示，三个外部状态(卧室、起居室和入口)合并在一起，最终形成三个外部状态。我们同样学习了 “Person-B” 的 HPFSM 模型，并且 “Person-B” 的推断的 HPFSM 模型如图 18.15 所示。

表 18.5　“Person-A” 的日常生活活动(ADL)

开始时间	结束时间	地方	类型	位置
28/11/2011 2：27	28/11/2011 10：18	床	压力	卧室
28/11/2011 10：21	28/11/2011 10：21	储物柜	磁性	浴室
⋮	⋮	⋮	⋮	⋮
12/12/2011 0：31	12/12/2011 7：22	床	压力	卧室

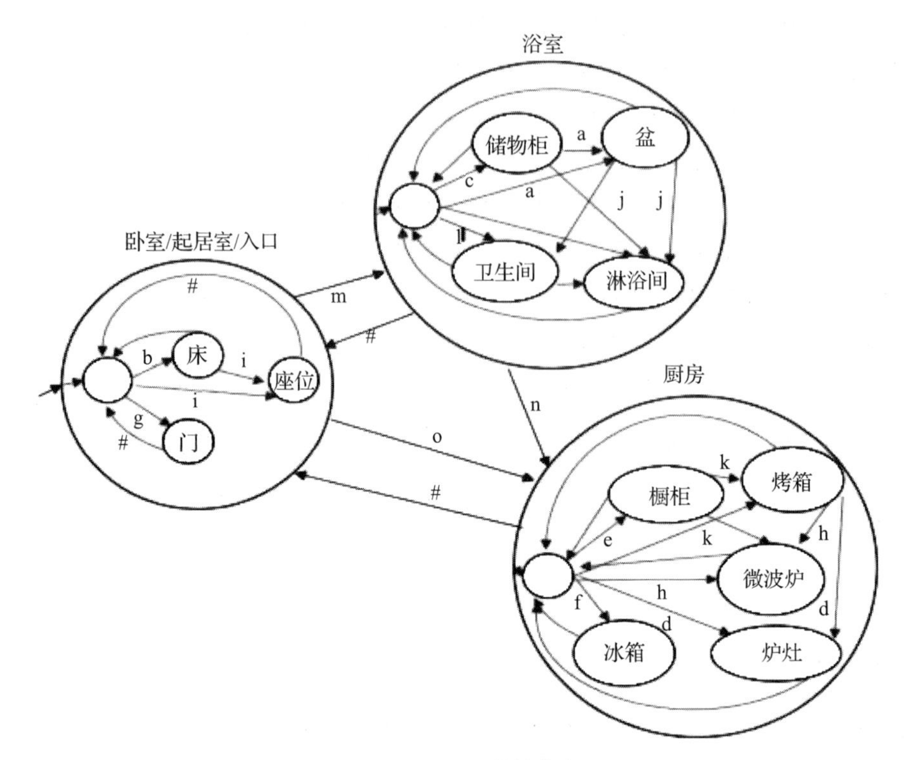

图 18.14　“Person-A”的推断的 HPFSM

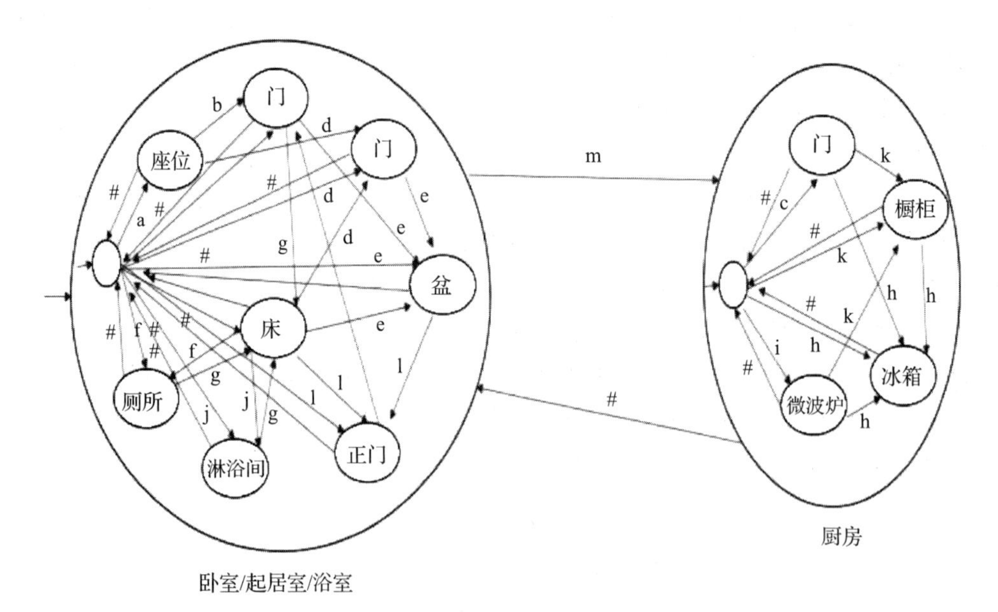

图 18.15　“Person-B”的推断的 HPFSM

表 18.6 比较了 HPFSM 和非分层 PFSM 的两部分代码长度。该表显示，如果使用 HPFSM 对由个人活动生成的令牌进行编码，则编码成本会更低。从 HPFSM 和简单 PFSM(或简单的 PFSM，或非分层 PFSM)的两部分代码长度可以明显看出这一点。我们还将与单状态 PFSM 代码长度进行比较。

表 18.6　对于个人 ADL，不同模型给出的代码长度(位)

	初始的 HPFSM	推断的 HPFSM	初始的 PFSM(PTA)	推断的 PFSM	单状态 PFSM
Person-A	1235.10	1095.701	691.02	1143.39	1143.39
Person-B	3062.52	3022.64	4098.80	3374.84	4036.83

对从训练数据集中学习到的 HPFSM 模型进行了更有用的分析，也就是对个体的预测。如上所述，ADL 数据集包含 35 天的标记数据。这包括标记为“Person-A”的 14 天的和标记为“Person-B”的 21 天的数据。我们使用全部可用数据集中的 50%来学习模型，其余 50%用于测试。测试数据集被划分为对应于每一天的转移序列，因此对于“Person-A”，我们在测试数据集中获得 7 天，对于“Person-B”，我们在测试数据集中获得 10 天。将对应于测试数据集中每个测试日的转移顺序输入两个模型中，并且以位为单位记下代码长度的增加量。最小地增加代码长度的模型更有可能生成该序列。

在每个观察日中属于两个人的测试数据集的每个 HPFSM 模型上，在图 18.16 和图 18.17 中量化了代码长度的增加。推断的 HPFSM(Person-A)模型显示每个测试日其自身测试数据的代码长度增加幅度较小，而推断的 HPFSM(Person-B)显示每个测试日的“Person-A”测试数据集代码长度增加幅度较大。这得出结论：推断的 HPFSM(Person-A)模型正确地预测了每个测试日的“Person-A”运动都属于推断的 HPFSM(Person-A)模型，然后另一个模型将对该测试日做些什么。类似地，如果运动属于“Person-B”，则推断的 HPFSM(Person-B)模型可以根据运动正确预测模型，方法是显示两部分代码长度的增加幅度较小。

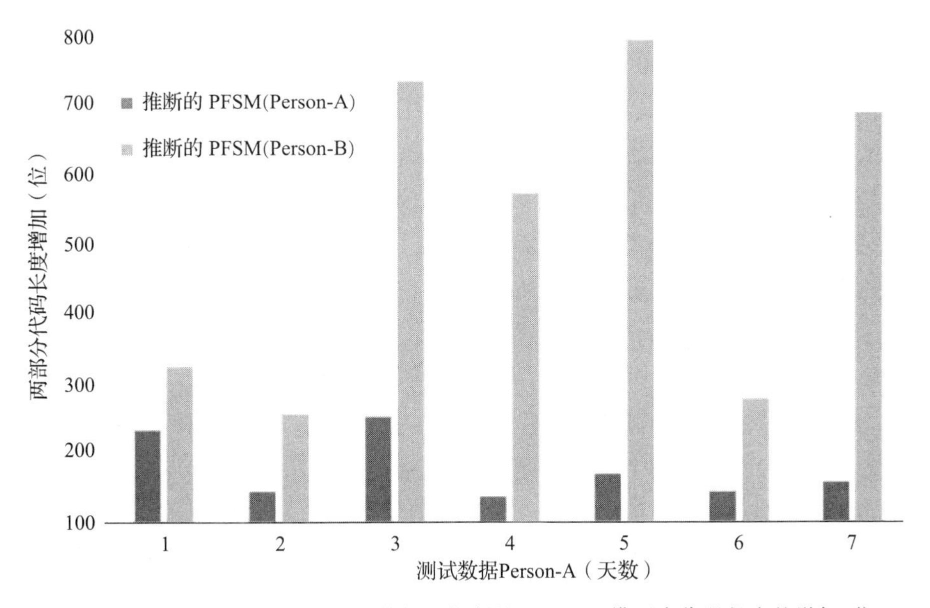

图 18.16　根据 Person-A 的测试数据，推断的 HPFSM 模型中代码长度的增加(位)

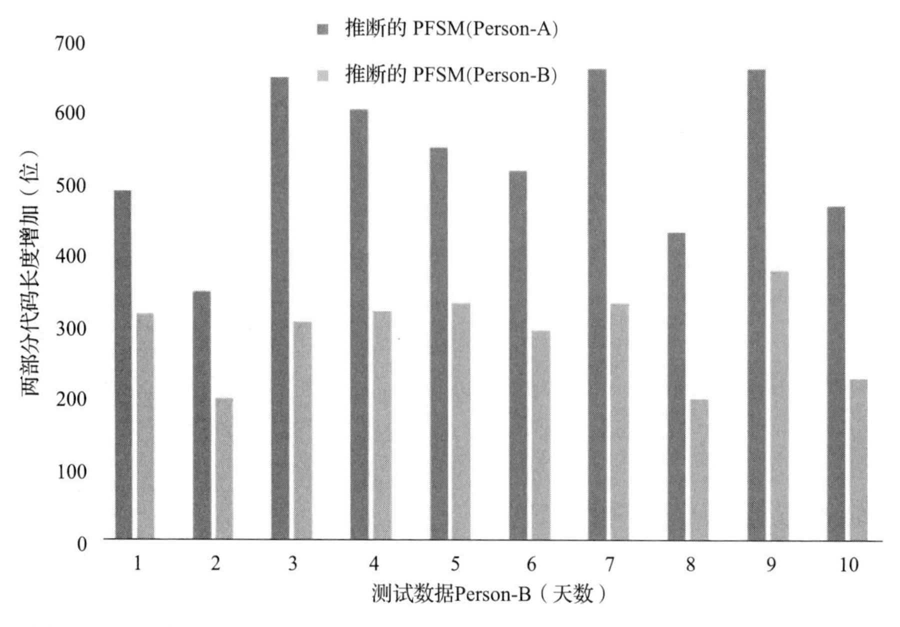

图 18.17　根据 Person-B 的测试数据，推断的 HPFSM 模型中代码长度的增加(位)

18.6　小结

本章研究了一种基于简单 PFSM 模型(称为 HPFSM 模型)的分层构造的新学习方法。讨论了结构和数据的 HPFSM 模型编码。从我们周围发生的真实事物的角度理解了建筑的好处。我们讨论了一个使用多种语言的人的例子，以及一个人在日常生活中所进行的活动(如果涉及各个地方的运动)。大多数情况下，运动是局部的，因此并不需要使用一台大型机器对它们进行编码。我们可以建造小型机器，然后以某种方式将它们组合起来，以达到目的。这就是通过以更简捷的方式表示事物的需求来驱动分层 PFSM 的构造的方式，明显的优势是代码长度较小的模型仍然可以表示相同的语法。

然后，在构建 HPFSM 模型之后，需要对 HPFSM 模型进行人为设计，以了解该模型的外观。使用相同的设计，我们讨论了使用 MML 的两部分代码长度计算。等式(18.7)总结了编码模型的第一部分代码长度，等式(18.9)总结了使用模型对数据进行编码的第二部分代码长度。

最后，进行了两个不同的试验，以显示分层编码优于非分层编码样式的好处。在第一个试验设置下，我们考虑了两个人为创建的 HPFSM 模型。从人工创建的 HPFSM 模型中生成了不同的数据集。数据集由 2～5000 个可变数目的随机字符串组成。在第一个人工创建的 HPFSM 模型中(示例 1，图 18.7)，假定用于字符串生成的初始转移概率被认为是均匀的。而在第二个人工创建的 HPFSM 模型中(示例 2，图 18.6)，初始转移概率被认为是可变的，内部转移设置为高概率，外部转移设置为低概率，然后将两部分编码成本与非分层 PFSM(推断的 PFSM)模型和单状态模型进行了比较，与其他模型相比，HPFSM 模型以更便宜的方式对字符串大于 50 的数据集进行编码，最终得出结论：如果数据集是分层的，HPFSM 模型提供了更便宜的编码方式。

第二个试验是对 UCI 存储库中的真实数据集进行的。数据集是“日常生活活动”(ADL)数据集。讨论了从数据集构建 HPFSM 模型，然后使用模型进行分析。同样，在这种情况下，与其他模型相比，HPFSM 模型代码长度在编码方面也具有更好的性能。在模型学习或编码之后，使用模型进行分析。我们使用预测作为评估标准来测试模型。HPFSM 模型能够正确地根据 ADL 数据集中的测试数据实例预测类别。

参考文献

[1] D. Angluin. On the complexity of minimum inference of regular sets. Information and Control, 39(3):337–350, 1978.
[2] P. Cheeseman. On finding the most probable model. In Computational models of scientific discovery and theory formation/edited by Jeff Shrager and Pat Langley. Morgan Kaufmann Publishers, 1990.
[3] C. H. Clelland. Assessment of candidate PFSA models induced from symbol datasets. In Tech Report TR-C95/02. Deakin University, Australia, 1995.
[4] C. H. Clelland and D. A. Newlands. PFSA modelling of behavioural sequences by evolutionary programming. In Proceedings of the Conference on Complex Systems: Mechanism for Adaptation, pages 165–172. Rockhampton, Queensland: IOS Press, 1994.
[5] M. S. Collins and J. J. Oliver. Efficient induction of finite state automata. In Proceedings of the Thirteenth conference on Uncertainty in artificial intelligence, pages 99–107. Morgan Kaufmann Publishers Inc., 1997.
[6] J. Feldman. Some decidability results on grammatical inference and complexity. Information and control, 20(3):244–262, 1972.
B. R. Gaines. Behaviour/Structure Transformation under Uncertainty. International Journal of Man-Machine Studies, 8:337–365, 1976.
[7] M. P. Georgeff and C. S. Wallace. A general selection criterion for inductive inference. In European Conference of Artificial Intelligence (ECAI) 84, 473–482, 1984.
[8] E. M. Gold. Complexity of automaton identification from given data. Information and Control, 37(3):302–320, 1978.
[9] P. Hingston. Inference of regular languages using model simplicity. Australian Computer Science Communications, 23(1):69–76, 2001.
[10] R. Lenhardt. Probabilistic Automata with Parameters. Oriel College University of Oxford, 2009.
[11] J. J. Oliver and D. Hand. Introduction to minimum encoding inference. Technical Report No. 94/205, Department of Computer Science, Monash University, Australia, 1994.
[12] F. J. Ordonez, P. de Toledo, and A. Sanchis. Activity recognition using hybrid generative/discriminative models on home environments using binary sensors. Sensors, 13(5):5460–5477, 2013.
[13] A. Raman and J. Patrick. 14 Linguistic similarity measures using the minimum message length principle. Archaeology and Language, I: Theoretical and Methodological Orientations, 262, 1997a.
[14] A. V. Raman. An information theoretic approach to language relatedness: a dissertation submitted in partial fulfilment of the requirements for the degree of Doctor of Philosophy in Information Systems at Massey University. PhD thesis, Massey University, 1997.
[15] A. V. Raman and J. D. Patrick. Beam search and simba search for PFSA inference. Technical report, Tech Report 2/97, Massey Univer-

sity Information Systems Department, Palmerston North, New Zealand, 1997b.

[16] A. V. Raman, J. D. Patrick, and P. North. The sk-strings method for inferring PFSA. In Proceedings of the workshop on automata induction, grammatical inference and language acquisition at the 14th international conference on machine learning (ICML97), 1997.

[17] K. Rice. Bayesian Statistics (a very brief introducion). Biostat, Epi. 515, 2014.

[18] V. Saikrishna, D. L. Dowe, and S. Ray. MML Inference of Finite State Automata for Probabilistic Spam Detection. In Proceedings of International Conference on Advances in Pattern Recognition (ICAPR), pages 1–6. IEEE Computer Society Press, 2015.

[19] M. Sipser. Introduction to the Theory of Computation, volume 2. Thomson Course Technology Boston, 2006.

[20] C. S. Wallace. Statistical and Inductive Inference by Minimum Message Length. Information Science and Statistics. Springer Science and Business Media, Spring Street, NY, USA, 2005.

练习解答

解(1)

请注意以下天气事件的顺序

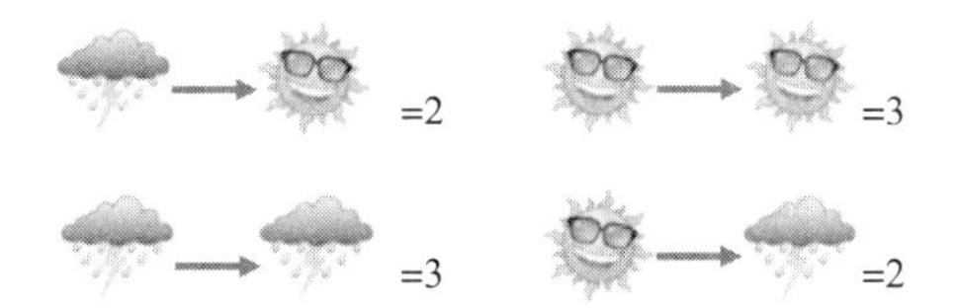

从晴天或雨天状态开始，上面显示了系统更改状态时的实例数。所以，我们可以通过归一化上面给出的值来得出概率。因此：

(a) 从图中可以看出，有 3 个实例是晴天之前的晴天。这给出了概率 $p(s|s)=3/5=0.6$。

(b) 前一个晴天后有两个雨天。这给出了概率 $p(r|s)=2/5=0.4$。

(c) 前一个雨天时有三个雨天。这也给出了概率 $p(r|r)=3/5=0.6$。

(d) 有五个雨天，在两个雨天之后是上一个雨天的情况。这给出了概率 $p(r|r)=2/5=0.4$。

解(3)

$$\mathbf{A}=\begin{bmatrix}0.6 & 0.4\\0.4 & 0.6\end{bmatrix}$$

解(4)

根据系统所处的状态，将释放概率计算为比例。在晴天状态下，Ireh 四分之三开心，四分之一脾气暴躁。

因此，概率为：

$$p(h|s)=\frac{3}{4},\ p(g|s)=\frac{1}{4}$$

$$p(h|r)=\frac{3}{7},\ p(g|r)=\frac{4}{7}$$

解(6)

$$\beta=\begin{bmatrix}\frac{3}{4} & \frac{1}{4}\\ \frac{3}{7} & \frac{4}{7}\end{bmatrix}$$

解(7)

这个问题的答案取决于转移概率。请注意，该问题与 Ireh 是开心还是脾气暴躁无关。因此，我们可以使用转移矩阵或转移图来编写以下表达式：

$$S=0.6S+0.4R \quad (\text{i})$$

$$R=04S+06R \quad (\text{ii})$$

其中 S 和 R 指的是晴天或雨天。我们还知道，晴天或雨天的概率加起来必须为 1。因此，要写的第三个方程是

$$S+R=1 \quad (\text{iii})$$

$$\begin{aligned}S&=0.6S+0.4(0.4S+0.6R)\\&=0.76S+0.24R\end{aligned}$$

或

$$0.24S=0.24R$$

因此，$S=R$ 并利用等式(iii)，$S=R=0.5$。